中国工程院咨询研究报告

中国煤炭清洁高效可持续开发利用战略研究

谢克昌／主编

第 4 卷

煤利用中的污染控制和净化技术

郝吉明 等／编著

科学出版社

北京

内 容 简 介

本书是《中国煤炭清洁高效可持续开发利用战略研究》丛书之一。

本书以煤利用中的污染控制和净化技术为核心，在系统评述国内外该类技术水平及发展趋势的基础上，提出了我国煤炭消耗主要行业需要实施的燃煤污染物控制和碳减排技术路线以及促进煤炭清洁使用的政策保障和支撑体系。

本书内容系统性强、数据丰富，适合政府、能源环境领域企业及研究机构中高层管理人员和研究人员，高等院校能源环境相关专业师生，以及其他对我国能源环境问题感兴趣的社会公众阅读。

图书在版编目（CIP）数据

煤利用中的污染控制和净化技术 / 郝吉明等编著．—北京：科学出版社，2014.10

（中国煤炭清洁高效可持续开发利用战略研究 / 谢克昌主编；4）

"十二五"国家重点图书出版规划项目　中国工程院重大咨询项目

ISBN 978-7-03-040335-3

Ⅰ．煤…　Ⅱ．郝…　Ⅲ．①煤烟污染-空气污染控制　②煤-燃烧-净化-技术　Ⅳ．①X511　②TK227.1　③TQ53

中国版本图书馆 CIP 数据核字（2014）第 063539 号

责任编辑：李　敏　张　震 / 责任校对：钟　洋

责任印制：徐晓晨 / 封面设计：黄华斌

科学出版社出版

北京东黄城根北街 16 号

邮政编码：100717

http://www.sciencep.com

北京京华虎彩印刷有限公司 印刷

科学出版社发行　各地新华书店经销

*

2014 年 10 月第　一　版　　开本：787×1092　1/16

2017 年　1 月第三次印刷　　印张：16 1/2

字数：390 000

定价：178.00 元

（如有印装质量问题，我社负责调换）

中国工程院重大咨询项目

中国煤炭清洁高效可持续开发利用战略研究
项目顾问及负责人

项目顾问

徐匡迪　中国工程院　十届全国政协副主席、中国工程院主席团名誉主席、原院长、院士

周　济　中国工程院　院长、院士

潘云鹤　中国工程院　常务副院长、院士

杜祥琬　中国工程院　原副院长、院士

项目负责人

谢克昌　中国工程院　副院长、院士

课题负责人

第 1 课题　煤炭资源与水资源　彭苏萍

第 2 课题　煤炭安全、高效、绿色开采技术与战略研究　谢和平

第 3 课题　煤炭提质技术与输配方案的战略研究　刘炯天

第 4 课题　煤利用中的污染控制和净化技术　郝吉明

第 5 课题　先进清洁煤燃烧与气化技术　岑可法

第 6 课题　先进燃煤发电技术　黄其励

第 7 课题　先进输电技术与煤炭清洁高效利用　李立浧

第 8 课题　煤洁净高效转化　谢克昌

第 9 课题　煤基多联产技术　倪维斗

第 10 课题　煤利用过程中的节能技术　金　涌

第 11 课题　中美煤炭清洁高效利用技术对比　谢克昌

综　合　组　中国煤炭清洁高效可持续开发利用　谢克昌

本卷研究组成员

组　长

郝吉明	清华大学环境学院	院士

副组长

王金南	环境保护部规划院	研究员、副院长、总工
高晋生	华东理工大学	教授
王志轩	中国电力企业联合会	秘书长、教授级高工
高　翔	浙江大学能源工程学系	教授
姜培学	清华大学热能工程系	教授
李　凡	太原理工大学	教授

执行秘书

许嘉钰	清华大学环境学院	副教授

成　员

雷　宇	环境保护部规划院	副研究员
蒋洪强	环境保护部规划院	研究员
吴文俊	环境保护部规划院	副研究员
田贺忠	北京师范大学	副教授
苗茂谦	山西科灵净化公司	高工
常丽萍	煤科学与技术教育部重点实验室	教授
黄先腾	大唐国际发电股份有限公司	教授级高工
谢绍东	北京大学环境科学与工程学院	副院长、教授
张九天	科技部21世纪议程管理中心	处长
刘建民	国电环境保护研究院	院长、教授级高工
王小明	国电环境保护研究院	教授级高工
薛建明	国电环境保护研究院	教授级高工
刘志强	中国电力企业联合会	高工
许月阳	国电环境保护研究院	高工
刘　涛	国电环境保护研究院	高工
李忠华	国电环境保护研究院	高工

郭　俊	福建龙净环保股份有限公司	副总经理、教授级高工
张　原	福建龙净环保股份有限公司	高工
宋贺强	大唐国际发电股份有限公司	高工
鲁　军	华东理工大学	教授
吴诗勇	华东理工大学	副教授
胥蕊娜	清华大学热能工程系	副教授
王书肖	清华大学环境学院	教授
马永亮	清华大学环境学院	副教授
吴学成	浙江大学能源工程学院	副教授
张涌新	浙江大学能源工程学院	工程师
徐　甸	浙江大学能源工程学院	工程师
赵　斌	清华大学环境学院	博士生
张　斌	清华大学环境学院	博士生
邢　佳	清华大学环境学院	博士生
王　龙	清华大学环境学院	博士生
王　轩	清华大学环境学院	博士生
高佳佳	北京师范大学环境学院	博士生
卢　云	北京师范大学环境学院	博士生
刘开运	北京师范大学环境学院	博士生
高宇华	清华大学环境学院	高级职员

序　一

近年来，能源开发利用必须与经济、社会、环境全面协调和可持续发展已成为世界各国的普遍共识，我国以煤炭为主的能源结构面临严峻挑战。煤炭清洁、高效、可持续开发利用不仅关系我国能源的安全和稳定供应，而且是构建我国社会主义生态文明和美丽中国的基础与保障。2012 年，我国煤炭产量占世界煤炭总产量的 50% 左右，消费量占我国一次能源消费量的 70% 左右，煤炭在满足经济社会发展对能源的需求的同时，也给我国环境治理和温室气体减排带来巨大的压力。推动煤炭清洁、高效、可持续开发利用，促进能源生产和消费革命，成为新时期煤炭发展必须面对和要解决的问题。

中国工程院作为我国工程技术界最高的荣誉性、咨询性学术机构，立足我国经济社会发展需求和能源发展战略，及时地组织开展了“中国煤炭清洁高效可持续开发利用战略研究”重大咨询项目和“中美煤炭清洁高效利用技术对比”专题研究，体现了中国工程院和院士们对国家发展的责任感和使命感，经过近两年的调查研究，形成了我国煤炭发展的战略思路和措施建议，这对指导我国煤炭清洁、高效、可持续开发利用和加快煤炭国际合作具有重要意义。项目研究成果凝聚了众多院士和专家的集体智慧，部分研究成果和观点已经在政府相关规划、政策和重大决策中得到体现。

对院士和专家们严谨的学术作风和付出的辛勤劳动表示衷心的敬意与感谢。

徐匡迪

2013 年 11 月 6 日

序　二

煤炭是我国的主体能源，我国正处于工业化、城镇化快速推进阶段，今后较长一段时期，能源需求仍将较快增长，煤炭消费总量也将持续增加。我国面临着以高碳能源为主的能源结构与发展绿色、低碳经济的迫切需求之间的矛盾，煤炭大规模开发利用带来了安全、生态、温室气体排放等一系列严峻问题，迫切需要开辟出一条清洁、高效、可持续开发利用煤炭的新道路。

2010 年 8 月，谢克昌院士根据其长期对洁净煤技术的认识和实践，在《新一代煤化工和洁净煤技术利用现状分析与对策建议》(《中国工程科学》2003 年第 6 期)、《洁净煤战略与循环经济》(《中国洁净煤战略研讨会大会报告》，2004 年第 6 期）等先期研究的基础上，根据上述问题和挑战，提出了《中国煤炭清洁高效可持续开发利用战略研究》实施方案，得到了具有共识的中国工程院主要领导和众多院士、专家的大力支持。

2011 年 2 月，中国工程院启动了“中国煤炭清洁高效可持续开发利用战略研究”重大咨询项目，国内煤炭及相关领域的 30 位院士、400 多位专家和 95 家单位共同参与，经过近两年的研究，形成了一系列重大研究成果。徐匡迪、周济、潘云鹤、杜祥琬等同志作为项目顾问，提出了大量的指导性意见；各位院士、专家深入现场调研上百次，取得了宝贵的第一手资料；神华集团、陕西煤业化工集团等企业在人力、物力上给予了大力支持，为项目顺利完成奠定了坚实的基础。

“中国煤炭清洁高效可持续开发利用战略研究”重大咨询项目涵盖了煤炭开发利用的全产业链，分为综合组、10 个课题组和 1 个专题组，以国内外已工业化和近工业化的技术为案例，以先进的分析、比较、评价方法为手段，通过对有关煤的清洁高效利用的全局性、系统性、基础性问题的深入研究，提出了科学性、时效性和操作性强的煤炭清洁、高效、可持续开发利用战略方案。

《中国煤炭清洁高效可持续开发利用战略研究》丛书是在 10 项课题研究、1 项专题研究和项目综合研究成果基础上整理编著而成的，共有 12 卷，对煤炭的开发、输配、转化、利用全过程和中美煤炭清洁高效利用技术等进行了系统的调研和分析研究。

综合卷《中国煤炭清洁高效可持续开发利用战略研究》包括项目综合报告及 10 个课题、1 个专题的简要报告，由中国工程院谢克昌院士牵头，分析了我国煤炭清洁、高效、可持续开发利用面临的形势，针对煤炭开发利用过程中的一系列重大问题进行了分析研究，给出了清洁、高效、可持续的量化指标，提出了符合我国国情的煤炭清洁、高效、可持续开发利用战略和政策措施建议。

第 1 卷《煤炭资源与水资源》，由中国矿业大学（北京）彭苏萍院士牵头，系统地研究了我国煤炭资源分布特点、开发现状、发展趋势，以及煤炭资源与水资源的关系，提出了煤炭资源可持续开发的战略思路、开发布局和政策建议。

第 2 卷《煤炭安全、高效、绿色开采技术与战略研究》，由四川大学谢和平院士牵头，分析了我国煤炭开采现状与存在的主要问题，创造性地提出了以安全、高效、绿色开采为目标的“科学产能”评价体系，提出了科学规划我国五大产煤区的发展战略与政策导向。

第 3 卷《煤炭提质技术与输配方案的战略研究》，由中国矿业大学刘炯天院士牵头，分析了煤炭提质技术与产业相关问题和煤炭输配现状，提出了“洁配度”评价体系，提出了煤炭整体提质和输配优化的战略思路与实施方案。

第 4 卷《煤利用中的污染控制和净化技术》，由清华大学郝吉明院士牵头，系统研究了我国重点领域煤炭利用污染物排放控制和碳减排技术，提出了推进重点区域煤炭消费总量控制和煤炭清洁化利用的战略思路和政策建议。

第 5 卷《先进清洁煤燃烧与气化技术》，由浙江大学岑可法院士牵头，系统分析了各种燃烧与气化技术，提出了先进、低碳、清洁、高效的煤燃烧与气化发展路线图和战略思路，重点提出发展煤分级转化综合利用技术的建议。

第 6 卷《先进燃煤发电技术》，由东北电网有限公司黄其励院士牵头，分析评估了我国燃煤发电技术及其存在的问题，提出了燃煤发电技术近期、中期和远期发展战略思路、技术路线图和电煤稳定供应策略。

第 7 卷《先进输电技术与煤炭清洁高效利用》，由中国南方电网公司李立浧院士牵头，分析了煤炭、电力流向和国内外各种电力传输技术，通过对输电和输煤进行比较研究，提出了电煤输运构想和电网发展模式。

第 8 卷《煤洁净高效转化》，由中国工程院谢克昌院士牵头，调研分析了主要煤基产品所对应的煤转化技术和产业状况，提出了我国煤转化产业布局、产品结构、产品规模、发展路线图和政策措施建议。

第 9 卷《煤基多联产技术》，由清华大学倪维斗院士牵头，分析了我国煤基多联产技术发展的现状和问题，提出了我国多联产系统发展的规模、布局、发展战略和路线图，对多联产技术发展的政策和保障体系建设提出了建议。

第 10 卷《煤炭利用过程中的节能技术》，由清华大学金涌院士牵头，调研分析了我国重点耗煤行业的技术状况和节能问题，提出了技术、结构和管理三方面的节能潜力与各行业的主要节能技术发展方向。

第 11 卷《中美煤炭清洁高效利用技术对比》，由中国工程院谢克昌院士牵头，对中美两国在煤炭清洁高效利用技术和发展路线方面的同异、优劣进行了深入的对比分析，为中国煤炭清洁、高效、可持续开发利用战略研究提供了支撑。

《中国煤炭清洁高效可持续开发利用战略研究》丛书是中国工程院和煤炭及相关行业专家集体智慧的结晶，体现了我国煤炭及相关行业对我国煤炭发展的最新认识和总体思路，对我国煤炭清洁、高效、可持续开发利用的战略方向选择和产业布局具有一定的借鉴作用，对广大的科技工作者、行业管理人员、企业管理人员都具有很好的参考价值。

受煤炭发展复杂性和编写人员水平的限制，书中难免存在疏漏、偏颇之处，请有关专家和读者批评、指正。

谢克昌

2013 年 11 月

前　言

能源是国民经济和社会发展的基础，能源安全问题是我国政府和社会普遍关注的重大问题。中国的能源问题首先必须立足于煤炭——这一我国最经济、最可靠、最稳定、最可调和最安全的主体能源。煤炭资源的保障供给是煤炭工业发展的基础，是煤炭资源开发利用的前提条件，也是实现我国煤炭清洁、高效、可持续发展利用的立足点。

从煤炭资源的角度审视，实现我国煤炭资源的可持续开发，必须着力解决至少三个层面的问题。

第一，煤炭资源的可持续开发。煤炭资源开发的可持续性主要表现为煤炭资源供给在未来较长一段时间内的可持续性。煤炭资源属于耗竭性资源，一旦被开采利用，其实物形态将会永远消失。然而，国民经济的发展必须依赖于煤炭资源的开发利用，因而煤炭资源的实物消耗具有必然性。可持续性的煤炭资源开发要求尽可能谨慎地对待煤炭资源的耗用，以便其在被“后续资源”所替代之前，仍能保持资源的持续供给。因此，可持续的煤炭资源开发要求煤炭资源在开发过程中尽可能地减少浪费，提高资源回收率，同时减少对其他资源的连带破坏和浪费（如煤层气、土地、水），并通过技术进步，充分挖掘既定的煤炭资源中的“附加价值”。

第二，煤炭资源开发必须在生态系统的可持续承载能力之内。煤炭资源开发受开采地质条件和水资源的约束，同时也会对生态环境产生影响甚至破坏。煤炭资源的可持续开发意味着在资源开发的过程中，尽可能少威胁到区域生态承载能力，实现环境友好和生态协调的资源开发，使得煤炭资源开发对环境的影响在生态系统的可持续承载范围之内。因此，煤炭资源的可持续开发应将生态承载力视为基本的约束，最大限度地减少资源勘探开发对水资源和生态环境的影响和破坏。

第三，煤炭资源开发促进社会经济的可持续发展。煤炭资源得到开发的同时，促进地区社会经济发展是满足区域可持续发展的必然要求。然而，一旦政策失当，或机制上存在缺陷，则完全有可能使得煤炭资源开发并不能充分融入地区经济，甚至影响当地的社会稳定。实现煤炭资源开发与当地社会经济持续、稳定而又协调的发展，要求依据区域煤炭资源赋存特点、生态环境现状、区域社会经济发展的不同阶段和地区特点等基本特征，通过调整和改革与可持续发展要求不相符合的政策，建立适应区域社会经济发展的煤炭资源开发模式。

因此，探讨煤炭资源的可持续发展问题，不仅需要考虑煤炭资源的可持续性，还应评估煤炭资源开发对水资源、生态环境、社会经济的影响及后者对前者的约束，使上述各方协调可持续发展。

改革开放以来，我国经济快速发展的同时，对煤炭资源的需求也日益扩大。“十五”以来，我国煤炭产量快速增长，开发强度大幅增加。全国煤炭产量由2001年的11.1亿t，快速增加到2010年的32.4亿t，年均增加超过2.0亿t。2011年全国煤炭产量达到35.2亿t的历史新高。资源开发规模和开发强度的不断加大给我国煤炭资源的保障带来了巨大压力。近年来国家能源政策导向与实际情况出现了偏差，在对待煤炭资源问题上持“中国煤炭资源丰富，能源出了问题有煤顶着”这种观念。实际情形是，煤炭在保障我国能源安全过程中，形势并不乐观。我国煤炭资源虽然较为丰富，但资源保障与开发受多重条件约束。我国煤田整体地质构造复杂，瓦斯、水害等严重影响着煤矿的安全高效生产。与此同时，我国煤炭资源的分布与区域经济发展不相适应，与水资源呈逆向分布，广大富煤区生态环境又十分脆弱。我国煤炭资源保障受到开采技术条件、水资源、生态环境、区域地理经济条件等多重因素的制约。

“煤利用中的污染控制和净化技术”课题研究根据项目组的总体要求和课题任务，以科学发展观为指导，全面贯彻以人为本、全面、协调、可持续的煤炭工业发展方针，采取国内和国外相结合、整体分析和煤炭利用的重点行业分析相结合、子课题和综合组研究相结合的研究主线，广泛开展实地调研工作，以最新的煤炭消费统计数据和煤利用中的污染控制和净化技术作为研究的基本依据。在历时2年的研究过程中，课题组从改善我国大气环境和履行国际环保义务的需求出发，研究了我国煤利用过程中污染控制和净化的中长期战略要求及技术发展方向，并对其政策保障和支撑体系提出了建议。

本书是集体智慧的结晶。在“煤利用中的污染控制和净化技术”课题研究过程中，始终得到中国工程院、清华大学、环境保护部规划院、中国电力企业联合会、科学技术部21世纪议程管理中心、浙江大学、北京师范大学、华东理工大学、太原理工大学、北京大学、神华集团、山西科灵净化公司、大唐国际发电股份有限公司、国电环保研究院、福建龙净环保股份有限公司等单位的领导和专家的大力支持和协助，在此一并致谢！由于本课题的研究时间较短，研究任务较重，研究内容很难做到完全充分，敬请广大读者批评指正！

郝吉明

2013年12月

目　录

第 1 章 中国煤炭利用的现状和大气环境压力

1.1 概述

煤炭作为我国一次能源的支柱，实现其清洁利用既是推动我国发展方式转变的重要动力，也是实现全面现代化、保障人民身体健康和权益的基本要求。本课题从改善我国大气环境和履行国际环保义务的需求出发，研究了我国煤炭利用过程中污染控制和净化的中长期战略要求及技术发展方向，并对其政策保障和支撑体系提出了建议。

1.1.1 中国煤炭利用中的污染控制与世界先进水平存在差距

近年来，随着严格的行业准入、落后产能淘汰、污染防治政策的实施，我国燃煤设备的技术水平以及煤炭利用过程中的污染控制水平有了很大提升，然而总体而言，我国煤炭利用过程的污染控制与世界先进水平仍存在较大差距。第一，我国煤炭分布广泛，煤质差异显著。煤质的不稳定直接造成燃煤工艺不稳定，也直接影响了污染物排放控制设施的性能。第二，我国的煤炭洗选率低，燃煤灰分、硫分、汞等杂质成分含量高，给燃煤烟气中污染物的去除造成了较大的负担。第三，我国的煤炭大量用于工业和居民生活的终端消耗，这些燃煤设施往往难以进行高效的污染物控制，是我国燃煤大气污染的重要来源。第四，我国煤炭利用过程中的污染控制管理水平低，技术研发滞后，污染物去除效率总体较低。

1.1.2 大气环境质量改善对中国煤炭清洁利用提出了极高要求

我国的大气环境污染十分严重。基于我国于 2012 年 2 月 29 日修订发布的《环境空气质量标准》（GB3095—2012）进行评价，我国的 333 个地级及以上城市中，不能达到 SO_2、NO_2 和 PM_{10} 年平均浓度二级标准的城市数量比例高达 65%；我国东部地区的 $PM_{2.5}$ 年均值超过标准限值 35%。PM_{10} 和 $PM_{2.5}$ 污染是造成我国城市空气质量不能达标的最主要的大气污染物，我国 PM_{10} 和 $PM_{2.5}$ 浓度平均水平超过世界卫生组织指导值 3 ~ 4 倍，严重危害人民群众的身体健康。

煤炭利用过程中大量排放的 SO_2、NO_x 和一次颗粒物是造成我国严重大气污染的重要原因。从长期来看，为了改善空气质量，保障人民群众身体健康，我国需要将煤炭利用过程产生的 SO_2、NO_x 和一次颗粒物等大气污染物排放量削减 60% 以上；从履行国际义务的角度出发，对 CO_2 和 Hg 等大气污染物的排放也要进行大幅削减。

然而，我国的煤炭消费量占全球煤炭消强费量的 48%，为了支撑我国社会经济的快速发展，我国的煤炭消费量还将继续保持高速增长。此外，不均衡的煤炭消费空间分布，平均水平差且差异显著的煤质，以及大量存在的规模小、工艺落后、管理水平低的小煤窑等因素都对煤炭利用过程中的污染控制提出挑战。

1.1.3 制定煤炭清洁利用中长期战略

为了应对挑战，实现大气环境质量改善的目标，我国必须制定长远的煤炭清洁利用战略，并使用全球最佳的燃煤污染控制技术，执行全球最严格的排放标准，在煤炭使用的清洁化水平上达到全球领先。

一是优化能源结构，降低煤炭占我国一次能源的比例。在近期要大力增加天然气的供应量，发展核能；在中远期应大力发展风能、太阳能、生物质能等可再生能源，力争在2030年将煤炭占我国一次能源的比例降至50%以下。

二是要改善我国煤炭消费结构，促进煤炭消费向电力等大型燃煤设备转移，减少煤炭在工业和民用部门的终端消费，力争在2020年和2030年，使电力部门的煤炭消费比例增长至60%和65%。

三是要控制区域煤炭消费总量，优化煤炭消费的空间分布。在北京、上海等煤炭消费强度大、工业化基本完成的区域，减少煤炭消费量；在东部其他地区控制煤炭消费的增长速度；引导增加煤炭消费量的高能耗项目向西部布局。

四是要制定长远的大气污染物控制目标。从改善空气质量、保障人民群众身体健康的角度出发，力争在2030年把我国煤炭利用环节的SO_2、NO_x、一次颗粒物排放量分别控制在960万t、760万t和360万t以下。

1.1.4 中国中长期煤炭利用污染控制的技术途径

1.1.4.1 在重点行业推进煤炭总量控制和全过程污染物控制技术

在重点行业实施环境和气候约束下的煤炭总量控制。要使燃煤消费量逐渐向燃烧效率高，易于进行污染控制的大型燃煤设备倾斜，同时配以先进的、经济有效的污染控制技术。

电力行业：实施“高效清洁燃烧—污染物协同控制—废物资源化”一体化的火电行业污染控制技术路线。发展超超临界、循环流化床、热电联产、空冷等高效火电机组；提高机组的发电效率，持续降低供电煤耗。在远期进一步发展高效火电机组，积极推进IGCC（integrated gasification combined cycle）示范。结合低能耗、低排放的先进发电技术，全面采用成熟度高、性能优越的污染物减排技术，不断提高电力行业整体污染物排放的控制水平。充分利用现有污染物控制技术对不同污染物的协同控制作用，通过技术创新，持续提高协同控制污染物的数量和效果；在脱硫设施的基础上，发展脱硫、脱硝一体化，脱硫、脱硝、脱汞一体化等技术；大力发展资源化技术，在有效控制污染物排放的前提下，实现副产物的资源化；积极开发专用的多污染物协同控制技术，如低温SCR（selective catalytic reduction）联合脱硫脱硝脱汞技术、活性焦脱硫脱硝脱汞技术等，以及超细粉尘、汞、CO_2专用控制技术。

炼焦行业：实施“大型化—资源化—清洁化”的现代炼焦污染控制技术路线。通过焦炉大型化，带动焦化行业污染物的资源化和清洁化水平。通过淘汰中小型焦炉，逐步实现焦炉的大型化，并建设千万吨级焦化生态园区。在大型化的同时推动干熄焦等技术的应用，并推广焦炉加热用煤气的精脱硫和低氮燃烧技术，推广焦化废水深度净化技术，实现焦化工艺大气污染物的近零排放以及废气的资源化利用。

工业炉窑：实施“清洁能源替代/规模化—污染物高效脱除—多种污染物协同控制/副产物回收利用”的燃煤工业锅炉污染控制技术路线；“先进工艺—污染物高效脱除—多种污染物协同控制/副产品回收利用”工业炉窑污染控制技术路线。结合先进燃烧工艺的推广，实现多污染物的协同控制和副产品的回收利用。推进燃煤锅炉和工业窑炉的清洁能源替代。逐步淘汰落后工艺的工业炉窑，以及 10 蒸吨及以下的燃煤工业锅炉，提高大型先进炉窑的比例；发展工业炉窑污染物控制技术，推动多污染物协同控制，实现脱硫脱硝除尘及其他污染物脱除一体化；在污染物排放控制的同时提高硫等资源的回收利用率。

1.1.4.2　积极开展碳捕集、利用与封存技术研究与示范

目前，国内外碳捕集技术瓶颈是成本高、能耗高；碳封存技术的瓶颈是长期性、安全性问题。大幅降低 CO_2 捕集和封存的投资与运行成本，积极发展 CO_2 利用技术，在满足我国可持续发展战略需求的前提下，开展大规模 CO_2 捕集、利用和封存研究，为国家应对气化变化提供技术储备是比较切合实际。

1.1.5　建立煤炭清洁利用的政策保障和支撑体系

为了促进煤炭清洁利用技术的应用，我国需要实行奖惩结合、分类指导的战略，通过强制性政策和激励性政策的相互协调和补充，使全社会主动承担污染物减排义务。

一是要完善相关的法律法规体系。立足于我国的基本国情，学习借鉴国外先进经验，适时修订《中华人民共和国大气污染防治法》，进一步调整政府、排污者和公众之间的关系，明确责任和义务；在此基础上制定相关法律政策，对煤炭洗选和输配系统的建设提出明确要求，全面提高煤质；尽快对工业锅炉、水泥、焦化、工业炉窑等方面的排放标准进行修编，对整个排放标准体系进行完善，以适应新发布的《环境空气质量标准》（GB3095—2012）的要求；加强执法和监督，推动排放标准的实施。

二是要在重点区域推进煤炭消费总量控制。结合我国大气污染和煤炭消费量的地理分布特征，在污染排放强度大，大气环境污染严重的东部区域，尤其是京津冀、长江三角洲城市群和珠江三角洲城市群等地区实施煤炭消费总量控制，以此推动产业转型和资源节约型、环境友好型社会的建设；根据空气质量目标制定区域内各污染物总量控制的目标，并据此目标严格限制火电、钢铁、有色金属、水泥等行业的新建项目；同时加大热电联产，淘汰分散燃煤小锅炉，逐渐实现重点地区煤炭消费总量的降低。

三是要实施积极的经济政策，将煤炭使用企业的外部环境成本内部化，引导企业主动寻求高效的污染物排放控制技术，从而推动相应技术的应用和发展。改革大气污染减排的财税政策，推动污染物排放控制技术的发展和应用；改进电力部门大气污染物排放的价格政策，通过电价补偿降低电力部门的减排成本；实施排放交易制度，推动全社会大气污染物减排成本的降低。

1.2　能源结构与煤炭消费现状

能源是人类活动和社会经济发展的基础。虽然核能、水电在某些国家占据了一次能

源生产的一定比例，风能、太阳能等新能源在近年来也有了快速发展，但从全球角度来看，目前绝大多数国家都主要依赖于煤炭、石油、天然气等化石能源。煤炭在我国能源结构中占有重要地位，从1980年至今的30多年里，煤炭占我国一次能源消费量的比例一直在70%左右，如图1-1所示。

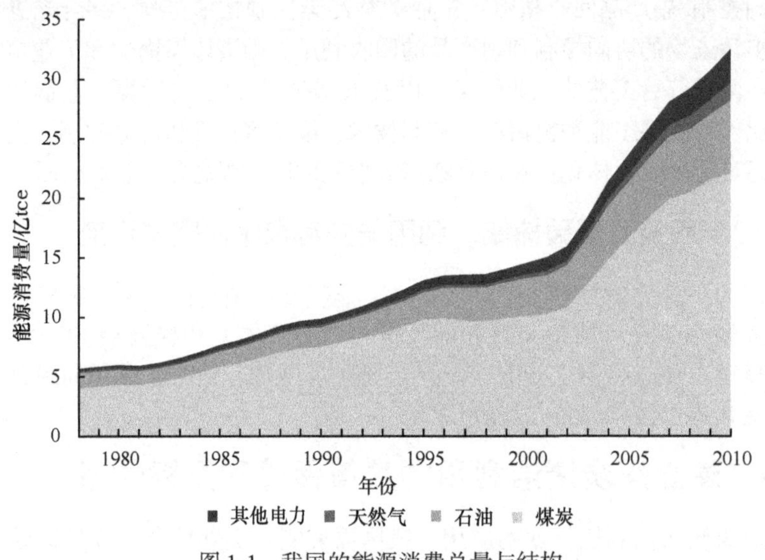

图1-1　我国的能源消费总量与结构

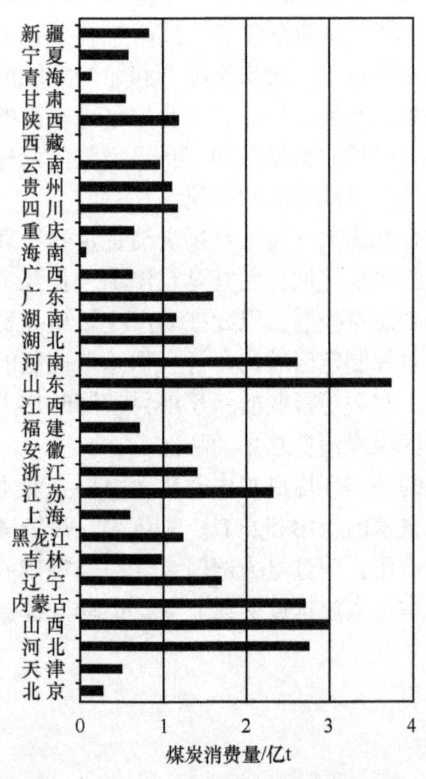

图1-2　我国2010年分省煤炭消费量

2002年后，随着我国外向型经济的发展和城市化进程的加快，我国的一次能源消费量开始快速增长。2000~2010年的10年间，我国的一次能源消费量增长了120%，从14.55亿tce增加到32.49亿tce，其中煤炭消费量从14.11亿t增长到31.22亿t（国家统计局工业交通统计司，2011），增长率与能源消费总量的增长率基本持平。

由于我国石油、天然气等其他化石能源资源相对比较贫乏，石油和天然气的人均资源量仅为世界平均水平的7.7%和7.1%；风能、太阳能等新能源虽然发展潜力巨大，但是大规模的应用还有很多的配套技术障碍需要解决。因此在将来相当长的一段时间内，煤炭在我国能源结构中的主要地位不会改变。

由于我国不同地区的人口密度、经济发展水平等社会经济要素存在巨大差距，我国煤炭消费的空间分布非常不均衡。如图1-2所示，年煤炭消费量超过2亿t的省（自治区、直辖市）依次有山东（3.73亿t）、山西（2.99亿t）、河北（2.75亿t）、内蒙古（2.70亿t）、河南（2.61

亿 t）和江苏（2.31 亿 t）（国家统计局工业交通统计司，2011）。这 6 个省份在地理上相互连接，消费的煤炭量占全国的 45%。除内蒙古外，其他 5 个省份的国土面积占全国国土面积的 8%，而煤炭消费量占全国煤炭消费量的 38%。

从单位面积的煤炭使用强度来看（图 1-3），我国煤炭使用强度最高的省（自治区、直辖市）是上海市，达到了 9477t 煤/km^2，其次是天津（4254t 煤/km^2）、山东（2440t 煤/km^2）和江苏（2252t 煤/km^2）。煤炭使用强度为 1000 ~ 2000t 煤/km^2 的有 6 个省（自治区、直辖市），从高到低依次为山西、北京、河南、河北、浙江和辽宁。以上的所有省份，除了山西属于煤炭资源大省以外，其他省份的煤炭资源都不是特别丰富，但是都处于我国经济发达的东部地区，煤炭在这些地区的高密度使用造成了严重的空气污染。从大气污染防治的角度来看，严格控制这些省份在煤炭使用过程中燃煤污染物的排放，是改善这些地区空气质量的必要条件。

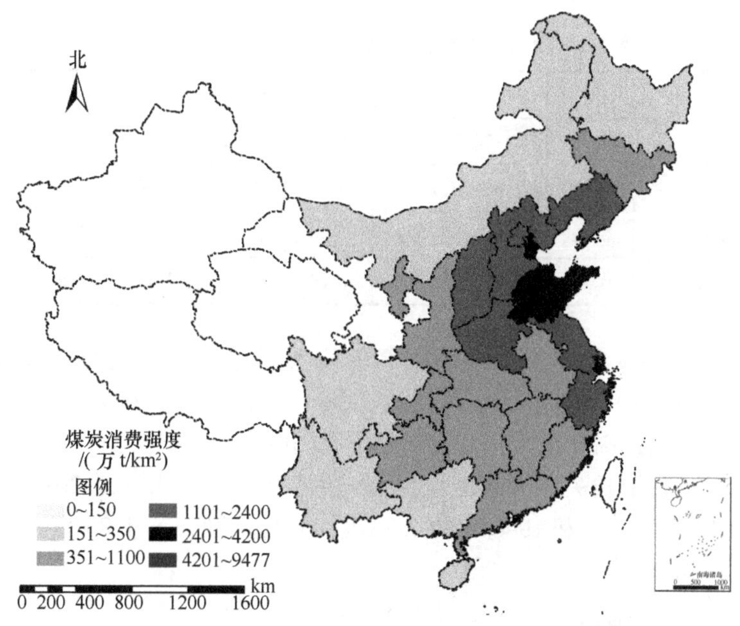

图 1-3　我国 2010 年分省煤炭使用强度示意图

1.3　主要的煤炭利用方式

根据我国的煤炭平衡表，2010 年我国煤炭消费量为 31.22 亿 t，其中 22.79 亿 t 用于加工转换，包括发电、供热、炼焦等；6.81 亿 t 用于工业终端消费；1.62 亿 t 用于其他终端消费，如生活消费等（国家统计局工业交通统计司，2011）。从煤炭利用的方式来看，电厂锅炉、工业锅炉、煤化工（炼焦等）以及建材窑炉消费了我国超过 90% 的煤炭量。我国 2010 年主要煤炭利用部门的煤炭消费量分布如图 1-4 所示。

1.3.1　电厂锅炉

多年以来，我国的电力装机容量和发电量保持在世界第二位，仅次于美国。我国的电力装机结构以煤炭为主，煤电装机容量和发电量长期位于世界第一位。截至 2010 年，我国发电装机容量达到 9.66 亿 kW，全年发电量达 4.23 万亿 kW · h，其中火电发电机

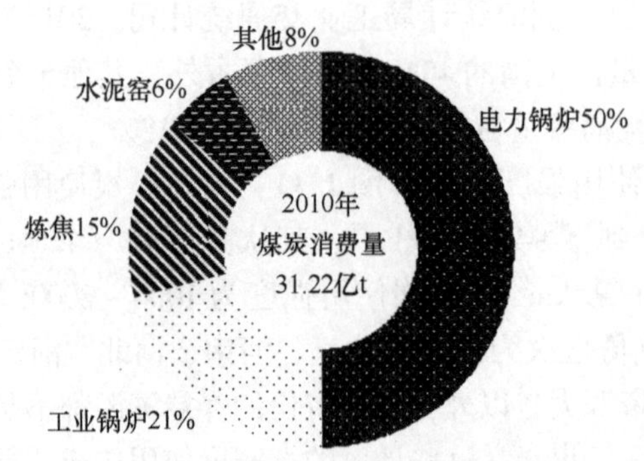

图 1-4　我国 2010 年煤炭消费量的部门分布

组装机容量和发电量的比例分别约为 73% 和 81%，见表 1-1（王庆一，2010）。

表 1-1　我国电力行业和火电装机及发电量增长情况

项目	1990 年	1995 年	2000 年	2005 年	2006 年	2007 年	2008 年	2009 年	2010 年
装机容量/亿 kW	1.38	2.17	3.19	5.17	6.24	7.18	7.93	8.74	9.66
其中：火电/亿 kW	1.02	1.63	2.38	3.91	4.84	5.56	6.22	6.51	7.10
发电量/（万亿 kW·h)	0.62	1.01	1.39	2.50	2.85	3.26	3.45	3.68	4.23
其中：火电/（万亿 kW·h)	0.49	0.81	1.11	2.04	2.37	2.72	2.80	3.01	3.42

近年来我国燃煤发电技术水平的提高使得我国电力行业的能效水平明显提高，2000～2010 年，我国平均供电标准煤耗从 392gce 降低到了 333gce，下降幅度达 15%。电力行业能效水平的提高在很大程度上减缓了我国电力行业煤炭消费量的增长速度，然而燃煤发电量的迅猛增长决定了我国电厂锅炉的煤炭消费量增长，2010 年我国用于发电的煤炭量为 15.90 亿 t，和 1990 年的 2.72 亿 t 相比，增长了 4.85 倍（国家统计局工业交通统计司，2011）。

1.3.2　工业锅炉

我国是当今工业锅炉生产和使用最多的国家。截至 2008 年年底，我国共有各类工业锅炉 56.88 万台，总蒸发量达 294.5 万 t/h（北京市劳动保护科学研究所，2011）。近 20 年来，我国工业锅炉的数量增长幅度不大，但是总蒸发量显著增加，如图 1-5 所示。随着总蒸发量的快速增加，到 2008 年，我国单台工业锅炉的平均蒸发量达到 5.2t/h，比 1991 年增长了 1.3 倍。

煤炭是我国最主要的能源，因此燃煤工业锅炉被广泛用于我国内地的 31 个省（自治区、直辖市），为国民经济的各个部门提供热力和动力。燃煤工业锅炉的分布和经济发达程度密切相关，江苏、浙江、河北、辽宁和山东等东部经济发达地区的工业锅炉保有量较大，而西藏、青海、宁夏和海南等经济欠发达地区的工业锅炉保有量较小。在我国北方地区的工业锅炉中，用于采暖的锅炉占相当大的比例，如哈尔滨市和西安市超过 70% 的工业锅炉用于采暖。

由于我国燃煤工业锅炉总量多，分布的部门广，难以统计其煤炭消耗的总量。根据

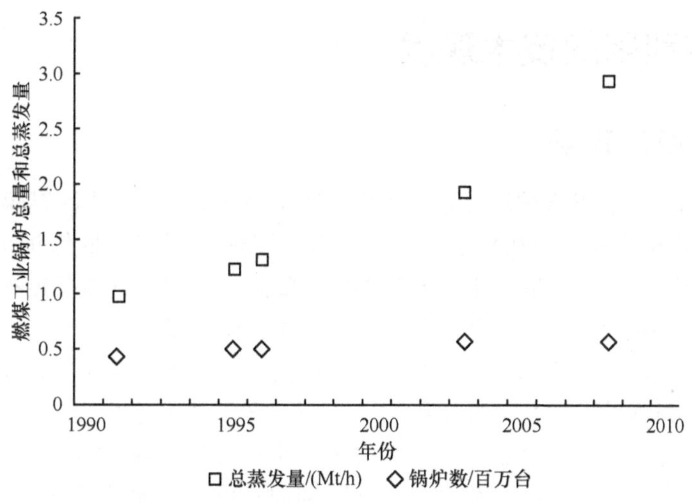

图1-5 我国近20年工业锅炉的增长情况

北京市劳动保护科学研究所（2011）的估算，2008年我国工业锅炉的煤炭消费总量约为6.4亿t。

1.3.3 炼焦

炼焦作为我国目前煤炭化工工业最主要的组成部分，是我国洗精煤最主要的使用部门。根据我国能源平衡表，2010年我国共有4.72亿t煤炭用于炼焦，其中原煤0.58亿t，洗精煤4.14亿t；生产焦炭3.62亿t（国家统计局工业交通统计司，2011）。

我国的焦炭主要用于炼铁。近年来随着我国钢铁产量的快速发展，焦炭消费量也高速增长。2010年我国用于钢铁冶炼的焦炭共2.94亿t（国家统计局工业交通统计司，2011），占当年全国焦炭总消费量的88%。随着我国高炉炼铁技术的发展，高炉喷煤比逐年提高，入炉焦比逐渐下降。2000~2008年，全国重点钢铁企业的入炉焦比从429kg焦炭/t生铁降到396kg焦炭/t生铁（王维兴，2010），下降幅度为7.7%。整个钢铁行业入炉焦比的下降在一定程度上减缓了我国焦炭消费需求的提高速度，然而钢铁产量的变化趋势仍然是左右我国焦炭消费量变化趋势的决定性因素。

1.3.4 建材窑炉

在我国的建材工业中，煤炭消费主要集中在水泥、石灰和墙体材料的制造过程中，在工业行业分类中属于非金属矿物制品业。2010年我国非金属矿物制品业共消费煤炭2.35亿t（国家统计局工业交通统计司，2011），其中水泥制造是最主要的煤炭消费行业。我国2010年的水泥产量为18.68亿t，超过全球水泥总产量的50%。根据2009年的全国水泥熟料产量及全国水泥熟料平均标准煤耗测算，2010年我国水泥窑系统的煤炭消费量为1.97亿t。我国石灰和砖瓦生产企业的规模一般较小，产品统计系统性较差，平均能源消费强度的信息也较为缺乏，但是由于我国正处于快速城市化的过程中，石灰和墙体材料的使用量在一段时间内都处于高位，石灰窑和砖窑的煤炭消费量也较高。

1.4 煤炭利用的技术现状

1.4.1 电厂锅炉

我国的电力工业燃煤锅炉以煤粉炉为主。20 世纪 90 年代，我国燃煤电厂锅炉中固态排渣煤粉炉所占比例约为 92%，其他 8% 为层燃炉（国家环境保护局科技标准司，1996）。21 世纪以来，尤其是“十一五”期间，随着大量大容量高参数机组的建成投产以及淘汰落后产能的进程，容量较低的层燃炉基本被淘汰了。

“十一五”期间，我国关停小火电机组的力度进一步加强，大量容量在 10 万 kW 以下的燃煤发电机组被淘汰。2005 ~ 2010 年的 5 年间，全国共关停小火电机组 0.77 亿 kW，相当于关停韩国全国的电力装机容量，超过了“十一五”计划目标 0.27 亿 kW。

在关停小火电的同时，我国在“十一五”期间建设了一大批燃煤发电机组。2005 ~ 2010 年的 5 年间，全国共新建燃煤发电机组 3.86 亿 kW，新建机组容量接近于 2005 年全国的燃煤发电机组总容量。由于新建的大多数是大容量高参数机组，再加上大量小机组的关停，“十一五”期间我国单机容量为 30 万 kW 及以上机组所占的比例快速增加，从 2005 年的 47% 增长到 2010 年的 72.68%，其中 60 万 kW 机组成为主力机型。2010 年我国内地的燃煤发电机组容量比例如图 1-6 所示。

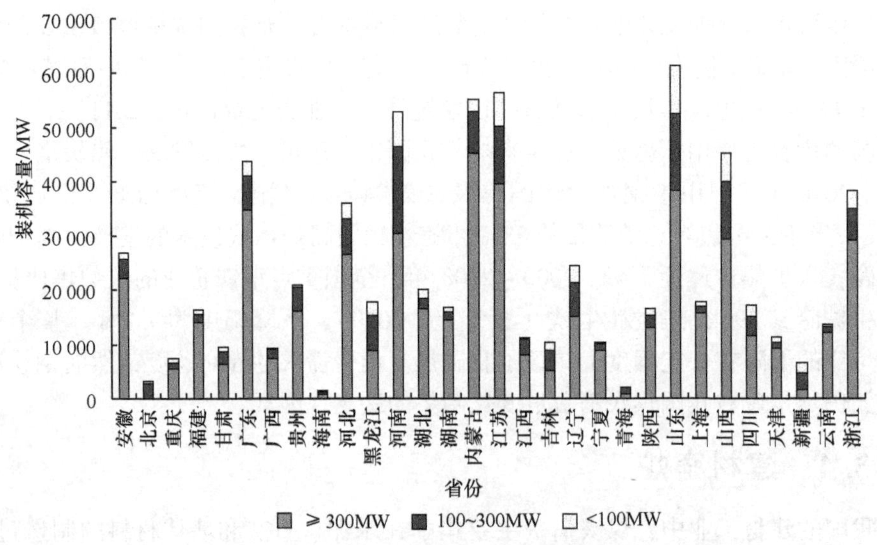

图 1-6 2010 年我国各省份燃煤发电机组结构

大量大容量高参数机组的新建和小火电机组的关停淘汰不仅使燃煤发电机组结构快速走向大型化，也使我国电力部门的整体发电能耗迅速降低。根据中国电力企业联合会的统计数据，2005 ~ 2010 年，我国火电机组每千瓦平均供电标准煤耗从 370gce 降到 333gce。平均供电标准煤耗的降低产生了极大的节能效益，相当于节约标准煤约 3.2 亿 t，减少 CO_2 排放量约 9 亿 t。

燃煤发电机组的整体技术水平和污染物排放水平与燃煤的煤质有很大关系。我国的煤炭资源中，低中灰煤、中灰煤和低硫煤较多。用于发电的煤炭中，平均灰分为 20%～25%，平均硫分约为 1%。随着近年来向地下深处开采的煤炭增多，硫分有逐渐增加的趋势。和美国用于发电的煤炭（平均灰分 9%，平均硫分 1%）相比，我国电力燃煤的煤质较差，稳定性也较差。

1.4.2　工业锅炉

我国的燃煤工业锅炉以层燃炉为主，其中链条炉占据最主要的部分，往复炉排炉和固定炉排炉所占比例较小。由于我国工业锅炉总数较大，管理难度大，对在用的燃煤工业锅炉一直缺乏较为系统的统计，然而根据近年燃煤工业锅炉的销售数据，可以对我国不同种类燃煤工业锅炉的比例进行半定量估计。链条炉、循环流化床锅炉是我国燃煤锅炉最主要的技术形式，其容量在我国燃煤锅炉的总容量中分别占约 80% 和约 10%。室燃炉和其他形式层燃炉的总容量不超过我国锅炉总容量的 10%，但是这些锅炉往往单台容量低，其台数约占我国锅炉总台数的 30%。近年来随着国家集中供热政策的推动，以及一些特大型城市和大型城市通过城市环境综合整治，关停淘汰城市建成区内的分散燃煤锅炉，单台容量相对较低的室燃炉和其他形式层燃炉数量将进一步减小，而循环流化床锅炉以及大容量链条炉在燃煤工业锅炉中的比例将进一步加大。

由于我国燃煤工业锅炉数量多、分布广，运行和管理人员的水平参差不齐，造成我国燃煤工业锅炉能效普遍偏低。根据上海工业锅炉研究所“十一五”期间的调研结果（表 1-2），我国小型燃煤工业锅炉的热效率尤其低，而燃煤工业锅炉的热效率应随着锅炉容量的增大而提高。目前我国燃煤工业锅炉的设计热效率普遍为 72%～80%，但 10t/h 以下的小型锅炉实际运行热效率往往低于这个水平，甚至有部分锅炉的热效率仅为 50% 左右（北京市劳动保护科学研究所，2011）。

表 1-2　部分城市燃煤工业锅炉运行效率统计结果

锅炉容量/(t/h)	2	4	6	10	20	30
平均热效率/%	68.00	66.71	69.62	70.28	74.97	80.33

普遍的低负荷运行工况是造成我国燃煤工业锅炉运行能效偏低的一个直接原因。根据上海工业锅炉研究所的调查，我国燃煤工业锅炉运行负荷低于额定负荷 75% 的情况非常普遍，甚至有大量锅炉在低于额定负荷 50% 的工况下运行。锅炉的低负荷运行使锅炉的运行参数难以控制在合理范围内，除了会造成热效率的损失外，还易造成燃烧不完全、受热面腐蚀和积灰堵塞等问题。

此外，目前我国燃煤工业锅炉在运行过程中，由于操作不当和低负荷运行等原因，过量空气系数往往远远超过正常值。过大的过量空气系数会使炉膛温度降低，不利于燃料充分燃烧，造成飞灰和炉渣中含碳量高的问题。这不仅浪费了能源，还使排放的烟气中烟尘浓度升高，并且提高了烟气中由于燃烧不完全产生的黑碳（black carbon，BC）和有机碳（organic carbon）、CO 等污染物的浓度，造成污染。

1.4.3　炼焦

焦炭主要用于炼铁，2000 年以后，我国的炼焦工业随着钢铁工业经历了爆炸式的发展。但是根据焦炭行业在2005年的统计数据（国家发展和改革委员会，2005），我国只有33%的焦炭生产能力布局在钢铁联合企业内，67%的焦炭生产能力为独立焦化生产企业，除少数作为城市煤气供应的市政配套设施外，大部分集中在煤炭产区。独立焦化生产企业中存在着很大一部分中小型企业，尤其是在山西等煤炭生产大省，这些中小型企业的生产能力普遍较低；很多企业广泛使用土焦炉和改良焦炉进行生产，设施非常落后；另外由于企业规模小，管理水平也相对落后，影响了我国焦炭生产行业的整体平均水平，使得炼焦行业的整体能耗水平大大高于发达国家，各种污染物排放也不能得到有效控制。

从20世纪90年代末开始，我国开始实施一系列措施，一方面提出严格的准入制度；另一方面逐步淘汰既有的落后生产能力。尤其是在“十一五”期间，为了顺利达到“节能减排”目标，我国加大了对炼焦行业落后产能的淘汰力度，见表1-3。

表1-3　针对我国炼焦行业的主要市场准入政策和落后产能淘汰政策

政策类型	年份	政策内容	政策发布部门
准入政策	1999	新建项目不得使用土焦炉和改良焦炉	国家经济贸易委员会
	2004	不得新建炭化室高度低于4.3m的焦炉	国家发展和改革委员会
	2008	不得新建炭化室高度低于5.5m的焦炉	国家工业和信息化部
淘汰政策	2007	淘汰175个小型机械化焦炉和464个土焦炉/改良焦炉，产能合计3300万t	国家发展和改革委员会
	2008	淘汰216个小型机械化焦炉和125个土焦炉/改良焦炉，产能合计3700万t	国家发展和改革委员会
	2009	淘汰284个小型机械化焦炉和18个土焦炉/改良焦炉，产能合计1900万t	国家发展和改革委员会

日益严格的准入政策和落后产能淘汰政策在很大程度上提高了我国炼焦行业的整体技术水平。如图1-7所示，在20世纪末和21世纪初，我国绝大部分地区的机械化焦炉比例约为80%~90%，而山西省的机械化焦炉比例仅为20%左右，其他都是土焦炉或改良焦炉；到2010年，我国的土焦炉和改良焦炉基本上被全部淘汰，机械化焦炉的焦炭生产份额在2008年以后超过了99%。

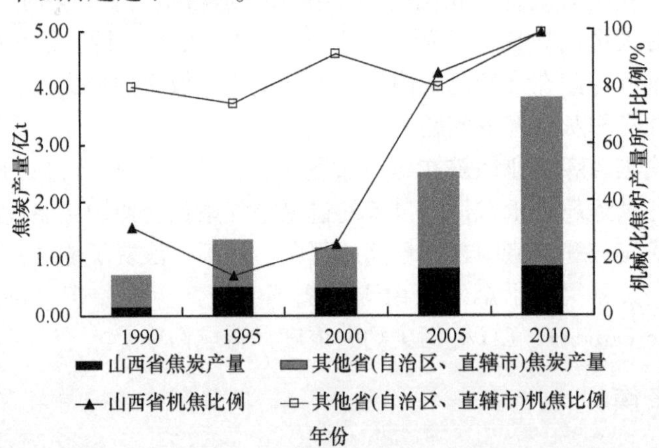

图1-7　我国近20年来机械化焦炉的焦炭产量占全国焦炭总产量的百分比

另外，准入政策和落后产能淘汰政策的执行在很大程度上提高了炼焦行业的集中度。2004～2009 年，我国的焦炭生产企业数从 1406 个下降到 842 个，单个企业的焦炭年产量从 14.7 万 t 提高到了 41.0 万 t，增长了 1.8 倍。从地域分布来看，2010 年我国东部炼焦企业的平均焦炭年产量（58.3 万 t）远远高于西部企业的平均焦炭年产量（24.9 万 t）。随着准入政策和落后产能淘汰政策的进一步加严，我国的炼焦行业产业集中度将进一步提高，炭化室高度高于 5.5m 的焦炉将逐渐成为我国炼焦行业的主要生产设备。

1.4.4　水泥窑

近年来我国基础设施建设的开展使我国的水泥产量快速增长，而我国的水泥工业常年存在着多种生产工艺并存的现象。发达国家早已淘汰的立窑在 2005 年以前一直占据我国水泥产量的 60% 以上，在 20 世纪 90 年代中期更是一度高达 81%；2000 年以来，先进的新型干法水泥生产线迅猛发展，尤其是进入“十一五”以后，更是加快了建设大型新型干法生产线的速度。2000～2010 年，我国的新型干法生产线数量从 128 条增加到 1273 条，熟料年生产能力从 0.6 亿 t 增长到 12.6 亿 t。

在大量建设新型干法水泥窑的同时，我国对立窑、干法中空窑、湿法窑等落后的水泥窑加快了淘汰进程。“十一五”期间，我国累计关停立窑等落后水泥熟料生产能力 4 亿 t（周鸿锦，2011）。随着新型干法水泥窑的建设和落后产能的淘汰，我国新型干法水泥在水泥总产量中的比例从 2005 年的 44% 增长到了 2010 年的 81%，如图 1-8 所示。

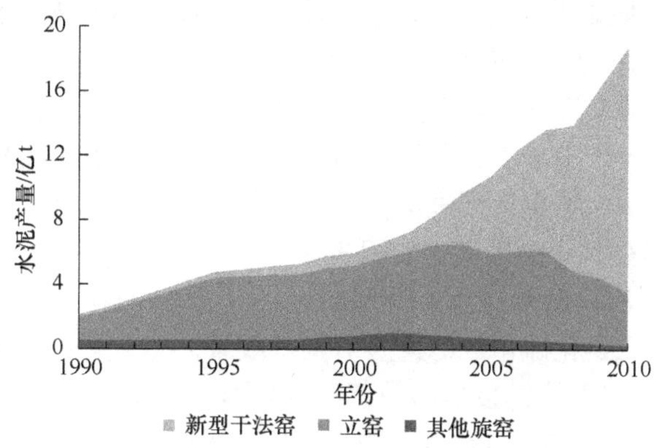

图 1-8　我国 1990～2010 年不同水泥窑的产量比例变化情况

“十一五”期间我国新建的新型干法水泥窑普遍规模都较大，大多是产能在 4000t/d 以上的生产线，最大的单线产能达到了 12 000t/d。到 2010 年年底，我国新型干法生产线的平均产能达到 3200t/d。此外，国际上的新型干法水泥生产线大多建于 21 世纪以前，而我国的新型干法水泥生产线绝大部分建于 2002 年以后。与国际上的新型干法水泥生产线相比，我国的新型干法水泥生产线不仅规模大，而且技术先进，普遍采用了生料辊压磨、带五级预热器和新型分解炉的回转窑、第三代冷却机、水泥挤压磨和高效选粉机等先进设备，使我国整体的新型干法水泥生产装备和工艺达到了当今国际先进水平。

随着我国水泥工业技术结构快速调整，新型干法水泥产量比例快速提高，使得我国总体水泥熟料烧成煤耗大幅下降。一些优秀大型水泥企业的熟料标准煤耗已达到或超过104kgce/t的国际先进水平。全国水泥熟料平均标准煤耗由2001年的150kgce/t下降到2010年的115kgce/t（王燕谋，2011），不仅节能效果非常显著，而且降低了熟料烧成过程中的大气污染物排放量。

在我国水泥工业技术结构快速调整的同时，随着政府部门节能减排政策的实施以及煤价和电价的高涨，“十一五”期间我国水泥企业快速推广了低温余热发电技术。到2010年，已有692条新型干法生产线上建设了低温余热发电装置，占可设置生产线的75%；已设置低温余热发电装置的生产线熟料产量为8.54亿t，占同年新型干法熟料产量的68%。2010年水泥企业低温余热发电总装机容量为421万kW，发电295亿kW·h，节省标准煤991万t，减排CO_2 2378万t（王燕谋，2011）。

1.5 与燃煤污染控制相关的主要法规和标准

20世纪70年代末到80年代初，我国的环境保护工作开始起步。在80年代中后期，我国陆续推出了《中华人民共和国水污染防治法》（1984年）、《中华人民共和国大气污染防治法》（1987年）、《中华人民共和国环境保护法》（1989年）等与煤炭利用过程相关的环境保护法规。这些法规均适用于煤炭利用行业的环境保护，在宏观层面上对这些行业可能造成的大气环境污染和水环境污染提出了控制要求。此后，我国进一步颁布了一系列法律，对环境影响评价、清洁生产等控制工业污染的技术手段提出了要求。目前，我国涉及煤炭利用行业环境保护的相关法律主要有：《中华人民共和国环境保护法》《中华人民共和国水污染防治法》《中华人民共和国大气污染防治法》《中华人民共和国环境影响评价法》《中华人民共和国节约能源法》《中华人民共和国循环经济促进法》《中华人民共和国清洁生产促进法》等，这些法律明确了环境因素应该作为我国煤炭利用行业工业项目建设中必须考虑的因素。

在这些环境保护法律的基础上，我国制定了《国家酸雨和二氧化硫污染防治“十一五”规划》《燃煤二氧化硫排放污染防治技术政策》《中国洁净煤技术“九五”计划和2010年发展纲要》《可持续发展科技纲要（2001—2010年）》《国家实施洁净煤技术发电优惠政策》等一系列行政法规和规划。这些法规和规划应用于我国煤炭利用过程中的污染控制方面，主要针对大气环境污染防治及温室气体减排领域，涉及多个产业环节及多个环境问题。我国这些法律法规的提出和实施，在环境影响评价、节能技术应用、污染控制技术等方面，为进一步通过排放标准、技术规范等对我国煤炭利用行业的污染控制和净化技术提出具体要求奠定了基础。

在以上环境保护法律法规的基础上，我国针对电厂锅炉、工业锅炉、炼焦过程和水泥窑等主要的煤炭利用过程，制定了主要污染物的排放标准，并随着整体环境状况的变化，对排放标准进行了多次修编，不断提高污染物的控制要求，降低排放限值。到目前为止，我国针对电厂锅炉、工业锅炉、炼焦过程和水泥窑等主要的煤炭利用过程的排放标准基本上都集中在大气污染物上，而对于水污染物排放、固体废弃物处理处置以及温室气体排放控制较少涉及。我国针对电厂锅炉、工业锅炉、炼焦工业和水泥工业的大气污染物排放控制标准制定和修编过程见表1-4。

表 1-4　我国主要煤炭利用过程大气污染物排放标准实施和修编年份表

控制对象	标准编号	实施、修编年份
电厂锅炉	GB13223	1991、1996、2003、2011
工业锅炉	GB13271	1983、1991、1999
炼焦	GB16171	1996
水泥	GB4915	1985、1996、2004

近年来，随着污染物排放标准要求的提高，我国还针对一些行业制定了一系列工程技术规范。这些技术规范配合污染物排放标准，从工程设计方面出发，针对主要污染物控制技术路线选择、主要污染物控制设备选型、配套设施要求、设计参数确定方法等提出了具体要求，促进相关行业的工业企业在污染物控制方面达到相关标准。

1.5.1　电厂锅炉

如前所述，我国针对电厂锅炉的大气污染物排放标准最初于 1991 年发布，并于 1996 年、2003 年和 2011 年经过三次修编。目前我国适用于控制电厂锅炉大气污染物的排放标准（GB13223—2011）于 2011 年经过修编发布，标准中针对主要大气污染物（SO_2、NO_x 和烟尘）的排放限值如表 1-5 所示。

表 1-5　燃煤发电锅炉主要大气污染物最高允许排放浓度

（单位：$mg/Nm^3$①）

大气污染物	现有锅炉	新建锅炉	特别排放限值②
烟尘	30	30	20
SO_2	200、400③	100、200③	50
NO_x（以 NO_2 计）	100、200④	100、200	100
Hg 及其化合物	0.03	0.03	0.03

①Nm^3 表示标准每立方米，下同。②重点地区的燃煤发电锅炉执行大气污染物特别排放限值。执行大气污染物特别排放限值的具体地域范围、实施时间等由国务院环境保护行政主管部门规定。③位于广西壮族自治区、重庆市、四川省和贵州省的火力发电锅炉执行该限值。④采用 W 形火焰炉膛的火力发电锅炉、现有循环流化床火力发电锅炉，以及 2003 年 12 月 31 日前建成投产或通过建设项目环境影响报告书审批的火力发电锅炉执行该限值。

与 2003 年的标准相比，2011 年修编的火电厂大气污染物排放标准（GB13223—2011）在大气污染物排放限值方面加严了很多。烟尘排放标准由 50 ~ 200mg/Nm^3 降为 30mg/Nm^3；SO_2 排放标准由 400 ~ 1200mg/Nm^3 降至 200mg/Nm^3 或少部分降至 400mg/Nm^3；NO_x 排放标准由 450 ~ 1500mg/Nm^3 降至 100 ~ 200mg/Nm^3。而发达国家的排放标准平均为：烟尘排放标准为 50mg/Nm^3；SO_2 排放标准为 200 ~ 400mg/Nm^3；NO_x 排放标准为 200mg/Nm^3。新标准中还增加了对 Hg 排放控制的要求。SO_2、烟尘、NO_x 提出的标准限值超越了国际上较严格的控制污染排放的要求，成为世界上最严的标准。

为了配合针对电厂锅炉的大气污染物排放标准实施，我国还颁布了一系列工程技术规范，对电厂锅炉安装污染物控制设施和管理监测设施的工程技术细节提出要求。到目前为止，针对电厂锅炉的工程技术规范包括 3 类：一是烟气脱硫工程技术规范，包括石灰石—石膏法（HJ/T 179—2005）、烟气循环流化床法（HJ/T 178—2005）和氨法（HJ

2001—2010）3 种技术的规范；二是烟气脱硝工程技术规范，包括选择性催化还原法（HJ 562—2010）和选择性非催化还原法（HJ 563—2010）两种技术的规范；三是烟气排放连续监测技术规范（HJ/T 75—2001），对烟气排放污染物浓度连续监测设备的安装提出技术要求。

1.5.2 工业锅炉

1.5.2.1 国家标准

我国针对工业锅炉的大气污染物排放标准最初于 1983 年发布，并于 1991 年和 1999 年经过修编。目前我国适用于控制工业锅炉大气污染物的排放标准于 1999 年经过修编，由国家环境保护总局发布，发布编号为 GWPB3—1999；该标准于 2001 年以 GB13271—2001 为发布编号，由国家环境保护总局和国家质量监督检验检疫总局共同发布。标准中针对主要大气污染物（SO_2、NO_x 和烟尘）的排放限值列于表 1-6。

表 1-6 燃煤工业锅炉主要大气污染物最高允许排放浓度（单位：mg/Nm^3）

项目		SO_2		烟尘	
		Ⅰ时段	Ⅱ时段	Ⅰ时段	Ⅱ时段
自然通风锅炉（<0.7MW）	一类区	1200	900	100	80
	二类、三类区	1200	900	150	120
其他锅炉	一类区	1200	900	100	80
	二类区	1200	900	250	200
	三类区	1200	900	350	250

注：1. 该标准按锅炉建成使用的年代分为两个阶段，执行不同的大气污染物排放浓度限值。其中，Ⅰ时段锅炉为 2000 年 12 月 31 日前建成使用的锅炉；Ⅱ时段锅炉为 2001 年 1 月 1 日起建成使用的锅炉（含在Ⅰ时段立项未建成或未运行使用的锅炉和建成使用锅炉中需要扩建、改造的锅炉）。

2. 标准中的一类区、二类、三类区是指 GB3095—1996《环境空气质量标准》中所规定的环境空气质量功能区的分类区域。一类区为自然保护区、风景名胜区和其他需要特殊保护的地区；二类区为城镇规划中确定的居住区、商业交通居民混合区、文化区、一般工业区和农村地区；三类区为特定工业区。

总体而言，GB13271—2001 仅针对燃煤工业锅炉的 SO_2 和烟尘两种污染物排放提出了限制要求，并在空间（三类区）和时间（Ⅰ时段、Ⅱ时段）两个尺度上，提出不同要求。

对于 SO_2 排放，GB13271—2001 以 2001 年 1 月 1 日为时间节点，要求其以前建成使用（第Ⅰ时段）的锅炉排放浓度不高于 $1200mg/Nm^3$，而其后建成使用的机组排放浓度不高于 $900mg/Nm^3$。根据此标准要求，绝大部分 2001 年 1 月 1 日前建成使用的燃煤工业锅炉在燃用硫分含量 1% 以下的煤时，不需要使用任何脱硫设施，都可以达标排放；而 2001 年 1 月 1 日后建成使用的燃煤工业锅炉，则需要视锅炉类型和锅炉运行情况而定，由于两个排放限值（$900mg/Nm^3$ 和 $1200mg/Nm^3$）相差仅 25%，在使用煤硫分不高的情况下，2001 年 1 月 1 日后建成使用的燃煤工业锅炉可采用一些简易脱硫技术，如借助湿式除尘器的脱硫能力，就能够达到标准要求。对于使用高硫分煤的锅炉，则需要借助其他燃烧过程脱硫或是烟气脱硫技术，才有望达到排放标准。

对于烟尘排放，GB13271—2001 针对不同的分区、时段和锅炉类型，提出了不同的要求。自然通风锅炉容量较低，一般作为茶浴炉使用，由于没有使用强制通风，炉内气体流动远低于大容量锅炉，燃烧后的飞灰/底灰值非常低，基本上不需要安装使用专门的除尘设施，通过控制锅炉运行状况，就可以达到标准要求。对于其他锅炉，GB13271—2001 没有区分层燃炉和沸腾炉，仅针对不同的分区、时段进行控制。可以看出，GB13271—2001 对一类区的烟尘排放浓度控制要求远远高于对二类、三类区的要求。由于一类区内工业分布很少，主要的工业锅炉都集中在二类区和三类区中，其中二类区中既有工业蒸汽热水等动力需求，也有民用和公用建筑的采暖需求，工业锅炉的数量和燃煤量都较高，因此可以认为 GB13271—2001 对二类区的燃煤工业锅炉大气污染物排放限值代表了对我国整体工业锅炉的控制要求。烟尘排放浓度在很大程度上受燃煤灰分的影响，若参考我国动力煤的平均灰分（25% 左右），要达到 GB13271—2001 的烟尘排放浓度要求，无论是层燃炉和沸腾炉，都需要安装相应的除尘设施。对于层燃方式的锅炉，其除尘设施的烟尘去除效率需达到 90% 左右，可以视具体情况采用旋风除尘器或湿式除尘器；对于沸腾燃烧方式的锅炉，其除尘设施的烟尘去除效率则需达到 98% 或 99% 以上，必须采用静电除尘器或袋式除尘器才能满足要求。

1.5.2.2 地方标准

到目前为止，我国的排放标准没有对工业锅炉的 NO_x 排放提出控制要求，对 SO_2 和烟尘的控制要求也不高。GB13271—2001 从修订到现在已经超过了 10 多年，其对工业锅炉的控制要求已逐渐不能满足我国对大气环境改善的要求。为了改善城市大气环境，北京、上海、天津、石家庄、天津等地地方政府出台并实施了比国家排放标准更加严格的地方燃煤工业锅炉排放标准。作为其中较典型的代表，目前正在实施的北京和上海排放标准均于 2007 年颁布实施，其限值列于表 1-7。

表 1-7 北京和上海燃煤工业锅炉主要大气污染物最高允许排放浓度

（单位：mg/Nm^3）

项目	北京		上海	
	在用	新建、扩建、改建	自然通风锅炉（<0.7MW）	其他锅炉
烟尘	30	10	80	120
SO_2	50	20	300	400
NO_x	200	150	400	400

通过比较北京和上海的地方标准以及 GB13271—2001 可以发现，上海对烟尘的控制标准比国家标准略为严格；对 SO_2 排放浓度的限值约为国家标准的 1/3 ~ 1/2，这可以通过控制上海的煤炭硫分实现；对 NO_x 排放浓度的限值为 $400mg/Nm^3$，考虑到我国工业燃煤锅炉主要燃用烟煤，这一浓度要求可以通过使用低氮燃烧技术达到，不需额外使用烟气脱硝设施。

相比而言，北京对工业锅炉大气污染物排放浓度的要求远远高于上海。对于在用燃煤锅炉，要达到标准的污染物排放限值要求，必须要使用静电除尘器、袋式除尘器等高效除尘设施以及烟气脱硫、脱硝设施；对于新建、扩建、改建锅炉，目前标准中的排放浓度限值基本上已经超过了我国燃煤锅炉使用经济可行技术所能达到的目标，因此北京目前对新建、扩建、改建工业锅炉的标准实施上并非针对燃煤锅炉，而是主要针对燃用天然气的锅炉。此标准配合其他一些政策措施，如划定逐步限制和禁止燃煤地区等，将逐渐减少北京燃煤工业锅炉的数量以及煤炭消费，对改善北京大气环境有一定的积极意义。

1.5.3 炼焦

1.5.3.1 大气污染物排放控制标准

炼焦是将煤炭经过焦化生成焦炭的过程，在其工艺过程中，主要大气污染物的排放点除了焦炉烟囱外，还存在于煤炭破碎、煤炭预热及输送、煤炭投料、熄焦、焦炭破碎等一系列过程。目前我国仅有针对焦炉的排放标准，对其他工序并没有相关的排放标准进行限制，在此情况下，我国炼焦行业的大气污染物控制手段缺乏统一的规范，平均大气污染物控制水平较低。

目前我国用于炼焦行业大气污染物控制的排放标准为《炼焦炉大气污染物排放标准》，颁布于1996年，标准编号为GB16171—1996，除焦炉烟气外的其他排放部分执行《大气污染物综合排放标准》（GB16297—1996）和《恶臭污染物排放标准》（GB14554—93）。GB16171—1996中区分了机械化焦炉和非机械化焦炉，针对现有焦炉和新建焦炉分别提出了不同的排放限值。近年来，我国的非机械化焦炉基本上全部被淘汰，因此仅有关于机械化焦炉的排放标准仍然适用；此外，标准针对GB3095—1996《环境空气质量标准》中所规定的不同环境空气质量功能区给出了不同的排放限值，并规定一类区（自然保护区、风景名胜区和其他需要特殊保护的地区）内不得新建、扩建项目，随着一类区中炼焦企业的逐步淘汰，目前仅有针对二类区（城镇规划中确定的居住区、商业交通居民混合区、文化区、一般工业区和农村地区）和三类区（特定工业区）的排放限值仍然适用。GB16171—1996中针对大气污染物的排放限值列于表1-8。

表1-8 GB16171—1996中炼焦炉主要大气污染物最高允许排放浓度

（单位：mg/Nm^3）

项目		颗粒物	苯可溶物	苯并（α）芘
已有源	二类区	3.50	0.8	0.0040
	三类区	5.00	1.2	0.0055
新建源	二类区	2.50	0.6	0.0025
	三类区	3.50	0.8	0.0040

GB16171—1996规定的机械化焦炉大气污染物最高允许排放浓度是以监测的19座焦炉中B类焦炉为参照物制定的，其对应的污染物控制水平相当于国外污染控制不完善时期的排放水平，包括装煤采用高压氨水、密封炉门、水封式上升管、密闭装煤孔盖等

（山西省环境保护厅，2010）。在这样的污染物控制水平下，除了炼焦炉烟囱会排放污染物外，还会产生大量的无组织排放。此外，GB16171—1996 并未覆盖大部分的炼焦过程大气污染物，对于 SO_2、NO_x、VOC（valatile organic compounds）和酚等大气污染物缺少排放限值；也未包括除炼焦炉外的其他过程大气污染物排放过程，如备煤、装煤、推焦、熄焦、筛储焦、焦炉煤气净化和化学产品回收等。

由于 GB16171—1996 存在上述缺陷，不满足社会对环境质量日益严格的要求，再加上随着我国经济的发展，炼焦技术和污染治理水平都有了长足的进步，土焦炉和改良焦炉基本上被淘汰，捣固式热回收焦炉等新炉型逐步涌现，我国炼焦行业整体格局和水平已发生了较大变化，在这样的背景下，我国准备修订炼焦工业的大气污染物排放标准。此标准已于 2010 年征集意见，有望在近期内完成并颁布实施。

1.5.3.2　水污染物排放控制标准

我国目前用于炼焦行业水污染物控制的排放标准为《钢铁工业水污染物排放标准》，颁布于 1992 年，标准编号为 GB13456—92，缺项执行《污水综合排放标准》（GB8978—96）。GB13456—92 中针对不同的出水要求，提出了不同的排放限值，见表 1-9。

表 1-9　GB13456—92 中炼焦行业水污染物最高允许排放浓度（单位：mg/L）

项目	pH	悬浮物	挥发酚	氰化物	COD_{Cr}	石油类	氨氮①
一级	6～9	70	0.5	0.5	100	8	15
二级		150	0.5	0.5	150	10	25
三级		400	2.0	1.0	500	30	40

①氨氮是指水中以游离氨（NH_3）和铵离子（NH_4^+）形式存在的氮。

对于焦化废水中常见污染物［化学需氧量（chemical oxygen demand，COD）、挥发酚、氰化物、硫化物、石油类、氨氮等］的处理，目前常见处理工艺包括 A/O^2、A^2/O、A/O、A^2/O^2 等。总体而言，这几种处理工艺能够使大部分水污染物的浓度降低到 GB13456—92 要求的水平。然而，在 GB13456—92 中未对炼焦过程的特征污染物苯并（α）芘排放浓度提出限定值，使得炼焦过程的污水处理不能有效降低苯并（α）芘造成的环境风险，难以满足环境管理要求。针对这一现状，我国在修订炼焦工业的水污染物排放标准中，一方面调整了焦化废水常见污染物的排放限值；另一方面增加了对苯并（α）芘排放浓度的最高限值。此标准已于 2010 年征集意见，有望在近期内完成并颁布实施。

除了排放标准外，我国还通过其他政策和规范对炼焦过程的水污染物控制提出了要求。其中，2008 年修订的《焦化行业的准入条件》中规定，常规机焦炉企业应按照设计规范配套建设含酚氰生产污水二级生化处理设施、回用系统及生产污水事故储槽（池）；半焦（兰炭）生产的企业氨水循环水池、焦油分离池应建在地面以上。生产污水应配套建设污水焚烧处理或蒸氨、脱酚、脱氰生化等有效处理设施，并按照设计规范配套建设生产污水事故储槽（池），生产废水严禁外排等相关要求。

此外，我国 2003 年通过并开始实施炼焦行业的清洁生产标准，对水污染物的处理提出了鼓励性要求（国家环境保护总局，2003）。该标准提出，处理后的酚氰废水尽可能回用，剩余废水可以达标外排；熄焦水闭路循环，均不外排。此外，还对COD_{Cr}、氨氮、氰化物、挥发酚和硫化物等提出了以吨焦炭为单位的排放量指标。

1.5.4 水泥窑

1.5.4.1 大气污染物排放控制标准

我国针对水泥行业的大气污染物排放标准最初由1985年发布，并于1996年和2004年经过两次修编。目前我国适用于控制水泥工业大气污染物的排放标准（GB4915—2004）于2004年经过修编发布，GB4915—2004围绕水泥产品这个中心，适用范围包括从矿山开采到水泥制造过程，再到水泥制品生产的整个环节。标准中针对主要大气污染物（颗粒物、SO_2、NO_x和氟化物）的排放限值列于表1-10。

表1-10 水泥窑主要大气污染物最高允许排放浓度 （单位：mg/Nm^3）

项目	颗粒物	SO_2	NO_x	氟化物
原料破碎	30			
水泥窑及窑磨一体机	50	200	800	5
烘干机、烘干磨、煤磨及冷却机	50			
破碎机、磨机、包装及其他设备	30			
水泥仓及其他通风设备	30			

颗粒物是水泥生产过程中产生的最主要的大气污染物之一。GB4915—2004在修编的过程中，考虑到我国水泥工业将逐渐淘汰落后的立窑生产线，发展先进的新型干法生产线，对颗粒物的控制要求建立在使用高效的静电除尘器及袋式除尘器基础上。对于除水泥窑窑尾外的工艺环节，采用静电除尘器基本上可以稳定达到标准的要求，但是对于水泥窑窑尾，则必须考虑生产过程中难以避免的超标排放。水泥窑在生产过程中，难免出现操作不当、CO超标的情况，在这种情况下，如使用静电除尘器，为防止CO爆炸，则必须停止向电除尘器电极供电，产生粉尘浓度超标排放，这种情况下排放的粉尘浓度可能达到允许排放浓度的100倍以上；而我国水泥生产中，大部分生产厂CO超标时间都超过1%，有的超过2%。鉴于静电除尘器存在着这一不足，GB4915—2004要求新建、改建、扩建水泥窑窑尾一律要求采用袋式除尘器（中国环境科学研究院环境标准研究所和合肥水泥研究设计院，2004）。

水泥厂的SO_2排放主要取决于原料、燃料中挥发分含硫量。使用低硫或无硫原料、燃料的水泥窑SO_2排放很少，而且新型干法水泥窑中有高活性的CaO，与SO_2气固接触好，可大量吸收SO_2，基本上都可以满足标准中的SO_2排放浓度要求。

NO和NO_2是水泥窑NO_x排放的主要成分，以热力型产生的NO_x为主。新型干法水泥窑的烧结温度高、过剩空气量大NO_x浓度非常高。GB4915—2004的NO_x排放限值为$800mg/Nm^3$，对应的NO_x排放系数约为2g/kg熟料。随着我国开始重视对NO_x排放的控制，并明确提出了在“十二五”期间减排 NO_x10% 的目标，我国将把水泥行业作为 NO_x 控制的重要对象。目前我国已经把水泥行业的排放标准修编列入排放标准修编计划，拟通过新标准的制定和实施，以及烟气脱硝等实用工程技术的开发，实现对水泥工业 NO_x 排放的控制。

在水泥生产过程中，如不特意把含氟高的矿物，如萤石用于水泥生产过程以降低烧成温度，一般窑尾排放的氟化物浓度会很低。一般立窑企业大量使用萤石作矿化剂，氟化物排放很高；而新型干法窑的氟化物排放较低，基本上都能满足 GB4915—2004 中关于氟化物的排放限值要求。

1.5.4.2 水泥窑焚烧固体废弃物

水泥窑内的烟气温度高，停留时间长，非常适合于有害废物的分解。利用水泥窑焚烧可燃固体废弃物已成为世界水泥工业的一种潮流，这既有助于有害固体废弃物的处理，又能够替代燃煤。这样的水泥窑除需满足颗粒物、SO_2、NO_x、氟化物的排放要求外，还需符合我国 GB18484《危险废物焚烧污染控制标准》和 GB18485《生活垃圾焚烧污染控制标准》对二噁英、氯化物、重金属等特殊污染物的规定。北京水泥厂对水泥窑焚烧危险废弃物的监测表明，烟气中氯化氢、二噁英和汞、铬、铅、镉、镍等重金属的排放浓度远低于 GB18484《危险废物焚烧污染控制标准》中的标准值；根据焚烧和未焚烧危险废弃物两种状况的对比，除氟化物和氯化氢有所增加外，排放烟气中各污染物浓度间无显著差异（中国环境科学研究院环境标准研究所和合肥水泥研究设计院，2004）。

1.6 煤炭利用的大气环境压力

1.6.1 我国的大气污染情况

“十一五”期间，随着我国主要大气污染物总量减排工作以及城市大气污染治理工作的推进，我国的大气污染状况得到了一定程度的改善，城市空气质量达到《环境空气质量标准》二级限值的比例保持升高趋势，中度污染城市的数量逐渐减少，如图 1-9 所示。

然而总体而言，我国的大气环境形势仍然十分严峻。我国煤炭燃烧排放的 SO_2 和烟尘使 SO_2 和可吸入颗粒物成为我国绝大多数城市的主要污染物，此外，煤炭使用过程中排放的 SO_2 和 NO_x 在空气中通过化学反应，导致了以细颗粒、臭氧、酸雨为特征的区域性复合型大气污染日益突出，对公众健康产生了严重威胁。

为了适应人民群众日益提高的环境要求，保护人民群众身体健康，推进我国的大气污染控制工作和国际接轨，我国于 2012 年 2 月 29 日发布了修订后的《环境空气质量标准》（GB3095—2012）。新修订的标准加严了 PM_{10}、NO_2 的浓度限值，增加了 $PM_{2.5}$、O_3 8h 浓度限值指标。按照修订的空气质量标准，SO_2、NO_2、PM_{10} 分别执行年均浓度 60μg/Nm^3、40μg/Nm^3、70μg/Nm^3 的二级标准，333 个地级及以上城市中，不能达到 SO_2、NO_2 和 PM_{10} 年平均浓度二级标准的城市数量分别为 18 个、51

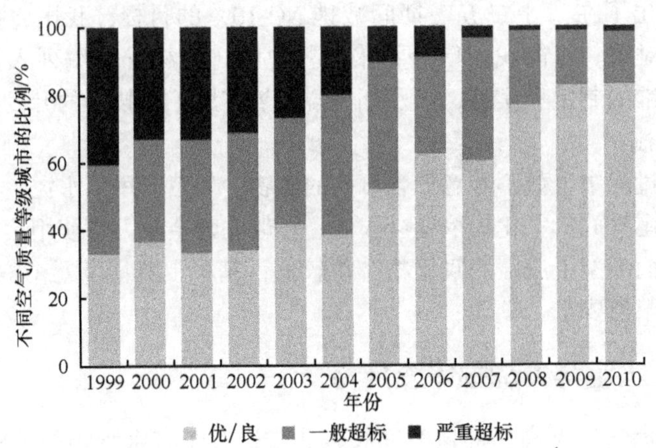

图 1-9　我国城市空气质量优/良（达标）、一般超标和严重超标的比例

个和 201 个，即使不考虑 $PM_{2.5}$ 和 O_3 污染的问题，也有 216 个城市的空气质量不能达到年平均浓度国家标准；与使用修订前的标准评价相比，超标城市的比例从 18% 提高到了 65%。

如果依据世界卫生组织 2005 年更新的空气质量指导值（世界卫生组织，2005）来衡量，我国城市大气环境中的 PM_{10} 年平均浓度与其要求（20μg/Nm³）差距甚远，我国 PM_{10} 年均浓度最低的城市海口也未达到这一要求，而全国城市的平均 PM_{10} 年均浓度比其高出 3 倍（图 1-10）。我国现在针对 $PM_{2.5}$ 监测的数据还相对缺乏，但是根据国内外开展研究的经验数据，大气中 $PM_{2.5}$ 的质量浓度为 PM_{10} 质量浓度的 50%～60%，由此判断，我国大气环境中 $PM_{2.5}$ 的质量浓度至少也比世界卫生组织的指导值高出 3 倍。以 PM_{10} 和 $PM_{2.5}$ 为代表的大气颗粒物污染将是我国相当长一段时期内面临的最主要的大气环境问题。

在我国煤炭消费单位强度较大的东部地区，城市 SO_2、PM_{10} 年平均浓度分别为 0.039mg/Nm³、0.085mg/Nm³，为欧洲和北美洲两地区发达国家的 2～4 倍；NO_2 年平均浓度为 0.034mg/Nm³，卫星数据显示，北京到上海之间的工业密集区为我国对流层二氧化氮污染最严重的区域。按照我国《环境空气质量标准》（GB3095—2012）评价，这些区域将有 80% 以上的城市不达标。严重的大气污染威胁人民群众身体健康，增加呼吸系统、心脑血管疾病的死亡率及患病风险，腐蚀建筑材料，破坏生态环境，导致粮食减产、森林衰亡，造成巨大的经济损失。

煤炭消费量的快速增长导致大量 SO_2、NO_x 和一次颗粒物的排放，这些大气污染物参与了大气化学反应，并通过长距离传输，导致了区域 $PM_{2.5}$、O_3、酸雨等二次污染的加剧。2010 年环境保护部组织的 $PM_{2.5}$ 试点监测数据表明，我国东部地区的 $PM_{2.5}$ 年均值为 0.047mg/Nm³，超过《环境空气质量标准》（GB3095—2012）限值要求的 35%，超过世界卫生组织指导值 3.7 倍；O_3 监测试点表明，部分城市 O_3 超过国家二级标准的天数达到 20%，有些地区多次出现 O_3 最大小时浓度超过欧洲警报水平的重污染现象。

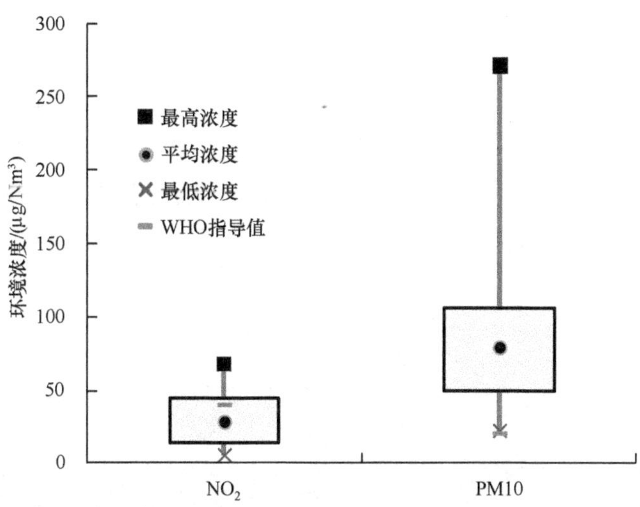

图1-10 我国2010年333个城市 NO_2 和 PM_{10} 年均浓度及其与世界卫生组织指导值的差距

方框代表最高10%和最低10%之间的浓度范围。

1.6.2 大气污染控制对煤炭清洁利用的压力

煤炭是我国最主要的能源，占我国一次能源的比例在70%左右，远远高于欧美发达国家的平均水平（30%以下），对煤炭的依赖是造成我国严重大气污染的重要原因。我国 SO_2 的排放量分别为美国的2.5倍、欧盟的4.4倍，NO_x 的排放量分别为美国的1.5倍、欧盟的2倍，大气Hg、CO_2 年排放量也显著高于其他国家（表1-11）。因此，大力削减煤炭使用过程中的大气污染物排放，实现煤炭的清洁利用，是有效改善环境质量、保护人民群众身体健康，应对温室气体减排压力的必由之路。

表1-11 中国、美国和欧盟的大气污染物与温室气体排放量

项目	SO_2/万t	NO_x/万t	PM_{10}/万t	$PM_{2.5}$/万t	大气Hg/t	$CO_2$①/亿t
中国②	2185.1	1852.4	1882.8	1294.9	825.2	67.03
美国③	860.0	1243.9	1023.2	413.4	103.0	58.27
欧盟④	501.5	937.4	197.1	129.3	73.4	40.65

①中国、美国和欧盟的 CO_2 排放数据全部为CAIT（The Climate Analysis Indicators Tool Developed by the World Resources Institute，CAIT）计算的2007年排放量。

②中国 SO_2 和 NO_x 排放量为2010年数据，摘自《中国环境统计年报2010》；PM_{10} 和 $PM_{2.5}$ 排放量为2005年数据，摘自Lei等（2011）；大气Hg排放数据为联合国环境规划署（United Nations Environment Programme，UNEP）计算的2005年排放量。

③美国大气污染物排放数据为2010年排放量，摘自EPA国家排放清单。

④欧盟27国大气污染物排放数据为2009年排放量，摘自欧洲环境署LRTAP数据库。

我国尚处于社会主义初级阶段，工业化尚未完成，为了支撑我国社会经济的发展，我国的煤炭消费量还将继续高速增长。为了在社会经济发展的同时，改善大气环境质量，保障我国人民群众在享受到物质文明的同时拥有与欧美发达国家可比的大气环境，至少需要使我国大气污染物的排放强度降低到现在欧美发达国家的水平。由于我国的煤炭消费总量数倍于欧美发达国家，为了达到这一目标，我国在煤炭使用过程中的大气污染物控制水平必须要远远高出欧美发达国家的水平。因此，能否实现煤炭的清洁化利用，将是制约我国煤炭长期发展的重要因素。

第2章 煤炭利用中污染控制与技术的国际发展趋势

发达国家以环境立法为动力，以先进的科学技术和制造工业为依托，政府和大型企业共同参与，以技术起点高、发展速度快为特点，构建了一个基础庞大、门类齐全、品种繁杂的大气污染控制产业体系。发达国家在除尘、脱硫、脱硝方面已经形成了成熟的产业链；在燃煤汞控制及硫、汞等复合污染物联合控制方面已经开始了示范工作，产业链正在逐步形成。

2.1 煤炭在全球及主要耗能国家能源消费中的地位

2.1.1 煤炭在全球能源消费中的地位

根据英国石油（British Petroleum，BP）最新发布的《BP世界能源统计2011》报告，2010年，全球一次能源消费增幅为5.6%，是1973年以来增长最快的一年。经济合作与发展组织（Organization for Economic Co-operation and Development，OECD）国家的一次能源消费增幅为3.5%，达到1984年以来的最高水平，尽管经合组织国家的消费水平仍然大致与10年前相当。非OECD国家的一次能源消费增长7.5%，比2000年提高63%。2010年，各地区能源消费增长加速，均高于各地区平均水平。中国的能源消费增幅为11.9%，赶超美国成为世界最大能源消费国。石油仍然是全球主要的燃料，占全球能源消费的33.6%，但石油的市场份额连续11年下降。2010年煤炭在全球能源消费中的比例增加到了29.6%，是自1970年以来的最高数值，并且高于10年前25.6%的数据，如图2-1所示。

《BP世界能源统计回顾2011》数据显示，2010年中国一次能源消费总量超过美国，跃居世界第一。一次能源消费总量世界前十位的国家依次是中国、美国、俄罗斯、印度、日本、德国、加拿大、韩国、巴西和法国。2010年中国一次能源消费量为24.32亿t当量油，同比增长11.2%，占世界能源消费总量的20.3%。美国一次能源消费量为22.86亿t当量油，同比增长3.7%，占世界能源消费总量的19.0%。中国、美国这两个世界最大的能源消费国消费的能源占世界能源消费总量的39.3%。

分区域来看，亚太地区能源消费量居各区域之首，达到45.74亿t当量油，占世界能源消费总量的39.1%，同比增长8.5%，增速也居各区域之首，显示了亚太地区是目前全球经济最活跃的地区。欧洲和欧亚大陆居第二位，能源消费总量为29.72亿t当量油，占世界能源消费总量的24.8%，同比增长4.1%。北美洲地区能源消费量为27.72亿t当量油，占世界能源消费总量的23.1%，同比增长3.3%，增速居各区域之末。这三大区域消费的能源约占全球能源消费总量的87%。其他三个区域能源消费约占全球能源消费总量的13%。

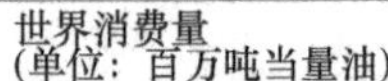

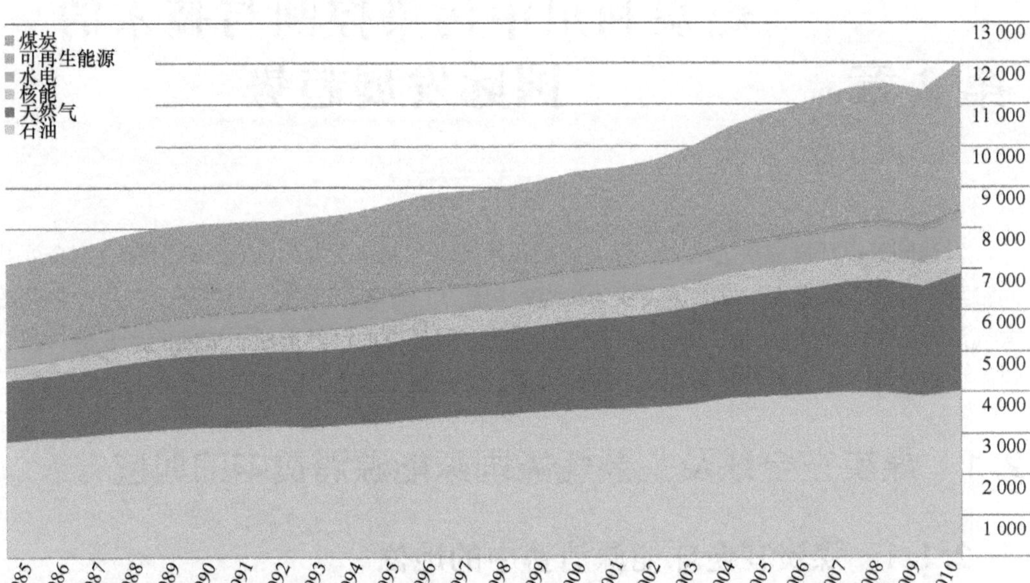

2010年，世界一次能源消费量增加5.6%，是1973年以来最强劲的增长。石油、天然气、煤炭、核能、水电以及用于发电的可再生能源增速均高于平均值。石油仍然是主导性燃料(占全球总消费量的33.6%)，但其所占份额连续11年下降。煤炭在总能源消费中占比继续上升，天然气的占比达到历史最高记录。

2010年各地区的消费格局
(以百分比表示)

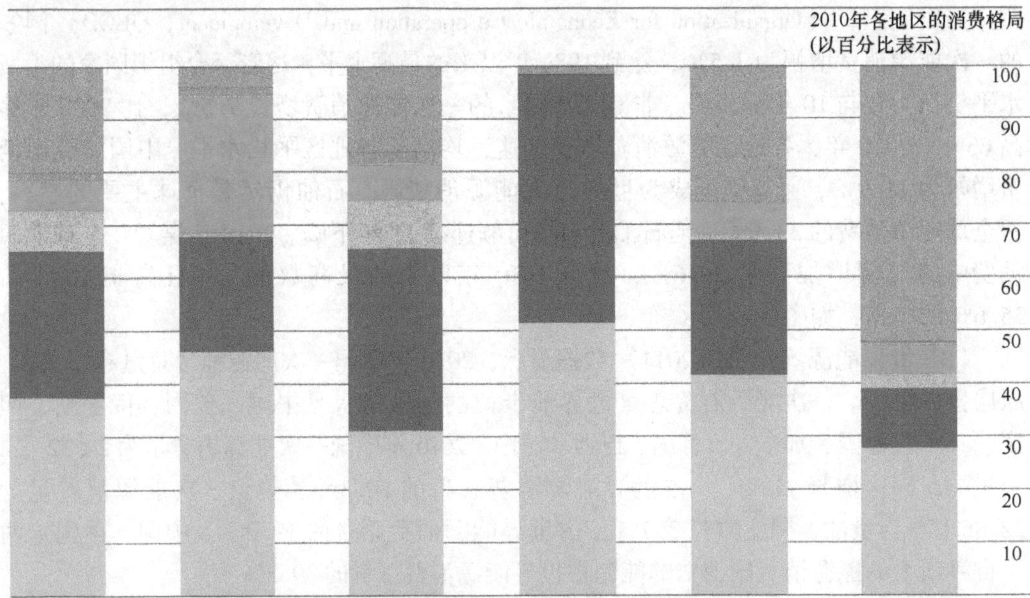

亚太地区继续引领全球能源消费，占世界能源消费总量的39.1%，占全球煤炭消费量的67.1%，在亚太国家中，煤炭是主导性燃料，占能源消费量的52.1%。除欧洲及欧亚大陆外的所有其他地区都以石油为主要燃料，欧洲及欧亚大陆的主要燃料为天然气。亚太各国是最大的煤炭消费者，同时也是石油和水电的主要使用者。欧洲及欧亚大陆是天然气、核能和可再生能源发电的主要消费者。

图 2-1　世界各地区能源消费及其构成变化情况

资料来源：BP 世界能源统计，2011

根据 BP 统计报告，2010 年全球煤炭消费增加了 7.6%，创造了自 2003 年以来的最快增长速率。中国超越美国成为全球最大能源消费国，2010 年煤炭消费量比 2009 年增加了 10.1%，煤炭消费几乎占了全球煤炭消费量的一半（48.2%），几乎占全球消费增长的 2/3。而 2010 年全球煤炭消费量大约为 35.5 亿 t 当量油（相当于 50.71 亿 t 标准煤）。

全球第二大煤炭消费国是美国，为 5.246 亿 t 当量油（7.49 亿 t 标准煤），占全球煤炭消费量的 14.8%；之后是印度，占全球煤炭消费量的 7.8%。包括欧盟在内欧洲煤炭消费量也出现了 3.8% 的增长。

2010 年，中国煤炭产量比 2009 年递增 9%，大约占全球增幅的 2/3，达到 32.4 亿 t，引领了全球 6.3% 的煤炭产量增长。美国是第二大煤炭生产国，产量为 9.846 亿 t，其次是印度、澳大利亚、俄罗斯和印度尼西亚。但是欧盟煤炭产量下降 1.1%，尽管英国煤炭产量增加了 1.8%，达到了 5.357 亿 t。图 2-2 给出了全球分区域的煤炭生产与消费变化情况。

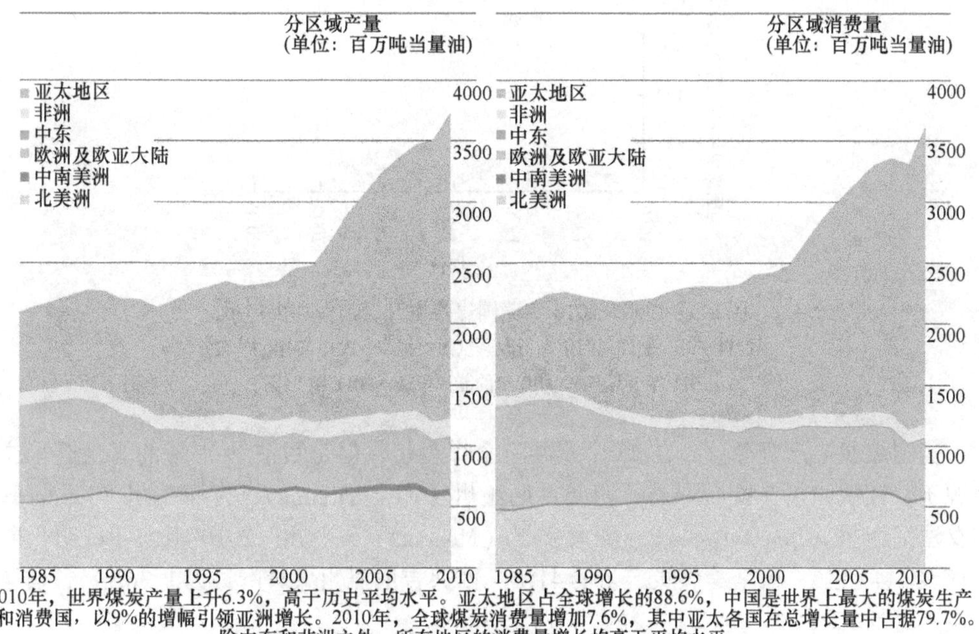

图 2-2　世界各地区煤炭生产与消费情况

资料来源：BP 世界能源统计，2011

2.1.2　煤炭在美国能源消费中的地位

煤炭是美国最重要的矿物资源和能源资源。自 19 世纪工业革命以来，煤炭一直是美国国民经济的主要动力保证。美国是世界煤炭蕴藏量最大的国家之一，煤炭储藏量占世界煤炭总储量的 13% 左右，居世界第一位。在探明储量中，烟煤占 51%、次烟煤占 38%、褐煤占 9.47%、无烟煤占 1.6%。

1950 ~ 2010 年美国煤炭产量、消费量变化趋势如图 2-3 所示。美国煤炭产量在过去 60 年里不断增加，2010 年美国共有煤矿 1285 座，煤炭总产量为 9.83 亿 t（10.84 亿短吨①），与 2009 年产量 9.75 亿 t（10.75 亿短吨）相近。2010 年美国煤炭产量的 7.5%

①1 短吨≈907.2kg。

用于出口，主要的5个出口国为：加拿大（出口量的14%）、巴西（出口量的10%）、荷兰（出口量的9%）、中国（出口量的7%）和韩国（出口量的7%）。

2010年美国煤炭消耗量为9.53t，比2009年煤炭消耗量增加5.1%，增加的这部分煤炭消耗主要用于电力、工业制造、炼焦等部门。2010年北美洲煤炭消耗占世界煤炭消耗的比例为14%，较1980年（18%）有所下降。美国煤炭消耗量的2%来自国外进口，主要的5个进口国为：哥伦比亚（进口量的75%）、印度尼西亚（进口量的10%）、加拿大（进口量的9%）、委内瑞拉（进口量的3%）和澳大利亚（进口量的2%）。

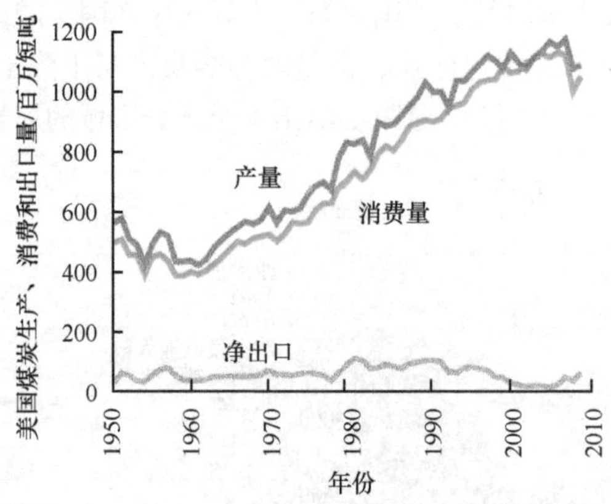

图2-3 1950~2010年美国煤炭生产、消费和出口量

资料来源：美国能源信息行政季度煤炭报告，2010年第四季度（2011年5月）和2010年的能源审查（2011年10月）

美国煤炭矿产资源分布在25个州共三个煤炭带，但是目前约72%的煤炭开采主要来源于：怀俄明州（Wyoming）、西弗吉尼亚州（West Virginia）、肯塔基州（Kentucky）、宾夕法尼亚州（Pennsylvania）、蒙大拿州（Montana）5个州。2010年，怀俄明州共生产煤炭4.43亿t，占全美煤炭产量的41%，西弗吉尼亚州煤炭产量为1.36亿t，占全美煤炭产量的12%。

2008年美国一次能源消费总量为22.84亿t标准煤，消费构成中，煤/泥炭占23.9%，仅次于石油（37.3%），与天然气比例相当（23.8%），其次是核能（9.6%）等其他能源，如图2-4所示。

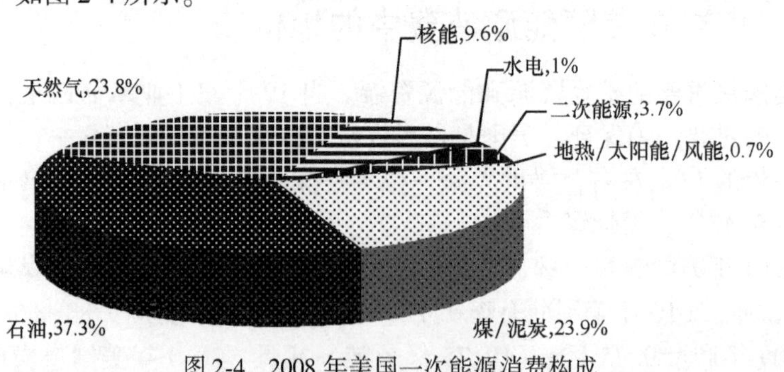

图2-4 2008年美国一次能源消费构成

资料来源：IEA能源统计

2.1.3　煤炭在日本能源消费中的地位

日本是世界上能源消费大国之一，但其能源严重依赖进口。第二次世界大战以后，煤炭为日本经济的恢复和发展起到了重要的支撑作用。日本政府为了保证电力生产和工厂运转，采取了煤炭倾斜的产业政策，使煤炭作为超重点产业得到迅速发展，1955年煤炭在日本一次能源总供给中的比例达47.2%，是当时日本的主要能源。

20世纪50年代后期，由于石油使用方便、价格便宜，而且供应充足，日本开始大量进口石油，石油取代煤炭成为日本的主要能源，煤炭在一次能源供给中的比例大幅下降，到1965年，此比例已降至27.1%，石油在一次能源供给中的比例则增到59.6%。煤炭产业政策也由以煤炭产量为重点转向煤炭产业结构调整，一些低效、亏损的煤矿被关闭，建设了大型高效煤矿，日本的煤炭生产技术和机械化水平迅速提高，成为世界上煤炭生产的先进国家。

20世纪70年代两次石油危机之后，日本开始谋求能源供给多元化，加大了煤炭的进口量和对煤炭的利用力度，使煤炭在一次能源供给中的比例由1978年最低值（13.3%）增加到1985年的19.4%。由于进口煤炭在质量和价格上的优势，日本开始增加煤炭进口，以满足国内的煤炭需求，同时由于日本煤炭资源渐趋枯竭，许多煤矿被分阶段关闭，煤炭产业在90年代中期走向萎缩（图2-5），只保留钏路煤矿用于支持日本煤炭开采技术和设备的研究试验工作。日本的煤炭供给主要依赖进口，且供给比例呈现逐年稳定增长的态势。2007年煤炭在一次能源供给中的比例已增长到21.4%，见表2-1。煤炭是日本目前除石油之外最主要的能源。

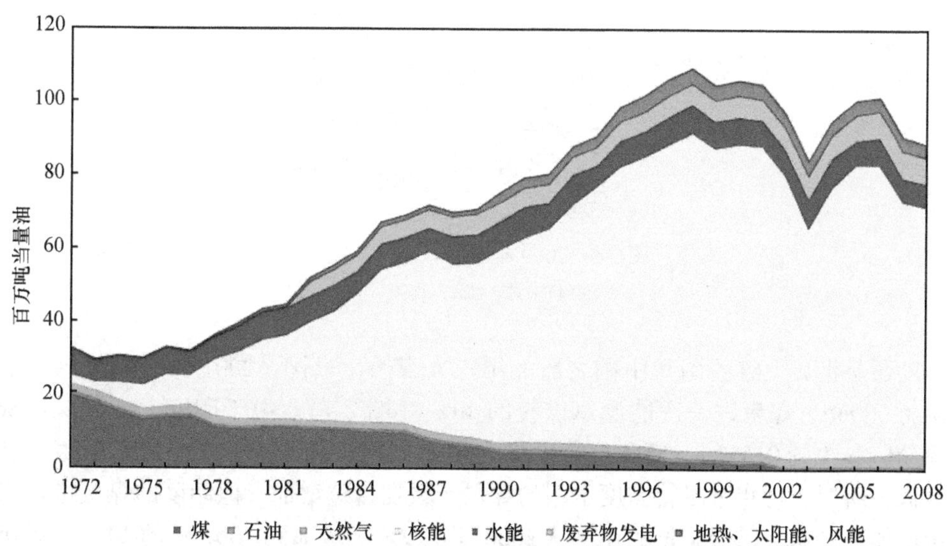

图2-5　日本能源生产情况

资料来源：IEA，online：http：//www.iea.org/statist/index.htm

表 2-1 煤炭在日本一次能源供给中的比例变化情况 （单位：%）

项目	1965 年	1970 年	1975 年	1980 年	1985 年	1990 年	1995 年	2000 年	2005 年	2006 年	2007 年
石油	59.6	71.9	73.4	66.1	56.3	58.3	55.8	51.8	49.9	47.9	47.8
煤炭	27.1	19.9	16.4	17.0	19.4	16.6	16.5	17.9	20.4	20.6	21.4

资料来源：2009 EDMC Handbook of Energy & Economic Statistics in Japan

2.1.4 煤炭在印度能源消费中的地位

印度是全球第四大能源消费国。煤炭是印度的主要能源。印度煤炭资源丰富，主要分布在恰尔康得邦、查蒂斯加尔和奥里萨邦三个地方，这三个地方的煤炭资源占印度总煤炭资源的 70% 以上。印度的总煤炭储量大约为 2400 亿 t，其中探明的储量为 640 亿 t，动力煤大约占 73%，炼焦煤占 27%，褐煤储量大约为 350 亿 t，其中 60 亿 t 为探明的储量，大部分褐煤储存在南部的泰米尔纳德邦。

自 20 世纪 90 年代以来，印度经济改革不断拓展和深化，总体经济快速发展，人口大量增长，随之而来的是能源消耗迅速增加，到 2009 年，印度已成为仅次于美国、中国和俄罗斯的世界第四大能源消费国。2009 年印度的总能源消耗量见图 2-6，最主要的能源消耗为煤炭，占印度总能源消耗量的 42%。

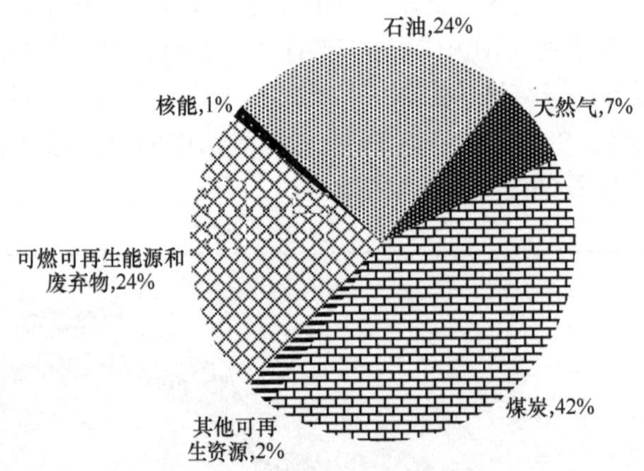

图 2-6 2009 年印度总能源消耗

资料来源：IEA，2010

印度还是世界上继美国和中国之后的第三大煤炭生产国。2007 年，印度供应的一次能源为 600Mt，煤炭占一次能源总供应的 40%（图 2-7）。由于印度大部分煤炭灰分高、硫分低（大约 0.5%）、氯和痕量元素含量低，并且灰熔点低，导致本国煤炭利用效率很低，所以，近年来尽管印度本国的煤炭产量在持续增加，但印度的煤炭进口量也在逐年增加，占煤炭供应总量的比例从 2000 年的 9%，增加到 2007 年的 14%。煤炭进口主要通过公路，从孟加拉国、尼泊尔和不丹进口。

2009 年，印度生产煤炭 5.56 亿 t，消耗 6.40 亿 t，净进口煤炭 0.74 亿 t；2010 年煤炭产量较 2009 年增长 1.5%，达到 5.65 亿 t，消耗量为 6.545 亿 t，净进口煤炭 0.9 亿 t。据印度计划委员会估计，到“十一五”规划（2007 ~ 2012 年）的最后一年，印度煤炭

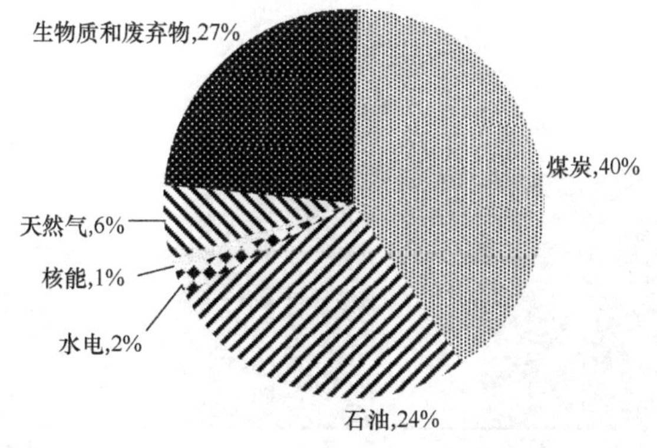

图 2-7　2007 年印度一次能源供应量

资料来源：IEA，2009b

需求量将达到 7.31 亿 t。预计到 2016 ~ 2017 年度和 2026 ~ 2027 年度，印度煤炭需求量将分别达到 11.25 亿 t 和 16.0 亿 t。

印度生产的硬煤大多数为次烟煤（非结焦性煤炭），炼焦煤仅占少部分，因此印度是炼焦煤进口大国，每年进口大约 0.23 亿 t 炼焦煤，主要从澳大利亚进口。2004 年 1 月，印度政府将煤炭进口关税从 20% 减少到 15%。关税下降计划的目的是帮助钢铁产业，以提高其竞争力。作为增加炼焦煤供应努力的一部分，2003 年 11 月，印度矿物和金属贸易公司启动了总金额 225 亿卢比的雄心勃勃的计划，将进口煤炭转为进口冶金焦炭。2004 年年底，印度炼焦厂已达到 80 万 t/a 的生产能力。

2.2　美国的煤炭使用及其污染控制技术

2.2.1　美国的煤炭使用情况

美国煤炭消费以发电为主，发电煤炭消费量占全部消费量的 90% 以上。1990 ~ 2009 年统计资料表明，发电行业煤炭消耗量占全国煤炭消费量 20 年来平均比值为 90.4%，发电和供热煤炭消耗量合计占 93.2%。除了用于电力部门的煤炭消耗，剩余的煤炭，除了很少的一部分用于出口外，其余的主要用于工业生产，如钢铁、水泥和造纸等。

从美国分行业终端消费来源看（图 2-8），随着经济的发展，美国终端能源消费构成也在不断地变化，2008 年煤炭所占的比例较 1974 年显著下降，除工业部门煤耗比例较大外，交通运输部门、其他部门（包括生活消费、农业、林业等）终端消费几乎无煤炭消费。

美国是全球耗能大国，人均用电量超过 13 000kW/（人 · a），每年需要生产大量的电力以满足生产和生活电力需求。2010 年美国发电所消耗的能源比例构成情况如图 2-9 所示。按原料划分：煤炭 45%，天然气 24%，核能 20%，水电 6%，其他可再生能源 4%，石油 1%；可见，煤炭发电的比例约占美国总发电量的 50%。

2010 年美国总发电量为 4125 亿 kW · h。其中，燃煤发电量占 45%。而 1999 年美

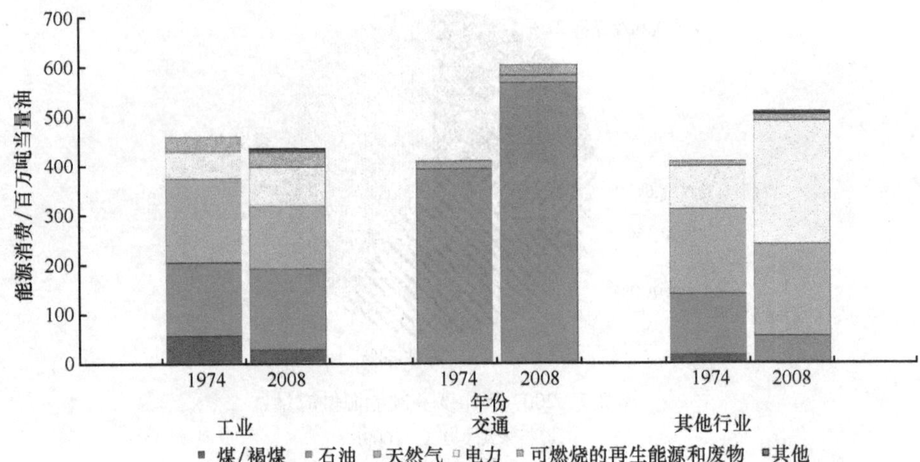

图 2-8 美国分行业终端消费来源

资料来源：IEA 能源统计

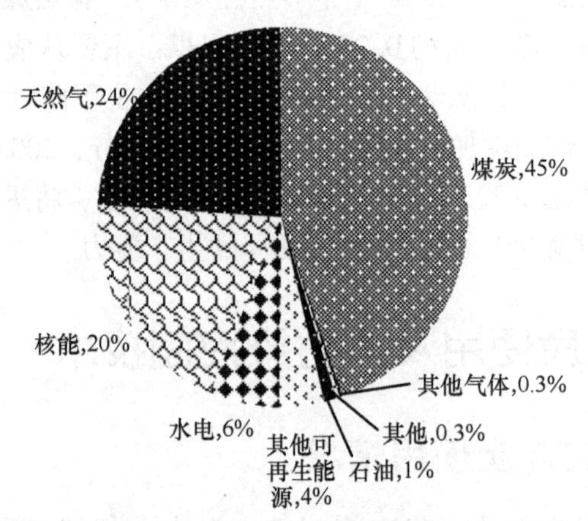

图 2-9 2010 年美国生产单位电量所消耗的能源比例

资料来源：美国能源信息管理

国总发电量为3695 亿 kW·h，燃煤发电量占 50.9%。这表明近 10 年来美国燃煤发电量占总发电量的比例总体比较稳定并呈现逐渐降低的趋势，如图 2-10 所示。

目前，美国现用建造最早的发电站为水力发电站，而大多数的燃煤电厂均为 1980 年以前建造，核电站主要在 20 世纪 60～90 年代建造，2000 年以来增加的发电装机容量主要来自于天然气发电，2006 年以后，新增的装机容量 36% 来自于风力发电，1930～2010 年美国分燃料类型新增装机容量如图 2-11 所示。

截至 2010 年，美国电力总装机容量的 51%（约 5.3 亿 kW）的机组年份在 30 年以上，大多数的燃气机组使用年份小于 10 年，而约 73% 的燃煤机组使用年份已超过 30 年或更久。2010 年美国分燃料类型发电机组的使用年份构成如图 2-12 所示。

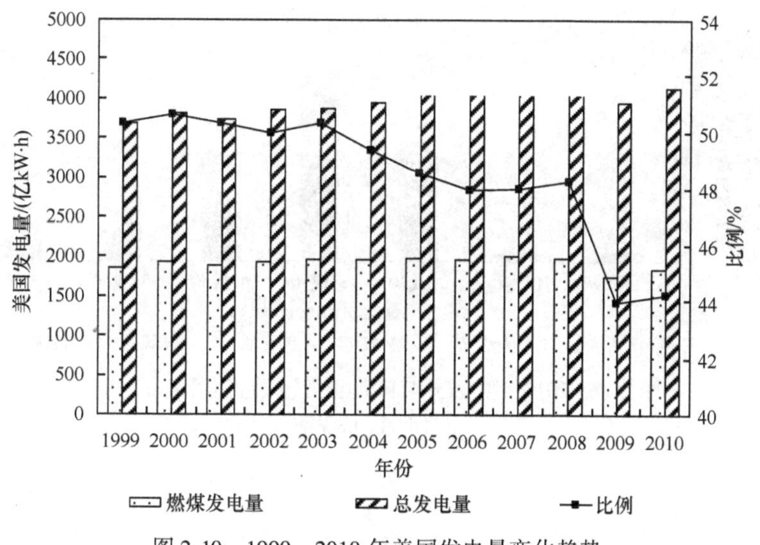

图 2-10　1999～2010 年美国发电量变化趋势

资料来源：US EIA

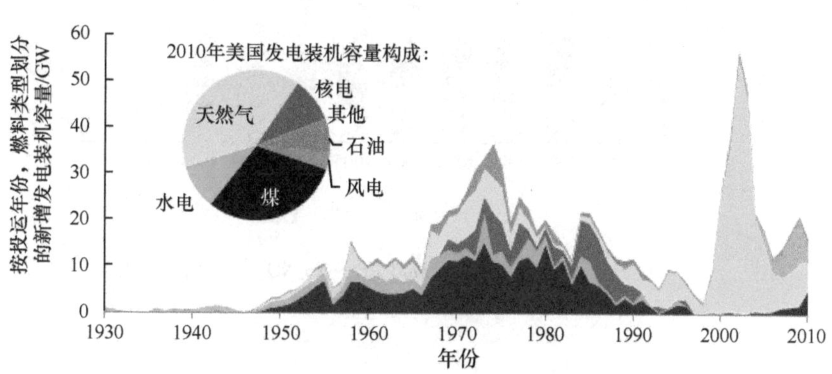

图 2-11　1930～2010 年美国分燃料类型新增装机容量

资料来源：US EIA

2.2.2　美国的煤炭污染控制技术

由于煤炭资源的不可再生性，世界各主要产煤国家都对煤炭资源管理有严格的立法。为了能更加环保、更加高效地利用煤炭资源，美国政府大力支持并投入大量资金用于煤炭利用的污染控制。美国的煤炭消耗主要用于电力生产，因此燃煤造成的环境污染也主要存在于电力生产部门，燃煤电厂的污染控制成为工作重点。

1999～2010 年美国电力部门 SO_2 和 NO_x 排放量变化趋势如图 2-13 所示。近 10 年间，电力部门 SO_2 和 NO_x 排放逐年减少，尤其是 2006 年以后，SO_2 排放量大幅度下降，这不仅与这些年使用清洁能源（如天然气、风能等）的发电机组逐渐被广泛采用有关，还与发电厂普遍安装污染控制装置等有效措施相关。

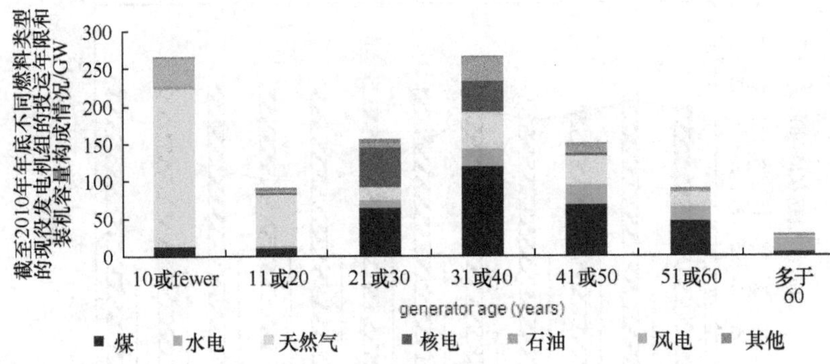

图 2-12　2010 年美国分燃料类型发电机组使用年份分布

资料来源：US EIA

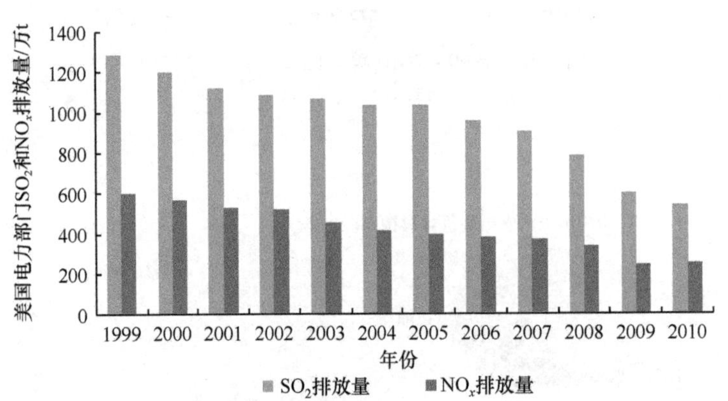

图 2-13　1999 ~ 2010 年美国电力部门 SO_2 和 NO_x 排放量变化趋势

资料来源：US EIA

2.2.3　SO_2 污染控制技术

火力发电厂 SO_2 排放占美国 SO_2 总排放量的主要部分。按照《跨州空气污染指令》(*Cross-State Air Pollution Rule*，CSAPR)，到 2014 年电力部门 SO_2 排放要削减 53%。为了达到这一目标，电力部门主要采取了以下几项措施：使用低硫煤燃烧，淘汰无污染控制措施的发电机组，安装污染控制装置，主要是烟气脱硫（FGD）。

到 2010 年，美国安装 FGD 装置的燃煤电厂发电量占总燃煤发电量的 58%，而其 SO_2 排放量仅占总排放量的 27%，采取的 SO_2 污染控制措施取得了显著的成效。图 2-14 为美国 2010 年燃煤电厂 SO_2 排放及其分布情况。可以看出，未安装烟气脱硫的燃煤电厂 SO_2 排放量仍占相当大的比例，因此仍需不断加大烟气脱硫设施装机容量，以进一步削减燃煤电厂 SO_2 排放。

美国自 20 世纪 70 年代初开始研究燃煤电厂 FGD 技术，特别是 1977 年重新修订了《清洁空气法》(*the Clean Air Act*，CAA)，否决了高烟囱排放，促进了火电厂 FGD 技术的迅速发展，并取得了很大的进展。美国电厂采用的脱硫工艺 80% 左右是石灰石—石

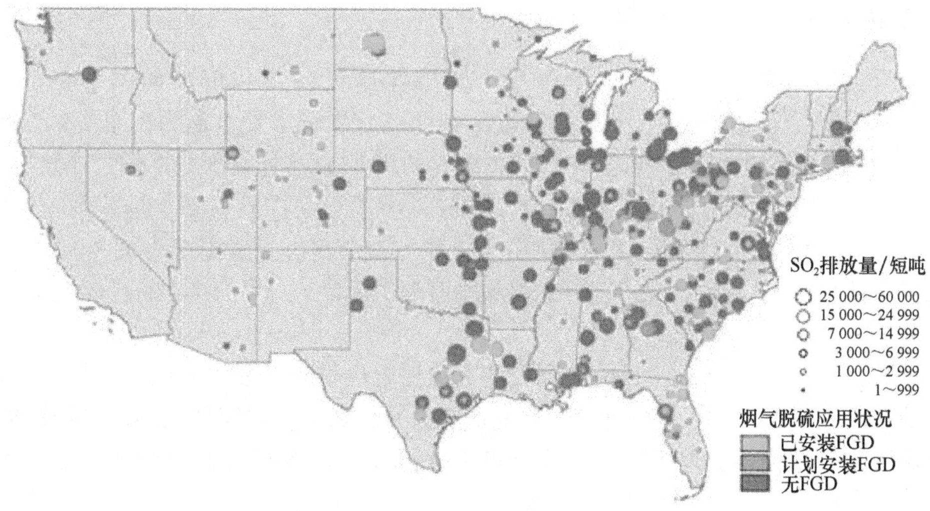

图 2-14 2010 年美国燃煤电厂 SO_2 排放分布

资料来源：US EIA

膏法，且以抛弃法为主。SO_2 的产生主要来自燃煤中的硫成分。石灰石—石灰法是以石灰石或石灰的浆液作脱硫剂，在吸收塔内对 SO_2 烟气喷淋洗涤，使烟气中的 SO_2 反应生成 $CaSO_3$ 和 $CaSO_4$。这一过程也可同时去除烟气中的其他酸性气体，如 HCl、HF 等。FGD 对 SO_2 的去除率与装置型号、使用寿命、燃煤含硫量等多种因素有关。根据美国环保署（Environmental Protection Agency，EPA）估算，新安装的 FGD 装置对 SO_2 的去除率可达到 98%。

煤中硫的含量水平与煤种有关。总体上来说，烟煤和褐煤中的硫含量较次烟煤中的硫含量高，但也可能随着生产区域的不同而产生变化。烟煤集中在美国东部，次烟煤主要在美国西部，而褐煤的生产主要在得克萨斯州、路易斯安那州、北达科他州。由于次烟煤中的硫分在这三种煤中最低，因此燃烧次烟煤的火电厂安装烟气脱硫设施的比例也相应最低。2010 年，美国未安装烟气脱硫设施的火电厂中，以次烟煤为燃料的火电厂发电量占 69%，而 SO_2 的排放量却仅占 48%；以褐煤为燃料的电厂发电量占 8%，SO_2 的排放量比例却高达 16%，如图 2-15 所示。

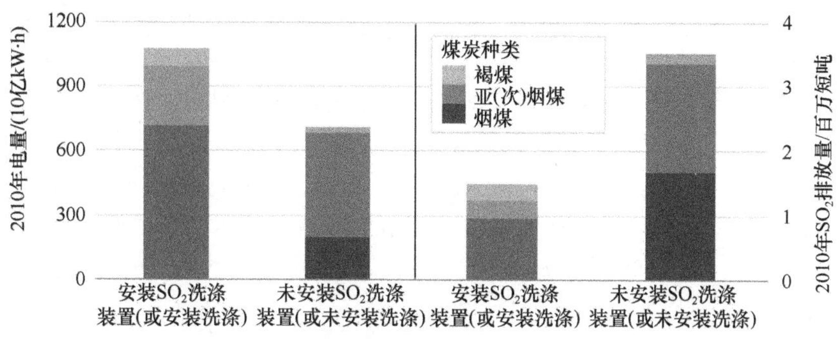

图 2-15 不同煤型发电量与 SO_2 排放量对比图

资料来源：US EIA

2.2.4 NO_x 污染控制

2009 年美国燃煤电厂（CSAPR 指令）污染控制设备安装情况如图 2-16 所示。CSAPR 的 SO_2 指令适用于美国 23 个州，这些州的总燃煤机组发电能力占全美的 76%。2009 年，这 23 个州的燃煤发电厂已安装 FGD 的约占 45%，另有 5% 的电厂计划安装。除了控制 SO_2 排放，CSAPR 还对电厂 NO_x 排放做出了年度排放和夏季排放两项限定，共 26 个州参与其中，这些州的总燃煤机组发电能力占全美燃煤发电能力的 84%，而已安装选择性催化还原装置（SCR）的燃煤发电机组约占 42%，另有 4% 的燃煤发电机组计划安装。

从图 2-16 我们可以看出，目前美国大部分燃煤电厂仍未安装烟气脱硫或脱硝装置，计划中的装机容量也仅占很少一部分。要完成相关减排目标，除安装上述污染控制措施外，使用清洁（低硫煤、天然气等）或可再生（风能）能源也将成为未来电力发展的趋势。

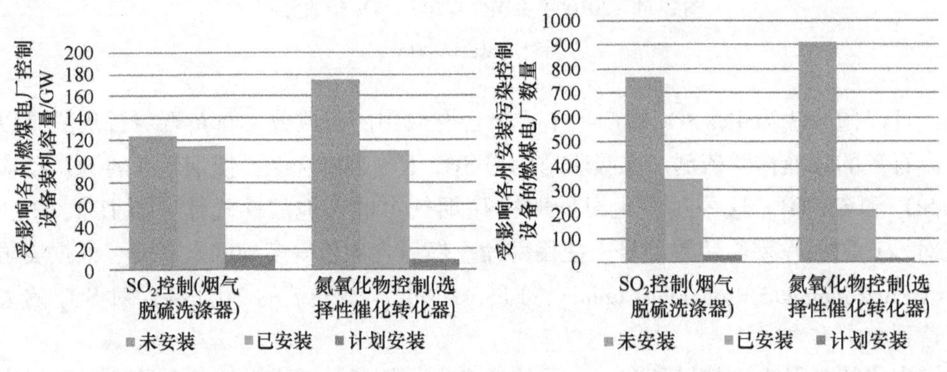

图 2-16 2009 年美国燃煤电厂（CSAPR 限定）污染控制设备安装情况

资料来源：US EIA

2.2.5 汞（Hg）污染排放控制

20 世纪 90 年代，美国环保署、能源部和电力研究院对大部分电厂的汞排放情况开展了信息收集和调查工作，收集的数据证明大部分的已有环保装置（电除尘器、袋式除尘器和湿法烟气脱硫）对烟气中汞排放具有一定的减排效果。而目前专门用于电厂汞排放控制的技术中，最成功和成熟的是活性炭喷射（activated carbon injection，ACI）技术。该技术是向烟气中喷射粉末状活性炭，将大部分的汞吸附在活性炭颗粒上，再通过除尘器去除。

燃煤电厂是美国最大的汞排放源。2010 年有害物质排放清单（toxic release inventory，TRI）中，火力发电包括燃煤和燃油电厂排放的汞占总排放量的 68%。2001 ~ 2010 年，大气汞及其化合物排放降低了 35%，但 2009 年和 2010 年相比变化不大，如图 2-17 所示。

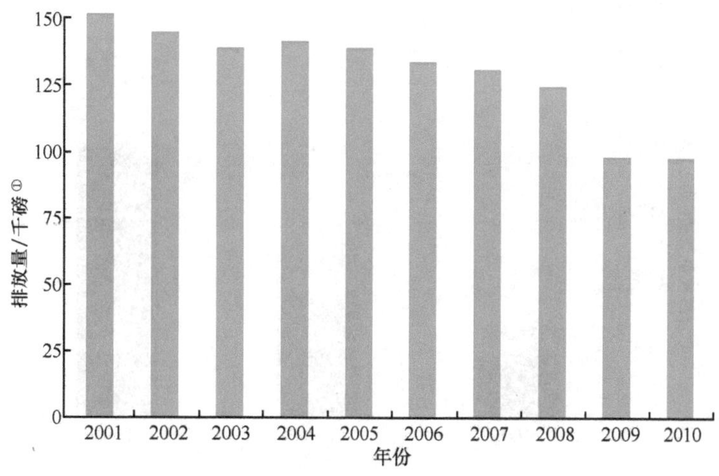

图 2-17　2001 ~ 2010 年美国大气汞及化合物排放变化

①1 磅 = 0.4535924kg

资料来源：EPA and TRI，2010

2.3　印度的煤炭使用及其污染控制技术

2.3.1　印度煤炭的使用

在世界能源消费大国中，大部分国家以石油和天然气为主要能源，只有中国和印度以煤炭消费为主。2007 年印度一次能源消费中，煤炭占 40.8% 。电力、钢铁、水泥和化肥生产行业是印度的主要煤炭用户，年消费量约占印度煤炭消费总量的 85% 以上。

2008 年，印度燃煤发电量占总发电量的 80% 以上，其余为水力、核能和其他可再生能源。图 2-18 为 2000 ~ 2009 年印度发电厂的燃料使用情况。预计到 2030 年印度需电量将达到 3600 万 ~ 4500 万亿 kW · h，燃煤电厂增长率（2005 ~ 2015 年）为 5.8% ，如图 2-19 所示。

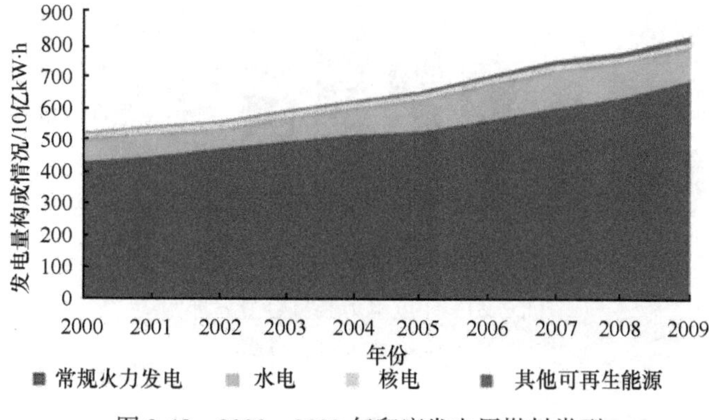

图 2-18　2000 ~ 2009 年印度发电用燃料类型

资料来源：US EIA，国际能源数据库

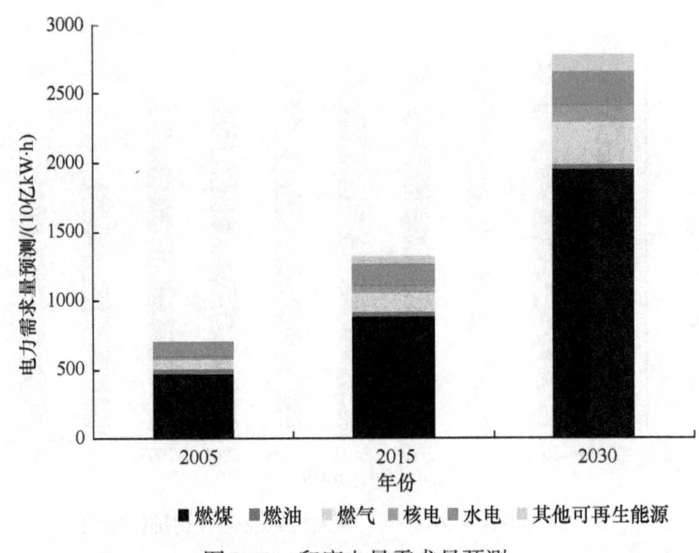

图 2-19 印度电量需求量预测

资料来源：IEA，2007，2005

截至2008年3月，印度总的发电装机容量为168GW，其中143GW的电网装机容量中，煤炭占53.1%、水力占25.1%、天然气占10.3%、可再生能源占7.8%、核能占2.9%、柴油占0.8%。为了确保供应和对电力质量的需求，一些工厂都有自备电厂。自备电厂中47.1%的电力能源为煤炭，34.6%为柴油，16.8%为天然气。到2007年8月，大约1/3的工业需电量由自备电厂供给，这一份额在美国仅占17%，欧洲为23%。2003年印度实施的电力法允许工业部门建立自备电厂，并允许工业自产的电力进入公共电网（Gol，2003）。因此，自备电厂装机容量在2002~2009年增长了57%，公共电厂装机容量增加41%（图2-20）。

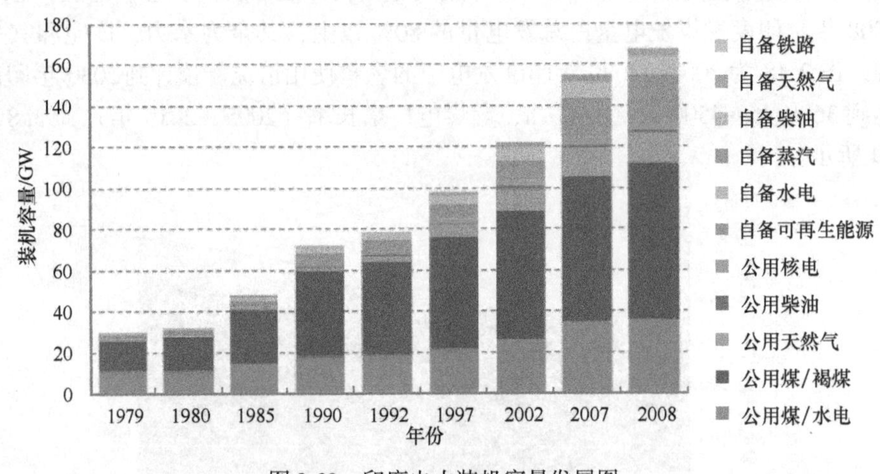

图 2-20 印度电力装机容量发展图

资料来源：CEA，2009b

印度现有装机容量的年龄结构如图2-21所示。印度电力部门52%的装机容量来自煤炭，在过去的30年里，煤炭发电装机容量持续增加。印度于1990/1991年开放了能源市场，允许工业部门建立自己的能源自备电厂，因此天然气发电装机容量从20世纪90年代开始逐渐增加。水力发电厂的增加始于2003年。由于天然气和水力发电造成的环境污染比煤炭发电小，因此两种能源的发展也很迅速。

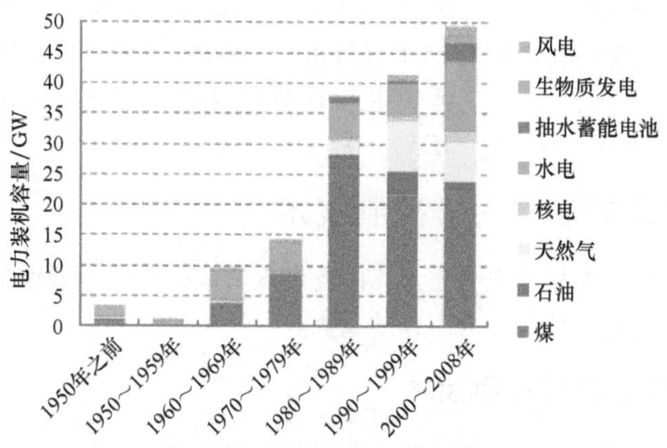

图2-21 印度现有装机容量的年龄结构

资料来源：Platts，2010

装机容量构成和实际意义上的发电量构成是不同的。印度大约2/3的电力来自于燃烧煤炭和褐煤的电厂。2007/2008年，印度发电机组的发电量和总发电量如图2-22所示。

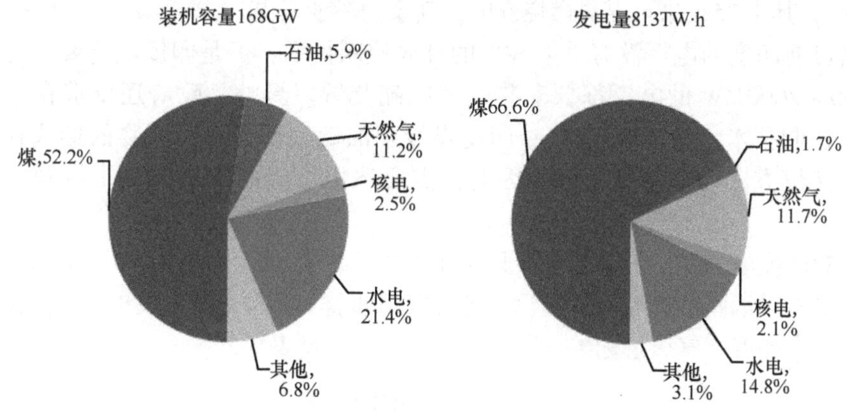

图2-22 2007/2008年印度发电机组的发电量和总发电量

注：此处发电量数据指从2007年4月1日到2008年3月31日印度财政年度发电量；装机容量数据则统计截止到财政年度末期。

资料来源：CEA，2009a

近年来印度钢铁业发展迅速，预计到2030年，该部门能源需求将占整个工业部门能源需求的28%（2005年为20%，1990年为15%）。2005~2030年，该部门能源需求量年均增长5.9%。每年钢铁业对煤炭的需求量增长5.2%，2007年，生产钢铁产品的主要能源中，煤炭占44%，电力占15%，到2030年，煤炭需求会稍微降低（41%），对电力的需求明显增加（35%）。

印度是世界第七大钢铁生产国。2006 年钢铁产量为 44Mt。50% 以上的钢铁是用吹氧转炉生产的，电弧炉占 45%，其余由平炉生产。由于印度本地的炼焦煤不适合生产钢铁，目前印度从国外进口的炼焦煤量达到国内炼焦煤需求量的 50%。据估计，到 2020 年炼焦煤进口量会增长到其需求量的 85%。2006 年，印度是世界上最大的生产直接还原铁的国家，占世界总产量的 25%（Midrex，2006）。另外，新技术也带来了严峻的环境问题。使用直接还原铁—电弧炉生产 1t 粗钢要排放 2500kg 的 CO_2，而用电弧炉生产 1t 粗钢仅排放 400kg 的 CO_2（IEA，2007）。

2.3.2 印度的煤炭污染控制技术

印度的煤炭消耗主要用于电力生产，因此燃煤造成的环境污染也主要存在于电力生产部门，燃煤电厂的污染控制成为工作的重点。

2.3.2.1 SO_2 排放控制技术

印度火力发电厂排放的 SO_x 中，SO_2 占 97%，其余为 SO_3。由于电厂使用的煤炭含硫量很低（0.1%~0.8%），平均含量为 0.59%（Reddy and Venkataraman，2002），而美国煤炭中含硫量为 1.1%（EIA，2000），因此，印度的电厂均没有采取对 SO_x 的排放控制技术。据学者估计，1990~1995 年，印度每个百万千瓦时发电厂的 SO_2 排放量为 7t。1990 年，印度 SO_2 总排放量为 354 万 t；1995 年 SO_2 总排放量为 464 万 t，其中 46% 的 SO_2 排放来自电厂。1996~1997 年开始运行的电厂，到 2002 年时 SO_2 的排放量为 200 万 t，其中 75% 来自煤炭燃烧发电，其余为燃油发电。

虽然目前印度的电厂没有采取 SO_x 的排放控制技术，但是印度政府要求总装机容量在 1500~2000MW 的电厂都要安装烟气脱硫装置。另外，政府还要求在企业内部使用 SO_2 控制技术，如洗煤/选煤。印度煤炭中的硫大部分以有机物的形式存在，仅仅用物理洗煤方法很难将硫去除，因此，需要选用恰当的洗煤方法来达到去除硫的目的。

目前对印度电厂 SO_2 的排放标准只关注于如何减少 SO_2 的浓度，而不是减少 SO_2 的排放量。虽然对烟囱排放的 SO_2 还没有进行限制和监测，但是规定发电厂排放的大气污染物必须符合印度空气质量标准，印度空气质量标准见表 2-2。

表 2-2　印度空气质量标准

污染物	单位	标准	工业区	居民区	敏感区
SO_2	$\mu g/Nm^3$	年均 24h 平均值	80 120	60 80	15 30
NO_x	$\mu g/Nm^3$	年均 24h 平均值	80 120	60 80	15 30
总悬浮颗粒物	$\mu g/Nm^3$	年均 24h 平均值	360 500	140 200	70 100
可吸入颗粒物	$\mu g/Nm^3$	年均 24h 平均值	120 150	60 100	50 75

续表

污染物	单位	标准	工业区	居民区	敏感区
铅	μg/Nm^3	年均 24h 平均值	1.0 1.5	0.75 1.0	0.5 0.75
氨	Mg/Nm^3	年均 24h 平均值	0.1 0.4	0.1 0.4	0.1 0.4
CO	Mg/Nm^3	8h 平均值 1h 平均值	5 10	2 4	1 2

2.3.2.2 NO_x 排放控制技术

目前印度还没有制定燃煤电厂 NO_x 的排放标准，仅有 NO_x 的大气排放标准（表 2-2）。研究表明，印度大气中 NO_x 的排放大约 30% 来自电厂、30% 来自交通源、20% 来自工业源和 20% 来自生物质燃烧（Garg et al.，2001b）。在城市，交通排放是 NO_x 排放的主要来源。

电厂中 NO_x 的排放控制技术主要包括：使用低 NO_x 燃烧器、向烟道中注入氨、使用选择性催化还原技术等。印度在结合本国发电厂排放特点的基础上，发展了选择性催化还原技术，用二氧化钛作催化剂，该中试实验 1988～1989 年成功地应用在印度新德里的一个火力发电厂。

2.3.2.3 Hg 排放控制技术

燃煤电厂排放的烟气中，以及煤炭燃烧的飞灰和底灰中痕量元素，如汞（Hg）、砷（As）、铅（Pb）、镉（Cd）等的排放受到了印度政府的广泛关注。Hg、Cd 等痕量元素在飞灰中的含量与其他国家相比要高。印度煤炭和褐煤中痕量元素的浓度与其他国家煤炭中痕量元素浓度的比较见表 2-3。

表 2-3 印度煤炭和褐煤中痕量元素浓度与其他国家煤炭中痕量元素浓度比较

（单位：mg/kg）

元素	全球地壳平均	印度最小值	印度最大值	印度平均值	英国平均值	美国平均值	澳大利亚平均值	世界平均值
As	2.0	0.1	23.0	5.0	18	15	3	5
Hg	0.1	0.0	2.7	0.35	—	0.18	0.1	0.012
Cd	0.15	0.0	13.0	1.3	0.4	1.3	0.1	—
Pb	16.0	0.0	46.5	15.0	38	16	10	25
Cr	200.0	5.0	90.8	70.0	33.6	15	6	10
Ni	80.0	0.0	100.0	45.0	27.9	15	15	15
Co	23.0	2.1	40.0	11.0	—	7	—	5

资料来源：Masto et al.，2007

1997～1998 年，从 7800 万 t 煤炭飞灰中释放出 41t 汞（Mukherjee and Zevenhoven，2006），预计到 2012 年，排放量将翻倍，达到 80t。据估计，中国、印度和美国三个国家大气汞排放量之和占 2005 年全球大气汞排放估计总量的 57%（1921t 中的 1097t）。

印度是一个煤炭生产大国，Mukherjee 等（2009）的研究表明，2004 年印度最大的大气汞排放源是燃煤电厂，大约为 121t。Kumari（2010）估计，2006～2008 年，印度热电厂的汞排放量从 95t 增加到了 112t，其中 2008 年的不确定性区间为 59～200t。

目前可选的汞排放控制措施包括：①选择性地开采低汞煤炭。②洗煤/选矿：取决于煤炭的特性，通过恰当的洗煤方法，可以去除煤炭中 30%～80% 的汞。③采用循环流化床燃烧，特别是对氯含量高的煤炭。④运用污染控制技术，如低 NO_x 燃烧器、静电除尘器、袋式除尘器、烟气脱硫和选择性还原技术。⑤烟气道中注入吸附剂，特别是活性炭既可以从静电除尘器的上端注入，也可以从其下端注入。

目前，印度政府对于控制煤炭燃烧过程中释放的 Hg 还不是很重视，但是随着许多排放控制措施的执行，Hg 的排放控制会越来越理想。

2.3.2.4 颗粒物排放控制

发电厂中大部分颗粒物排放来自于烟囱烟气排放，空气动力学直径大于 10μm 的颗粒物大部分可以被静电除尘器去除。在印度，对颗粒物排放的限制要比其他污染物严格。1970 年之前，大多数电厂采用机械除尘器、静电除尘器或机械除尘器与静电除尘器结合的方法去除烟气中的颗粒物，但是这些控制技术由于高电阻率等原因，对飞灰的控制效果不佳。

1984 年，印度法规规定了对燃煤电厂悬浮颗粒物的排放控制标准，这些法规确保了细颗粒物也可以去除。之后，排放限值越来越严格，2003 年，要求新建发电厂悬浮颗粒物的排放要求低于 100mg/Nm^3。需要特别指出的是，对于电厂颗粒物的排放控制目前只是针对 PM_{10}，对 $PM_{2.5}$ 还没有要求。表 2-4 为印度电厂颗粒物排放法规的发展史。

表 2-4　印度电厂颗粒物排放法规的发展史

年份	排放限值/（mg/Nm^3）	工况条件
1984	150/350/600	基于机组容量、所处位置和电厂投运年限区分
1993	150	适用于装机容量大于 62.5MW 的所有电厂和位于受保护区的电厂
1993	350	适用于不在受保护区内的容量小于 62.5MW 的电厂
2003	100	CREP 标准限值（将要执行）

资料来源：Visuvasam et al.，2005

1990 年，印度 PM_{10} 总排放量为 1250 万 t，美国为 2200 万 t，中国为 4650 万 t（Wolf and Hidy，1997）。印度对于发电厂排放的 $PM_{2.5}$ 的研究相对较少，主要关注城市

$PM_{2.5}$的排放。Reddy和Venkataraman（2000）估计印度1990年含碳$PM_{2.5}$的排放量为5.7Mt，其中2.3Mt来自燃煤电厂的排放，之后他们更新了该数据，到1996～1997年，$PM_{2.5}$的排放增加0.5～2.0Mt/a。同时研究表明，安装污染控制装置的电厂可以去除97%的$PM_{2.5}$排放（Reddy and Venkataraman，2002）。

2.4 日本的煤炭使用及其污染控制技术

2.4.1 日本的煤炭使用情况

日本煤炭资源较少，严重依赖进口。2010年，日本的煤炭进口量约为1.87亿t，比2009年增长2200万t，约为世界煤炭交易总量的1/4，为世界最大的煤炭进口国，国内99%以上的煤炭消费要依靠进口，主要来自澳大利亚和印度尼西亚地区，分别约为总消费量的64%和18%。日本国内年生产煤炭约120万t，约占国内煤炭消费量的1%。2010年日本煤炭的进口分布情况如图2-23所示。

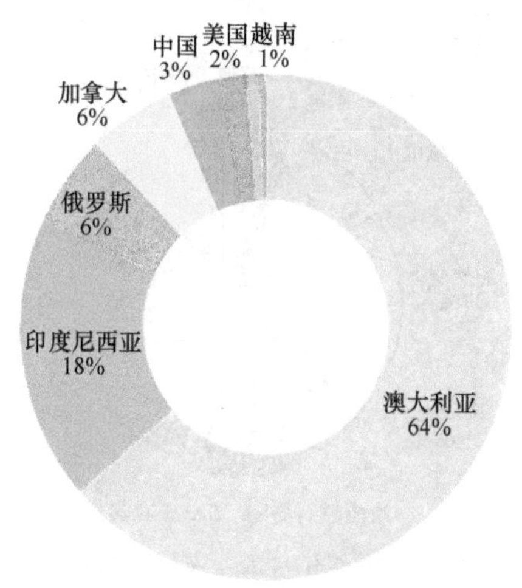

图2-23 2010年日本煤炭进口情况

资料来源：Ministry of Finance Trades Statistics，Japan

日本煤炭进口量由日本各行业的需求决定。一直以来，日本煤炭需求量较大的行业为电力和钢铁行业，进口的煤种以动力煤和炼焦煤为主。20世纪70年代以前，日本的煤炭主要是用于炼焦，原油危机以后，日本开始进口煤炭用于发电，并且电力用煤呈现逐年上升的趋势，而炼焦煤所占比例基本保持不变（图2-24）。

2008年日本一次能源消费总量的构成中，油品是主要的一次能源，占能源消费总量的46%，煤炭是除油品外最主要的一次能源，占总消费量的21%，天然气等气体燃料占17%，生物质和核能共占13%（图2-25）。

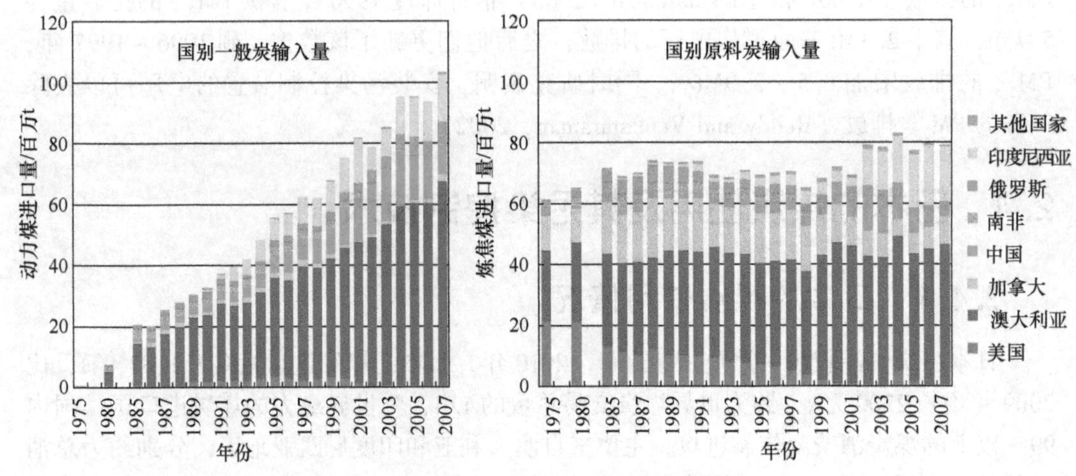

图 2-24　日本煤炭进口变化情况

资料来源：Ministry of Finance Trades Statistics，Japan

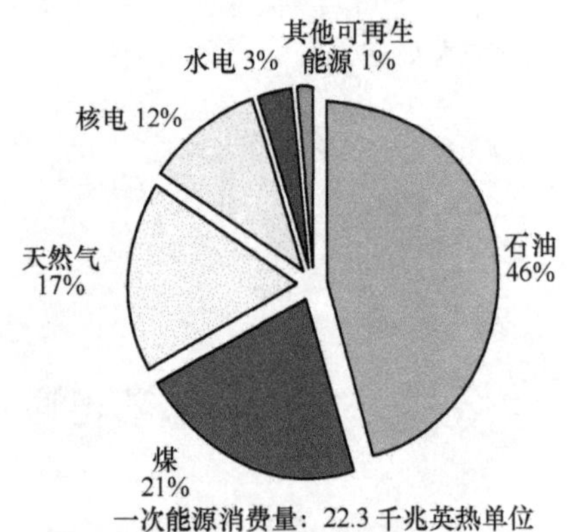

图 2-25　2008 年日本一次能源消费构成

资料来源：US EIA

从日本分行业终端能源消费来源看（图 2-26），随着国民经济的发展，日本终端能源消费构成也在不断地变化，煤炭消耗主要用于工业生产部门。2008 年工业部门消耗煤炭约为 28Mtce，在总能源消费所占的比例较 1974 年显著上升，其他部门煤炭消费所占比例下降，交通运输部门终端几乎无煤炭消费。

日本主要的煤炭消费行业为钢铁和电力工业。从表 2-5 可以看出，钢铁工业煤炭消费量基本保持稳定，1995 年煤炭消费量为 63. 85Mt，2007 年为 67. 63Mt。但从日本年度煤炭消费总量所占比例来看，钢铁工业煤炭消费量所占的比例呈逐渐下降趋势，1995 年为 49. 01%，到 2007 年已降为 35. 69%。电力工业对煤炭的需求增长幅度较大，1995 年电力工业煤炭消费量为 41. 41Mt，2007 年已增加为 87. 02Mt，煤炭消费量占日本全国年度煤炭消费总量的比例由 1995 年的 31. 79% 增长到 2007 年的 45. 93%。

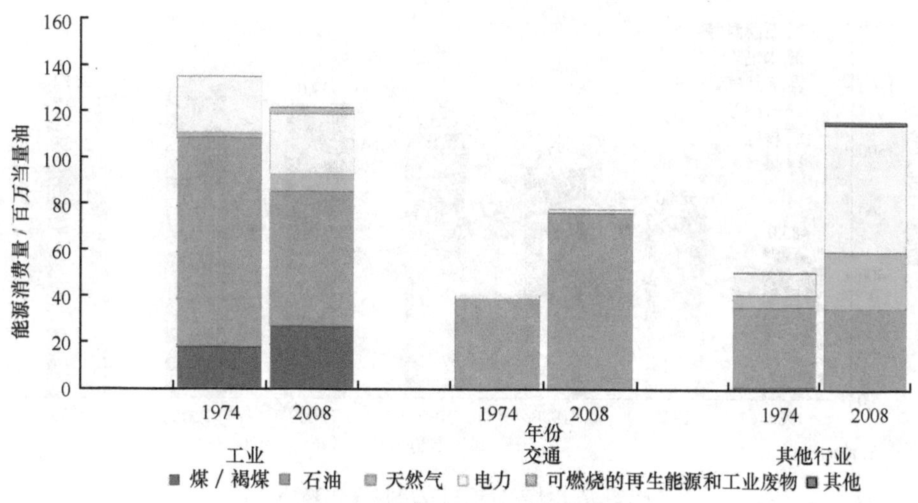

图2-26　日本分行业终端消费来源

资料来源：IEA能源统计

表2-5　日本钢铁、电力行业煤炭消费趋势表

年份	全国煤炭消费总量/Mt	钢铁工业		电力工业	
		消费量/Mt	比例/%	消费量/Mt	比例/%
1995	130.27	63.85	49.01	41.41	31.79
1996	131.44	63.09	48.00	41.92	31.89
1997	137.28	64.47	46.96	46.5	33.87
1998	130.07	61.10	46.97	45.59	35.05
1999	139.67	64.44	46.14	50.98	36.50
2000	152.29	65.41	42.95	58.94	38.70
2001	156.67	65.44	41.77	64.77	41.34
2002	162.68	67.57	41.54	68.38	42.03
2003	168.13	67.37	40.07	73.69	43.83
2004	179.24	70.56	39.37	79.74	44.49
2005	177.09	64.15	36.22	83.99	47.43
2006	182.28	65.35	35.85	82.22	45.11
2007	189.45	67.63	35.69	87.02	45.93

资料来源：2009 EDMC Handbook of energy & economic statistics in Japan

2009年，日本燃煤发电量是279TW·h，燃油发电量是92TW·h，天然气发电量是285TW·h，全年生产电力1041TW·h，占世界发电总量的5.2%。在20世纪80年代，燃油发电是日本电力的主要来源，而到2009年总发电量达到9551亿kW·h，其中燃油发电量占总量的比例下降，燃煤发电在总日本电力生产中所占比例上升，如图2-27所示。

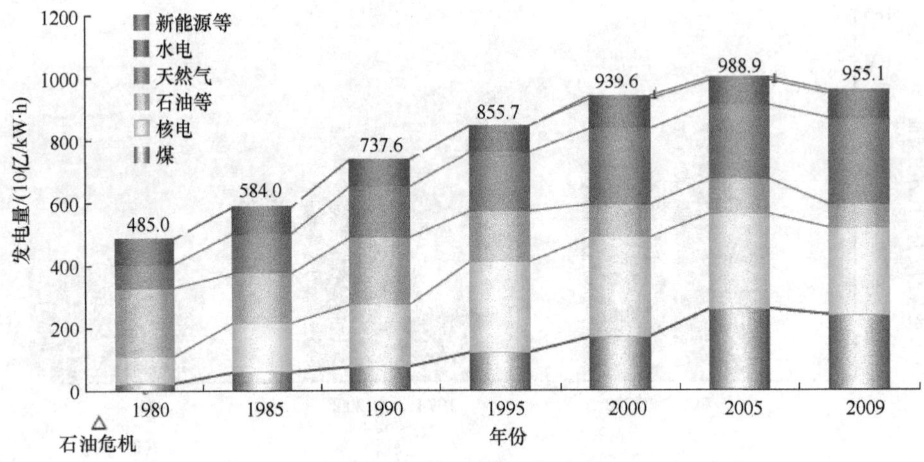

图 2-27 日本分燃料发电量变化趋势

资料来源：Outline of Fiscal 2010 Power Supply Plan

2.4.2 日本的燃煤污染控制技术

2.4.2.1 SO_2 污染控制技术

日本一直以来都致力于降低发电成本和提高脱硫效率方面的研究。日本是世界上最早大规模应用烟气脱硫（FGD）技术的国家。在日本，烟气脱硫技术商业化运作始于1973年，现在日本的脱硫工艺主要有石灰石—石膏湿法脱硫工艺、煤灰基干法脱硫工艺、喷雾干燥工艺及炉内脱硫工艺，其中以石灰石—石膏湿法脱硫工艺占主要地位。

日本在经济高速发展阶段（1950～1970年）遇到严重的环境污染问题，SO_2 年排放量在20世纪60年代中期达到峰值，为500万t左右。意识到问题的严重性后，日本政府制定了各种政策措施来削减 SO_2 的排放量。日本对FGD的巨额投资始于1970年，当年投资约6500万美元，之后逐年上升，到1974年达到峰值，约为17.1亿美元，相当于当年GDP的2%；而在当年日本对污染控制的全部投资更达到GDP的6.5%以及全社会固定资产投资的18%。到90年代，由于设备的更新，又掀起了新的投资高潮。

日本是世界上最早大规模应用FGD的国家，全部的火电厂都安装了脱硫装置。日本的烟气脱硫主要采用湿法和回收法，所用技术以湿式石灰石—石膏法为主，约占总容量的50%，几乎所有的煤粉炉发电厂都装配了石灰石—石膏湿法脱硫工艺，其次是亚铵法（约占24%）、双碱法（约占16%）（张秀云和赵继承，2010）。

2.4.2.2 NO_x 污染控制技术

日本国内烟气脱硝技术的商业化运作始于1977年，并且日本一直都致力于脱硝过程催化剂的耐久性和降低脱硝成本的研究，经过几十年的研究开发，日本在烟气脱硝技术领域取得了很大的成就（图 2-28）。现在日本脱硝工艺中占据主导地位的是选择性催化还原法（selective catalytic reduction，SCR）烟气脱硝法。

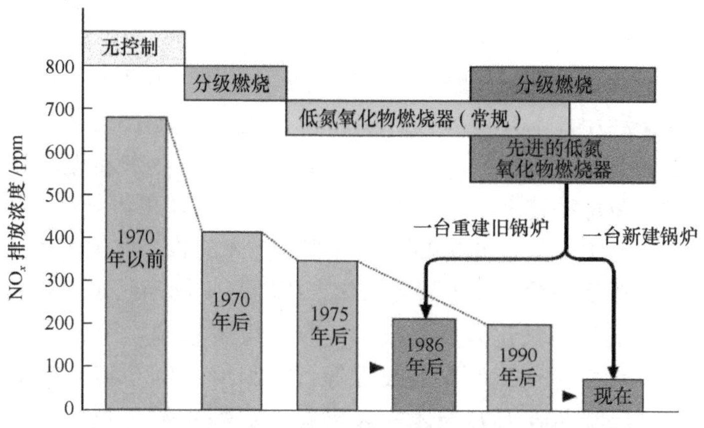

图 2-28 日本燃烧过程中 NO_x 控制技术及发展历程

日本目前主要采用的是燃烧后氮氧化物控制技术，到 2000 年，日本 87 座电厂中的 51 座使用的是燃烧后氮氧化物控制技术（international energy agency，IEA）。

2.4.2.3 颗粒物（PM）污染控制技术

在除尘的过程中，部分 NO_x、SO_x 也可以同时被去除。日本最主要的除尘工艺是静电电除尘，在 1966 年日本就在横须贺市热电厂安装了世界上第一台电除尘器。此外日本还开发了高温除尘工艺和痕量元素脱除工艺。高温除尘主要用于 IGCC 电厂，而痕量元素脱除工艺开发旨在去除燃煤过程中释放的痕量元素，如 B、Se、Hg 等有害痕量元素，该法与 FGD 连用对元素汞的去除率能够达到 90% 甚至更高。图 2-29 是日本火电厂主要大气污染物控制设施装机情况（2000 年数据）。

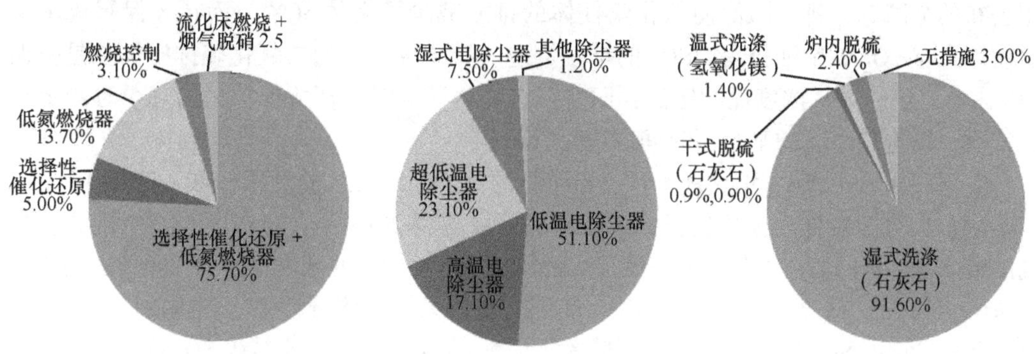

图 2-29 日本火电厂大气污染控制设施装机情况

资料来源：Ito et al.，2004

2.4.2.4 CO_2 排放控制技术

工业过程中排放的 CO_2 也是各国政府极力控制的污染物之一。日本 1999 年出台了《21 世纪煤炭技术战略》，提出到 2030 年把煤炭燃烧产生的 CO_2 排放量减少到零的目标，并制定了分阶段的技术开发战略。把已研究开发的煤炭利用技术作为第一代高效利用技术，然后将煤炭利用技术开发分为 3 个阶段：①2000 ~ 2010 年为第二代高效利用技术时期，将 CO_2 排放量减少 20%，研究开发应用煤炭燃烧技术和煤炭气化联合循环发电技术，普及熔融还原炼铁技术，开发高转换率焦炭生产技术以及降低 SO_x、NO_x 和灰尘排放量的技术；②2010 ~ 2020 年为高效混合利用技术时期，将 CO_2 排放量减少 30%，进行煤炭气化燃料电池复合发电技术的实用化，研究开发利用煤炭回收 CO_2 技术，开发利用煤层气（甲烷）和煤炭气化的发电技术，利用煤炭制造二甲醚和甲醇等运输用燃料的技术以及利用煤炭生产化工原料的技术等；③2020 ~ 2030 年为零排放利用技术时期，将以煤炭气化、煤炭回收 CO_2 技术、煤层气（甲烷）制氢技术为基础，开发不排放 CO_2 的发电技术，并且寻求建立以煤炭为核心，把能源、化工、钢铁及其他产业组合在一起的新产业。

2.5 发达国家的燃煤污染控制法规和标准

2.5.1 燃煤 SO_2 污染法规和标准

2.5.1.1 美国 SO_2 排放标准

美国第一个 SO_2 排放标准颁布于 1971 年，该标准规定了为保护环境和公众健康的二氧化硫排放应达到的标准。几十年来这个标准一直未被大幅修改过。尽管在 1996 年联邦法院曾要求美国环保署对该标准进行修改，但并没有得到回应。联邦政府于 1990 年公布的全国 SO_2 排放限值使该化学气体的排放减少了大约 50%。而在环保署要求减少使用含有 SO_2 的柴油机后，SO_2 的排放量进一步减少。旧的二氧化硫排放标准是根据 24h 内所测定的 SO_2 浓度而制定的；而在测定新的标准时，环境保护机构每小时测定一次浓度，以避免可能的某个短时间内密集排放。

美国环保署于 2010 年 6 月 4 日公布了新的关于 SO_2 排放的健康标准。这是 40 年以来美国首次对 SO_2 排放标准进行修订。环保署要求到 2013 年，将在所有 SO_2 排放量最高的地区运行新的监控设备。各州没有达到新 SO_2 排放标准的城市地区和工业地区均必须在 2017 年 8 月之前提交新的管理办法，表明将如何采取具体行动来达到排放标准。一般来说是要求排放 SO_2 气体的单位安装能够收集该气体的最新设备来减少 SO_2 排放对大气环境的污染。各个地区应对方案的成效将被 470 个已经投入使用的监控站点记录在案；而根据新的标准该机构还将设立 40 个新的监控站点。

美国 2005 年的电站锅炉 SO_2 新源排放标准要求新建燃煤电厂脱硫效率必须大于 95%，并有相应的排放量限制。欧盟现行的《大型燃烧装置大气污染物排放限制指令》（2001/80/EC）要求新建大型燃烧装置的 SO_2 排放浓度必须小于 200mg/Nm^3，实际上是要求安装高效率的脱硫装置。日本的燃煤电厂基本上安装了脱硫装置。

美国1971年颁布的新源排放标准规定，1971年8月17日以后新建的热功率超过73MW的电站锅炉 SO_2 排放量不得超过1.2lb/MBtu（相当于0.516g/MJ，约折合1480mg/Nm^3）。1977年对该标准进行了修改，颁布了修改后的新源标准，要求1978年9月18日以后新建的热功率超过73MW的电站锅炉必须安装脱硫装置，且脱硫效率不得小于70%。当脱硫效率为70%时，SO_2排放量不得超过0.6lb/MBtu（相当于0.258g/MJ，约折合740mg/Nm^3），当脱硫效率为90%时，SO_2排放量不得超过1.2lb/MBtu。

20世纪70年代后期，酸雨成为美国社会关注的焦点问题，这是由于《清洁空气法》对新源规定了严格的排放标准，却忽视了现有污染源的管理。为解决酸雨问题，1990年的《清洁空气法》修正案在第四篇中提出了酸雨计划，加强了有关空气污染控制的许可证制度。酸雨计划的管理规定草案于1991年发布，于1993年颁布执行。

美国1970年、1980年、1990年和2000年的SO_2排放量分别为2930万t、2609万t、2368万t和1800万t，2010年约为1400万t。酸雨计划的主要目标之一是：到2010年，美国的SO_2排放量将比1980年的排放水平减少1000万t。选择电厂作为酸雨计划的控制对象是基于美国SO_2排放的实际情况而定的：20世纪80年代，美国每年硫氧化物的排放总量超过2000万t，其中75%来自火力发电厂，20%左右来自其他工业源，5%来自交通污染源。该计划明确规定，通过在电力行业实施SO_2排放总量控制和交易政策，分两个阶段来实施这一目标。

第Ⅰ阶段（1995年1月至1999年12月）：着手解决分布在21个州110家排放水平超过2.5lb/MBtu（相当于3083mg/Nm^{3}左右）高污染燃煤电厂中的261个重点机组（这些电厂及机组清单都已列入法规中），其排放水平必须满足2.5lb/MBtu，这一排放限值（2.5lb/MBtu）技术上不难满足，但实现后每年可比1980年减排350万t SO_2。

第Ⅱ阶段（2000年1月至2010年）：限制对象扩大到2000多个机组，包括了规模25MW以上的所有电厂，目标是使它们的SO_2排放总量比1980年减少1000万t。第Ⅱ阶段将第Ⅰ阶段的允许排放水平从2.5lb/MBtu下降到1.2lb/MBtu（对应于1971年电站锅炉新污染源性能标准），使SO_2年排放量比1980年减少1000万t。

2005年美国在《跨州清洁空气指令》中颁布了新的排放标准，对新建、扩建和改建电站锅炉分别规定了排放限值。对新建电站锅炉的要求改为基于电量输出的排放限值，对扩建和改建电站锅炉要求达到基于电量输出排放限值和热量输入排放限值两者之一即可。修改后的新源排放标准要求2005年2月28日前建设的热功率超过73MW的电站锅炉仍执行老标准；2005年2月28日以后热功率超过73MW的新建、扩建电站锅炉的脱硫效率不得小于95%，改建电站锅炉脱硫效率不得小于90%。新建电站锅炉SO_2排放量不得超过1.4lb/（MW·h）；扩建和改建电站锅炉SO_2排放量不得超过1.4lb/（MW·h）或0.15lb/MBtu（相当于0.0645g/MJ，约折合184mg/Nm^3）。

2.5.1.2 欧盟SO_2排放标准

欧洲国家中，原联邦德国率先制定了《大型燃烧装置法》（GFAVO），该法于1983年生效，要求自1987年7月1日起，大型燃烧装置排放烟气中的SO_2浓度不得超过400mg/Nm^3，烟气中硫含量低于燃料含硫量的15%。因此，几乎所有的电厂都在原有的锅炉厂房旁建立起高大崭新的烟气脱硫、脱硝设备，成为德国电厂的一大特色。德国人后来把1983～1988年在全西德范围内加装烟气净化设备的举措称之为“改装运动”。到1988年德国已有95%的装机容量安装了烟气脱硫装置，火电厂SO_2排放量由1982年的155万t降低到1991年的20万t，削减幅度达到87%，占全国SO_2排放量的21%。

继联邦德国之后，奥地利和荷兰也通过了类似的标准，在联邦德国等国的推动下，当时的欧共体颁布出台了《大型燃烧企业大气污染物排放限制指令》（88/609/EEC），对大型燃烧装置的SO_2、烟尘和NO_x排放进行控制。88/609/EEC指令规定，1987年7月1日后获得许可证的新建厂，热功率大于500MW的，燃用固体燃料的装置执行400mg/Nm^{3}的排放限值；热功率为50～100MW的执行2000mg/Nm^{3}的排放限值；热功率为100～500MW的执行的排放限值在2000～400mg/Nm^{3}线性递减。

为进一步加强对大型燃烧装置排放大气污染物的控制，欧盟对88/609/EEC指令进行了修改，2002年制定出台了现行的《大型燃烧企业大气污染物排放限制指令》（2001/80/EC），替代了88/609/EEC指令。2001/80/EC指令中是区分三类燃烧企业进行管理的，对这三类企业规定了不同的排放限值。成员国可以采用更为严格的排放限值。

1）2002年11月27日后获得许可证的新建燃烧装置，即2001/80/EC指令生效后获得许可证的新建燃烧装置，对于热功率大于或等于300MW、燃用固体燃料的大型装置，执行200mg/Nm^{3}的排放限值。热功率为50～100MW的执行850mg/Nm^{3}的排放限值，热功率在100～300MW的，执行的排放限值在850～200mg/Nm^{3}递减。

2）1987年7月1日后、2002年11月27日前获得许可证的新建燃烧装置，仍执行88/609/EEC指令中规定的排放限值。

3）1987年7月1日前获得许可证的燃烧装置，即88/609/EEC指令生效前获得许可证的燃烧装置，各成员国在2008年1月1日前可以采用下面两种措施之一：①采取必要的方法使排放达到88/609/EEC指令中规定的限值；②或者按照2001/80/EC中规定的各国排放总量上限的要求，制订和实施国家排放削减计划，成员国应该保证国家排放削减计划的削减量不少于采用方法①中的限值减少的排放量。

在2001/80/EC指令中规定了15个成员国的总量削减目标，在成员国增加后，欧盟分别于2003年和2006年对2001/80/EC进行了修订，给出了27个成员国的总量削减目标。

2.5.1.3 日本SO_2排放标准

1968年6月10日日本国会通过了《大气污染防治法》（法律第97号），并于1970年进行了修订，在全国范围内从污染预防观点实施大气污染控制，其中极为重要的措施就是确定排放标准的合理设定。1974年《大气污染防治法》再次修订，正式导入总量控制策略，在工业集中的指定地区对SO_2和NO_x实施总量控制。2000年4月29日颁布的《大气污染防治法》以法律的形式规定了大气污染总量控制制度，2004年4月29日修订，2006年2月10日再次修订。

日本《大气污染防治法》规定了工厂和作业场所（固定源）排放的大气污染物控制要求，同时规定了烟气发生设施、硫氧化物控制要求、烟尘控制要求、有害物质控制要求、粉尘控制要求、指定物质控制标准、VOC控制要求以及烟尘和NO_x的排放限值。

对于烟气规定了一般排放限值、特别排放限值（ SO_x、烟尘）、追加排放限值（烟尘、有害物质）和总量控制（SO_x、NO_x）。日本不是按行业排污特点制定各行业污染物排放标准。对于固定源，采用的基本方法有 3 种：①浓度控制法；②*K* 值控制法；③总量控制法。

在日本的大气 SO_2 污染控制中，*K* 值控制起到了非常重要的作用，日本的控制系数 *K* 一共划分为 16 类，还备有紧急情况下实施的特别标准 3 类。*K* 值的大小反映了允许排放量的多少，反映了排放限制的严格程度。日本环境标准规定新建锅炉 SO_2 的排放限值为 200mg/Nm^3。日本在 1968 年 12 月第一次规定了 21 个地区的 *K* 值范围及级别，*K* 值在 20.4 ~ 29.2 范围内被分成 3 个级别。以后经过 8 次修改（几乎每年一次），*K* 值一次比一次减小，即排放标准一次比一次严格。目前的 *K* 值是 1976 年 9 月修改决定的。在 120 个特别地区以及其他非特别地区中，*K* 值在 3.0 ~ 17.5 范围内被分成 16 个级别，相当于 172 ~ 3575mg/Nm^3。

2.5.1.4　主要国家和地区 SO_2 排放标准

表 2-6 列出了世界上主要国家和地区新建大型燃煤电厂 SO_2 排放浓度限值，由表 2-6 中的数据可见，美国、欧盟、日本、澳大利亚等发达国家和地区新建燃煤电厂的排放限值一般均在 200mg/Nm^3 以下，通常只有安装脱硫装置才能达标排放。

表 2-6　主要国家和地区新建大型燃煤电厂 SO_2 排放浓度限值

国家和地区	排放限值/(mg/Nm^3)
美国	184
日本	200
欧盟	200
澳大利亚	200
加拿大	740
新西兰	350
瑞士	400
土耳其	1000
中国香港	200
印度尼西亚	750
朝鲜	770
菲律宾	760
中国台湾	1430

2.5.2　烟尘排放标准

2.5.2.1　美国的燃煤烟尘排放标准

美国 1971 年颁布的新源性能标准规定，1971 年 8 月 17 日以后新建的热功率超过 73MW 的电站锅炉烟尘排放量不得超过 0.1lb/MBtu（约折合 130mg/Nm^3）。1977 年对该标准进行了修改，修改后的新源性能标准要求1978年9月18日以后新建的热功率超过73MW的电站锅炉除尘效率不得小于99%，排放量不得超过0.03lb/MBtu（约折合40mg/Nm^3）。

2005年美国在《跨州清洁空气指令》中颁布了新的烟尘排放标准，对新建、扩建和改建电站锅炉分别规定了基于电量输出的排放限值和基于热量输入的排放限值。新标准要求2005年2月28日以后新建、扩建和改建的电站锅炉烟尘排放量达到0.14lb/(MW·h)或0.015lb/MBtu（约折合20mg/Nm^3）。

2.5.2.2 欧盟的燃煤烟尘标准

与SO_2相同，欧盟对烟尘也是通过88/609/EEC指令和2001/80/EC指令控制的。88/609/EEC指令规定，1987年7月1日后获得许可证的新建厂，热功率大于或等于500MW燃用固体燃料的装置执行50mg/Nm^{3}的排放限值，热功率小于500MW的执行100mg/Nm^{3}的排放限值。

为进一步加强对大型燃烧装置排放大气污染物的控制，欧盟对88/609/EEC指令进行了修改，制定出台了现行的《大型燃烧企业大气污染物排放限制指令（2001/80/EC）》，替代了88/609/EEC指令。2001/80/EC指令中区分三类燃烧企业进行管理，对这三类企业规定了不同的排放限值，各成员国可以采用更为严格的排放限值。

1）2002年11月27日后获得许可证的新建燃烧装置，对于热功率大于100MW、燃用固体燃料的大型新建燃烧装置，执行30mg/Nm^{3}的排放限值。热功率为50～100MW的执行50mg/Nm^{3}的排放限值。

2）1987年7月1日后、2002年11月27日前获得许可证的新建燃烧装置，仍执行88/609/EEC指令中规定的排放限值。

3）1987年7月1日前获得许可证的燃烧装置，各成员国在2008年1月1日前采取必要的方法达到88/609/EEC指令中规定的排放限值。

2.5.2.3 日本的燃煤烟尘排放标准

日本的烟尘排放标准与SO_2排放标准（*K*值法）不同，采用了浓度限制方式，现行的标准规定，1982年6月1日以后开始建设的大型燃煤电厂烟尘的一般排放标准为100mg/Nm^3，特殊排放标准为50mg/Nm^3，地方政府可以通过法令制定更为严格的标准。

日本的烟尘排放标准与SO_2排放标准（*K*值法）不同，采用了浓度限制方式，表2-7为适用于1982年6月1日以后开始建设的燃煤电厂的烟尘排放标准，地方政府可以通过法令制定更为严格的标准。

表2-7 日本燃煤火电厂烟尘控制排放标准

项目	气体排放速率/(Nm^3/h)	排放限值/(mg/Nm^3)	
		一般排放标准	特别排放标准
1982年6月1日以后开始建设的燃煤电厂	<40 000	300	150
	40 000～200 000	200	100
	>200 000	100	50

2.5.2.4　主要国家和地区烟尘排放标准

表 2-8 列出了世界主要国家和地区新建大型燃煤电厂烟尘排放浓度限值，由表 2-8 中的数据可见，美国、欧盟、日本等发达国家和地区燃煤电厂烟尘排放浓度限值一般在 50mg/Nm^3 以下，要求非常严格，通常只有安装高效除尘装置才能达标排放。

表 2-8　主要国家和地区新建大型燃煤电厂烟尘排放浓度限值

国家和地区	排放限值/(mg/Nm^3)
美国	20
日本	50 ~ 100
欧盟	30
澳大利亚	100
加拿大	130
新西兰	125
泰国	40
土耳其	150
中国香港	50
印度尼西亚	125
朝鲜	50
菲律宾	160 ~ 220
中国台湾	29

2.5.3　燃煤 NO_x 排放标准

2.5.3.1　美国燃煤 NO_x 排放标准

美国 1971 年颁布的新源性能标准规定，1971 年 8 月 17 日以后新建的热功率超过 73MW 的电站锅炉 NO_x 排放量不得超过 0.7lb/MBtu（约折合 860mg/Nm^3）。

1977 年对该标准进行了修改并颁布，要求 1978 年 9 月 18 日以后新建的热功率超过 73MW 的电站锅炉 NO_x 排放量为 0.5 ~ 0.6lb/MBtu（折合 615 ~ 740mg/Nm^3），NO_x 去除率不得低于 65%。

1997 年 EPA 对该标准中的 NO_x 指标进行了修订，分别对新建、扩建和改建电站锅炉进行规定，同时对新建电站锅炉改为基于电量输出的排放限值，对扩建和改建电站锅炉仍采用基于热量输入的排放限值。修改后的标准规定 1997 年 7 月 9 日以后新建的电站锅炉 NO_x 不得超过 1.6lb/（MW · h）（约折合 218mg/Nm^3），扩建和改建的电站锅炉 NO_x 不得超过 0.15lb/MBtu（约折合 184mg/Nm^3）。

2005 年，《跨州洁净空气指令》又对该排放标准进行了修订，规定 2005 年 2 月 28 日后新建的电站锅炉 NO_x 排放不得超过 1.0lb/(MW · h)，扩建和改建电站锅炉采用达到基于电量输出排放限值和热量输入排放限值两者之一即可。扩建电站锅炉不得超过 1.0lb/(MW · h) 或 0.11lb/MBtu（约折合 135mg/Nm^3），改建的电站锅炉不得超过

1.4lb/(MW·h)或0.15lb/MBtu（约折合184mg/Nm³）。

美国火电厂NO_x排放标准分为两种（朱法华等，2008）。第一种是由美国环保署制定的适用于标准颁布后开始建造或改建污染源的《新固定源国家排放标准》（NSPS），并规定：当某一企业有多个污染源，当某一污染源新建或改建后，则该企业的所有污染源都要按照NSPS的要求管理。第二种，各州按美国环保署的有关规定，自行制定对现有污染源管理的排放标准。

2011年7月7日，美国环保署发布了《跨州空气污染指令》（CSAPR）。CSAPR的颁布是为了降低发电厂SO_2和NO_x排放。CSAPR提出了一些可能的减排措施，例如，使用低硫煤作为燃料；尽量减少机组在高污染排放时段的运行时间；关停无污染控制措施的机组；安装污染控制设备，主要为烟气脱硫（FGD或洗涤器）和脱硝（SCR）装置。

2.5.3.2 欧盟燃煤NO_x排放标准

与SO_2和烟尘相同，欧盟对NO_x的排放限值也是通过88/609/EEC指令、2001/80/EC指令控制的。88/609/EEC指令规定，1987年7月1日后获得许可证的新建厂，燃用一般固体燃料的装置执行650mg/Nm³的排放限值，燃用挥发分低于10%的固体燃料的装置执行1300mg/Nm³的排放限值。

2002年开始现行的《大型燃烧企业大气污染物排放限制指令（2001/80/EC）》替代了88/609/EEC指令。2001/80/EC指令区分三类燃烧企业进行管理，对这三类企业规定了不同的排放限值。各成员国可以采用更为严格的排放限值。

2002年11月27日后获得许可证的新建燃烧装置，对于热功率大于300MW、燃用固体燃料的大型新建燃烧装置，执行200mg/Nm³的限值；热功率为100～300MW的执行300mg/Nm³的限值；热功率为50～100MW的执行400mg/Nm³的限值。

另外，欧盟于1996年颁布《综合污染防治和控制》指令（*Integrated Pollution Prevention and Control*，IPPC），对工业装置的排污许可和控制做了规定，并于2008年正式写入立法。在欧盟成员国，约有52 000套装置涵盖在IPPC指令中。

IPPC指令基于以下几个法则：①综合方法；②最佳可行技术；③机动性；④公众参与。IPPC指令中将最佳可行技术定义为：指所开展的活动及其运作方式已达到最有效和最先进的阶段，从而表明该特定技术原则上具有切实适宜性，可为旨在采用排放限值防止和难以切实可行地防止大气污染时，从总体上减少排放及其对整个环境的影响奠定基础。最佳可行技术涉及的工业包括：能源工业、金属制造和加工、采矿业、化学工业、废物处理、其他行为。其中对能源工业，2006年7月发布了《大型燃烧装置最佳可行技术》。

《大型燃烧装置最佳可行技术》规定了热功率>50MW的燃烧装置的最佳可行技术，内容包括降低烟尘、SO_2和NO_x的最佳可行技术。

2.5.3.3 日本燃煤NO_x排放标准

针对工厂等固定发生源，日本在1973年8月第一次规定了NO_x的排放标准。此后，对排放标准进行了4次强化。目前日本执行的排放标准规定新建大型燃煤电厂的NO_x排放浓度小于 100ppm①（约折合 200mg/Nm^3）。

固定源 NO_x 排放标准规定燃煤炉的排放标准为：规模大于 200 000Nm^3 的，标准氧质量浓度为 6% 的炉型，NO_x 的排放标准为 200～250mg/L；规模为 40 000～200 000Nm^3 的，标准氧质量浓度为 6% 的炉型，NO_x 的排放标准为 250～320mg/L；规模小于 40 000Nm^3 的，标准氧质量浓度为 6% 的炉型，NO_x 的排放标准为 250～350mg/L。

2.5.3.4　主要国家和地区 NO_x 排放标准

表 2-9 列出了世界主要国家和地区新建大型燃煤电厂 NO_x 排放浓度限值，由表 2-9 中的数据可见，欧盟、日本、美国等发达国家和地区新建燃煤电厂的 NO_x 排放限值一般在 200mg/Nm^3 以下，欧盟在 88/609/EEC 指令中按照燃料的挥发分制定了不同的排放限值，但在 2001/80/EC 指令中，除了排放限值更加严格外，不再按照燃料的挥发分制定排放限值。

表 2-9　主要国家和地区新建大型燃煤电厂氮氧化物排放浓度限值

国家和地区	排放限值/(mg/Nm^3)
美国	135
日本	200
欧盟	200
澳大利亚	460
加拿大	460
新西兰	410
泰国	940
中国香港	670
印度尼西亚	850
朝鲜	720
菲律宾	1090
中国台湾	720

2.5.4　燃煤汞排放控制

美国最早大规模对工业上的汞排放控制开始于 20 世纪 90 年代初，主要针对的是医药废物焚化炉及城市垃圾焚烧炉。目前，美国最大的汞排放源为燃煤火力发电厂。美国环保署 1999 年汞排放研究报告显示，燃煤电厂是对人体造成危害最大的汞排放污染源，占总汞排放量的 40%。通过 10 年左右的研究，1999 年美国环保署提出了计划在 2007 年达到 90% 的汞排放控制率。后来布什政府废除了该计划，并在 2005 年 3 月 15 日发布了《清洁空气汞排放控制法规》，该法规计划 2010～2017 年达到汞的排放量从 48t 降低到 34t，减排率为 29%，最终到 2018 年达到 70% 的汞排放控制率。2008 年，美国上诉

①1ppm = 10^{-6}，下同。

法庭判决取消《清洁空气汞排放控制法规》，并责成环保署制定更严格的汞排放控制法规。

美国环保署2011年12月21日公布了首个全国性的发电厂汞和有毒空气污染排放标准，要求发电厂减少汞等有毒物质的排放，以更好地保护公众健康。根据新标准，自2016年起，发电厂必须采用目前广泛使用并得到认证的污染控制技术，大幅度削减汞、砷、镍、硒、酸性气体、氰化物等有毒物质的排放。

2.6 国际主要的燃煤污染控制和净化技术发展趋势

2.6.1 美国燃煤污染控制和净化技术发展趋势

2.6.1.1 美国的洁净煤技术

洁净煤技术（clean coal technology，CCT）旨在最大限度地发挥煤作为能源的潜能利用，同时又实现最少的有害污染物排放，以达到煤的清洁、高效利用的目的。洁净煤技术是一项庞大而复杂的系统工程，包含从煤炭开发到利用的所有技术领域，主要研究开发项目包括煤炭的加工、转化、燃烧和污染控制等。

美国最早开始发展洁净煤技术，并制订了完整的洁净煤计划。1986年3月，美国率先推出“洁净煤技术示范计划”（clean coal technology plan，CCTP）。美国“洁净煤技术示范计划”共制订了5轮计划，选定了52个项目，分布于美国的18个州，其中超过1/3的项目是燃煤污染控制设备项目。项目类型包括如下四大类。

1）环境污染控制设备。主要包括各种低 NO_x 燃烧器（low NO_x burner，LNB）、燃烧中脱硫技术、烟气脱硫装置（fluegasdesulfurization，FGD）等共19个项目，到1996年年底已完成11个示范项目。

2）工业应用项目。包括钢铁工业、水泥工业等的硫、氮、灰尘排放和烟气回收洗涤等应用性示范项目共5项。

3）清洁煤制备技术。包括洗煤、煤质专业系统、煤温和气化技术、煤液化技术等共5项。

4）先进发电技术。包括常压循环流化床燃烧发电（atmospheric circulating fluidized bed combustion，ACFBC）、增压流化床联合循环发电（pressurized circulating fluidized bed combustion，PCFBC）、煤气化整体联合循环发电（integrated gasification in a combined cycle，IGCC）等共11个项目。

威斯康星电力公司与美国电力研究院（EPRI）在密歇根州270MW机组上示范了TOXECON系统。TOXECON系统是EPRI专利技术，其集汞、PM、SO_x 和 NO_x 排放控制为一体，通过将活性炭喷入烟气中，最终达到汞脱除率为90%，提高固体颗粒的捕集效率，最大限度地利用燃煤副产物。该项目工程设计与建设期为2004年4月至2005年12月，调试期为2006年1月至2008年12月，最终于2009年3月完成。

为验证通过电厂在线控制优化集成系统来提高电厂热效率、降低 CO_2 排放的可行性，Neuco.，Incorporated在伊利诺伊州3×600MW燃煤机组上进行在线集成优化控制软件系统技术的示范。该系统有 5 个控制模块：吹灰、选择性催化还原法（SCR）、全系统热性能、全厂经济优化和旋流器燃烧，控制优化锅炉的燃烧、吹灰及 SCR 等子系统，达到锅炉效率提高 1.5%，NO_x 排放减少 5% 的目的。该系统技术平台包括神经网络、遗传算法和模糊逻辑等技术，利用这项技术可以通过电站现有的控制技术，对电站不同系统进行控制，并将各系统彼此相连。

世界能源委员会的一份最新研究报告认为，对于主要煤炭消费国来说，今后几十年内，从煤炭中提取的合成气体、液体和氢将是重要的长期能源供给来源。该报告预测，到 2030 年，全球约 72% 的发电将使用洁净煤技术。据国际能源机构提供的统计数据，截至 2003 年年底，全球已发现的煤炭储量达 1 万亿 t，其中亚太和北美洲地区分别占 29.7% 和 26.2%。根据目前的能源消费现状预测，美国的煤炭储量可供其使用 225 年。由于洁净煤技术的发展以及全球可能进入油价长期维持高位的时代，煤炭的应用受到更多的重视。统计显示，近年来北美洲地区公布的新建燃煤发电厂数目超过前 12 年的总和。

美国是煤炭生产和消费大国，其 50% 以上的电力来自煤炭发电。因此，历届美国政府均高度重视洁净煤技术的开发和应用。为此，布什政府制订了“美国洁净煤发电计划”，其目的是到 2018 年使燃煤发电厂排放的硫、氮和汞减少近 70%。2010 年 2 月，美国总统奥巴马宣布美国要加快生物质能源和洁净煤技术的开发和应用。

2.6.1.2　燃煤电厂烟气净化技术

1）除尘技术。目前，美国的电站锅炉均安装静电除尘器和布袋除尘器，除尘效率在 99.9% 以上。下一步的研发重点是进一步削减微细颗粒物的排放。

2）SO_2 控制技术。根据 1990 年《清洁空气法》修正案的酸雨条款，美国将 50% 左右的电站锅炉安装了各种类型的烟气脱硫设备来削减 SO_2 排放，80% 左右采用石灰石—石膏抛弃法；根据 2010 年最新颁布的《有害物质排放指令》，还有部分电站正在考虑安装烟气脱硫设备；由于美国次烟煤中的硫分低，因此美国燃烧次烟煤的火电厂安装烟气脱硫设施的比例也相应最低。2010 年，美国未安装烟气脱硫设施的火电厂中，以次烟煤为燃料的火电厂发电量占 69%，而 SO_2 的排放量仅占总排放量的 48%。

3）NO_x 控制技术。2009 年颁布的《跨州空气污染控制指令》（CSAPR）对 NO_x 做出了年度排放和夏季排放两项限定，共 26 个州参与其中，这些州的总燃煤机组发电能力占全美发电能力的 84%，而已安装 SCR 的约占 42%，另有 4% 的计划安装。

2.6.1.3　美国未来的先进洁净煤技术

据英国《石油经济学家》杂志报道，目前西方大能源公司最看好的洁净煤技术是煤炭气化技术。煤炭气化技术是将煤炭转化为清洁的燃气，再用于发电和其他用途。“整体煤气化联合循环”（IGCC）技术与其他洁净煤技术相比至少有 4 个方面的优势：①IGCC 技术成熟；②IGCC 是目前最清洁、产生污染最少的煤炭利用技术；③IGCC 具有成本效益的竞争力；④IGCC 是最轻易获得的控制煤炭污染排放的技术。另外，与其他煤转电技术相比，IGCC 技术还可以少用 40% 的水。美国能源专家预测，煤炭气化技术特别是 IGCC 技术今后肯定会在美国得到广泛应用。IGCC 技术是把煤炭转化为燃气并通过污染净化设备过滤后再使用，从而显著提高燃气的能源利用效率并减少氮氧化物、二氧化硫和汞等大气污染物排放量。目前，美国已有7个大规模的煤炭气化项目在运营之中。美国康菲石油公司和另一家公司最近公布将投资12亿美元在明尼苏达州建造一座531MW、使用IGCC技术的发电厂。

2.6.2 日本燃煤污染控制和净化技术发展趋势

2.6.2.1 日本的清洁煤技术

随着国际原油价格不断攀升，日本近年来开始较大幅度地增加煤炭的消费量，发展洁净煤技术成为热点。早在1980年，日本就在全球范围内率先成立了“新能源产业技术综合开发机构”(New Energy and Industrial Technology Development Organization, NEDO)，从事洁净煤技术和新能源的研发，并于1995年组建了“洁净煤技术中心”(Clean Coal Technology Centre，CCTC)。1993年，日本推出了“新阳光计划”，把原来各自独立推进的有关新能源、节能和地球环境3个领域的技术研发机构进行整合。1999年日本又制订了“21世纪煤炭技术战略计划”，提出2030年前分三个阶段开发洁净煤技术，最终实现煤作为燃料的完全洁净化。

为了能更加环保、更加高效地利用煤炭资源，日本政府大力支持并投入大量资金用于洁净煤技术和燃煤污染控制技术的开发和研究。目前，日本与洁净煤技术相关的研发项目有：①A-PFBC高级加压的液态床燃烧技术；②IGCC整体煤气化联合循环发电技术；③IGFC（EAGLE）煤气化燃料电池联合循环技术；④氧气燃料燃烧；⑤二氧化碳循环和吸收技术；⑥Hypr-RING制氢技术；⑦超级煤（洁净煤）；⑧新型炼焦技术；⑨ECOPRO技术。

1995年日本在新能源综合开发机构（NEDO）内组建了一个“洁净煤技术中心”，专门负责开发21世纪的煤炭利用技术。2006年5月，日本出台的《新国家能源概要》中明确提出，要促进煤炭气化联合发电技术、煤炭强化燃料电池联合发电技术的开发和普及。日本的洁净煤技术开发从内容上分为两部分：一是提高燃烧热效率，降低废气排放，如流化床燃烧、煤气化联合循环发电及煤气化燃料电池联合发电技术等；二是进行煤炭燃烧前后净化，包括燃前处理、燃烧过程中及燃烧后烟道气的脱硫脱氮、煤炭的有效利用等。

1）煤炭转化技术，如煤炭直接液化、加氢气化、煤气化联合燃料电池和煤的热解等。空气吹喷节能的煤炭气化技术，即把粉碎后的煤炭，加压约3MPa，输送到气化炉。为防止煤炭自燃氧化而升温，在输送煤粉时使用氮气，利用封闭漏斗系统投入炉内。对利用空气吹喷的气化炉，采用空气吹喷乾式给炭二段二室喷流床气化方式，原理如图2-30所示。煤炭供给燃烧器、还原器，在燃烧器内煤炭和木炭在高温下燃烧。这既产生了在还原器中为使煤炭气化所必需的高温热源，也让煤炭以熔渣形式排出成为可能。在还原器中从燃烧器上升而来的高温气体对煤炭吹喷。在煤炭气化的同时，利用气化的吸热反应使气体对煤炭吹喷，也利用气化的吸热反应使气体的温度下降，保持防止灰分附着在后部传热方向的功能。通过分成二段进行气化，既做到了熔渣排出良好又提高了气化的高效率。对气化炉后序的热交换器，把由气化炉传来的气体冷却到预先确定的温度。此外还需气体精致设备［硫化羟基（COS）变换器、冷却塔洗净塔、H_2S 吸收塔及 S 成分回收塔构成］以脱除煤炭气化过程中 S 成分及 COS 和 H_2S 等。

褐煤液化技术。日本褐煤液化工艺主要包括日本褐煤液化公司（NBCL）开发的褐煤液化工艺（BCL）、改进的 BCL 及 UBC 褐煤提质工艺。

BCL 工艺主要由 4 部分组成：煤浆制备和煤浆脱水、一段加氢反应、溶剂脱灰、二段加氢反应。BCL 工艺通过诸多技术的组合，形成了具有明显特点的液化工艺，可以在较低的反应温度和压力下，得到大于 50% 的油收率。

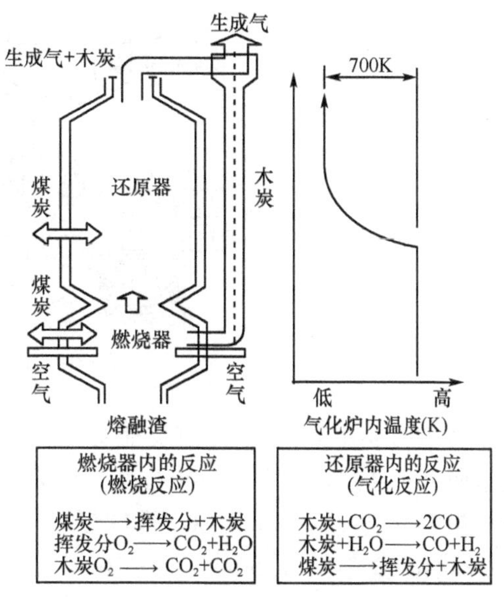

图 2-30　空气吹喷煤炭气化炉原理图

日本褐煤液化公司（NBCL）在现有工艺基础上对 BCL 进行了优化改进，改进后的 BCL 工艺包括 3 部分：煤浆制备、煤浆脱水和煤浆热处理，液化反应和在线加氢反应，溶剂脱灰。改进的 BCL 工艺与原 BCL 工艺相比，煤浆制备单元在煤浆脱水后增加了煤浆热处理。日本的 BCL 工艺是目前世界上少数针对褐煤开发并经过了工业性试验装置（PP）验证的褐煤液化工艺，是先进成熟的直接液化工艺之一。改进的 BCL 工艺，由于采用了多级反应模式、双组分煤浆溶剂、高效催化剂、在线加氢等技术，使工艺的油收率进一步提高。

UBC 工艺。UBC 工艺是由日本神户制钢公司在政府支持下，开发出在较低温度压力条件下对褐煤提质的技术，工艺加工过程中褐煤基本不发生化学反应，提质褐煤发热量可以达到烟煤水平，而且不易再吸水、自燃，已在印度尼西亚的大型示范工厂成功运用。UBC 工艺在日本的主要发展历程见表 2-10。

表 2-10　UBC 工艺发展过程

时间	1993 ~ 1996 年	1997 ~ 2000 年	2001 ~ 2004 年	2005 年至今
开发过程	基础研究	小型中试装置	小型示范工厂	大型实证工厂
主要内容	进一步发展油浆脱水技术，开始 UBC 工艺的探索实验	基于 BSU① 水平的研究开发，0.1t/d 规模，位于加古川厂	3t/d 规模，位于印度尼西亚爪哇岛北海岸西里汶	600t/d 规模，位于印度尼西亚加里曼丹岛南部 Satui 矿

①BSU 小规模中试装置。

神户制钢公司基于油浆脱水技术成功开发 UBC 褐煤提质工艺（图 2-31），提质煤的热值普遍提高到 26.59MJ/kg 以上，达到了烟煤同等水平，并且 UBC 产品不易吸水、自燃，彻底解决了褐煤无法长距离运输和储存的难题，从而使褐煤等低质煤替代烟煤成为可能。

2）洁净煤燃烧技术和先进的炼焦技术，如 IGCC、CFBC 、PFBC、DAPS 等。

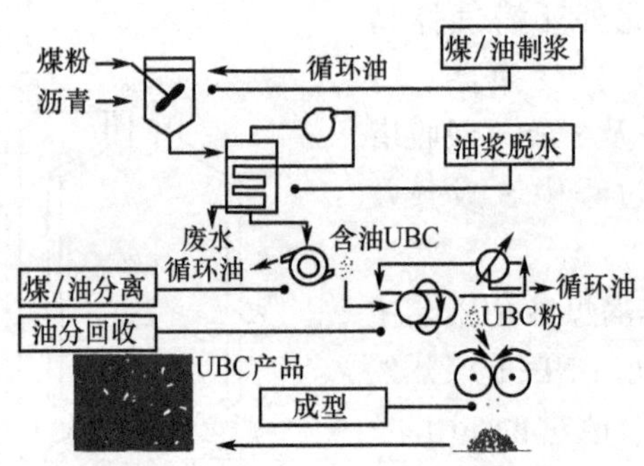

图 2-31　UBC 工艺流程图

由于日本几乎 100% 的煤炭都需要进口，所以日本一直致力于提高燃煤发电效率的技术研究。在热电厂发电机组方面主要通过增加机组容量、改善蒸气参数和提升机组压力来提升发电效率、降低 CO_2 排放强度，其发展历程如图 2-32 所示。发电机组的容量从 20 世纪 60 年代的 350MW，到 70 年代的 600MW，直到今天的 1000MW 水平。机组蒸气参数发展先后顺序为：亚临界、超临界、超超临界状态。

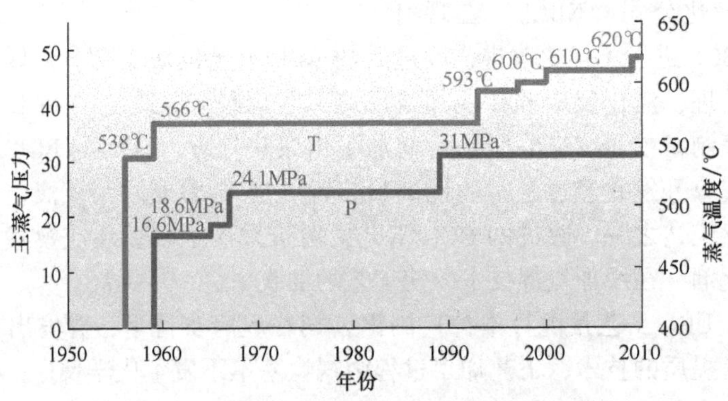

图 2-32　日本火电厂发展趋势

资料来源：Toshihiro SANO，2011

现在日本是世界上燃煤发电热效率最高的国家，达到 40% 以上（图 2-33），同时也是火电厂 NO_x 和 SO_x 排放强度最低的国家（图 2-34）。日本现在主要采用先进的 IGCC（煤气化联合循环发电）技术。

整体煤气化联合循环（IGCC）发电技术。IGCC 发电技术可以将煤炭、生物质、石油焦、重渣油等多种含碳燃料进行气化，得到的合成气净化后用于燃气—蒸气联合循环。这种技术将煤炭气化技术、煤气净化、空气分离、燃气轮机联合循环技术以及系统的整体化技术有机结合，实现了煤炭资源的高效、洁净利用，从根本上解决现有燃煤电站效率低下和污染严重的主要问题，被公认为世界上最清洁的燃煤发电技术。日本的 IGCC 实证试验从 2001 年开始到 2009 年结束。日本在 IGCC 技术方面以自主创新为主，采用三菱重工的空气气化炉和低热值合成气燃机建设的 250MW IGCC 示范电站已于 2008 年投运，气化炉为干法给料，耗煤量为 1700t/d，净功率为 220MW，净效率为 42% 。

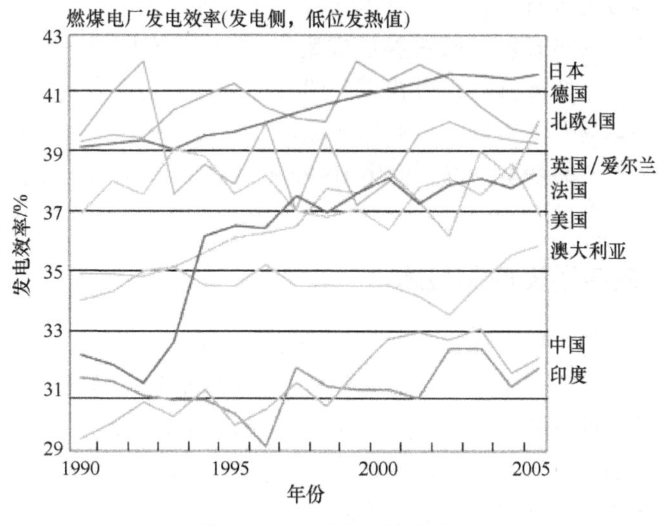

图 2-33　各国发电效率对比

资料来源：ECOFYS. 2008. International Comparison of FossilL Powergeneration Efficiency

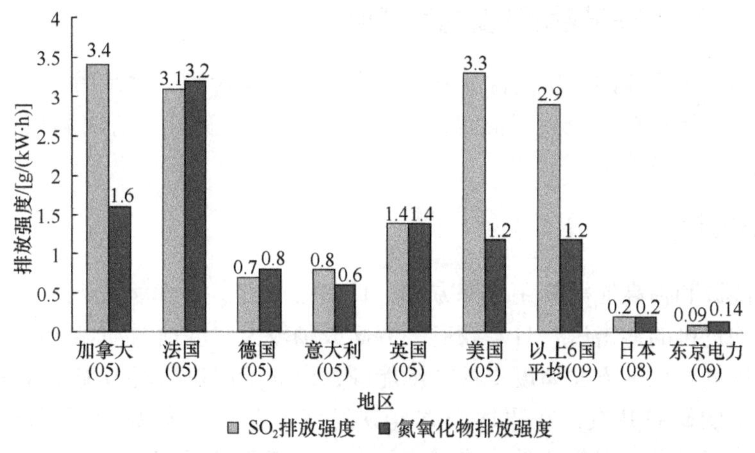

图 2-34　不同地区火电厂 NO_x 与 SO_x 排放强度对比

资料来源：Toshihiro SANO，2011

随着煤气化技术和燃气轮机技术的不断发展和进步，在日本 IGCC 将朝着大容量、高效率、低排放发展，气化炉处理能力达到 2500 ~ 3000t/d，采用 G 形或 H 形高性能大容量燃气轮机联合循环，功率可达 400 ~ 600MW，联合循环效率超过 55% 。日本推行的 Cool Gen 计划，拟通过 IGCC 和 CCS 技术联用实现燃煤发电的零排放。

循环流化床燃烧技术（CFBC）。循环流化床燃烧技术是 1986 年从国外引进日本的，主要用于发电、炼铁、造纸等行业。CFBC 技术不仅燃料适应性广、脱硫脱硝能力强，而且燃烧效率高，在 98% ~ 99% 范围内，气固混合良好，燃烧效率高，飞灰及燃料实现多次循环。日本国内典型的循环流化床锅炉是玉岛电厂、出光兴产千叶石油精炼厂、日本宇部兴产 Isa 电厂。生物质燃料和煤炭混合燃烧能够有效减少二氧化碳的排放。

微粉煤预成型（DAPS ）炼焦技术：日本的炼焦煤基本全部依靠进口，由于黏结性强的主焦煤和肥煤资源少且价格高，日本钢铁大户新日铁为了扩大非微黏煤的利用以降本提效、降低对环境污染开发了微粉煤预成型（DAPS）炼焦技术。作为炼焦用煤的新的预处理技术，将煤干燥后分离出微粉煤，然后将这种发尘性高的微粉煤在原状态下不加黏结剂压实成小球后和大粒煤混合后加入焦炉，以便在改善焦炭强度的同时抑制发尘量，这便是DAPS工艺的基本特点。使用DAPS技术除使发尘量大幅降低外，微粉煤的黏结性也得到很大改善。

2.6.2.2 燃煤污染控制技术

除尘技术。日本最主要的除尘工艺是静电电除尘器。

SO_2 控制技术。日本一直以来都致力于降低发电成本和提高脱硫效率方面的研究。

NO_x 控制技术。日本国内烟气脱硝技术的商业化运作开始于1977年，并且一直致力于脱硝过程催化剂的耐久性和降低脱硝成本的研究。现在日本脱硝工艺中占据主导地位的是选择性催化还原法（SCR）烟气脱硝法。

CO_2 控制技术。日本1999年出台了《21世纪煤炭技术战略》，提出到2030年把煤炭燃烧产生的 CO_2 排放量减少到零的目标，并制定了分阶段的技术开发战略。

2.6.2.3 日本的煤炭开发利用战略

煤炭作为日本主要的一次能源，对能源安全起着重要的保障作用，因此，日本政府通过实施海外煤炭资源开发、提高煤炭利用效率以及开发煤炭清洁利用技术等战略措施，来保障煤炭需求。

(1) 节能政策

在节约能源和提高能源利用效率方面，日本已形成了一整套成功的经验和做法。在受到两次石油危机的冲击后，日本政府一方面鼓励较大幅度地增加煤炭的消费，摆脱对石油的过分依赖；另一方面高度重视节约能源，设立专门机构对节能工作进行管理，加强对节能技术的研究开发，在原通产省（现经济产业省）资源能源厅设立节能部门，对节能工作进行管理，而具体的节能措施则由经济产业省下设的新能源产业技术综合开发机构负责组织实施。日本政府还从法规和政策上为节约能源提供保障，于1979年制定了《节约能源法》，对能源消耗标准做出严格规定。2006年5月，日本经济产业省出台了《新国家能源战略》，提出的八大战略基本上都与节约能源、提高能源利用效率有关，并提出了到2030年能源效率比目前再提高30%的目标。

(2) 煤炭资源开发

为了保障进口煤炭的稳定供应，日本实施海外煤炭资源开发战略。首先由专门机构，如新能源产业技术综合开发机构和日本煤炭能源中心（JCOAL），进行煤炭资源、市场等的调查研究以及煤炭信息的搜集，为本国煤炭企业开发海外煤炭资源提供信息支持。同时，日本建立了海外煤炭开发可行性调查补助金，由政府投入资金支持本国的煤矿企业对海外煤炭开发进行可行性调查和煤炭资源地质构造的勘查。日本主要海外项目有：印度尼西亚煤炭资源开采计划（NEDO's Project）、越南广宁省计划（NEDO's Project)、蒙古国东隔壁计划（NEDO's Project）。同时，日本还积极参与包括中国和俄罗斯在内的其他国家地区的煤矿瓦斯气体的储存和开采利用方面的新技术的研发。

另外，日本海外煤炭资源开发战略还体现在通过技术合作和经济援助等方式，加强与煤炭资源国的合作，以保障日本稳定的煤炭资源来源。

（3）煤矿安全生产技术开发

随着煤矿向深部开采，地质条件更加复杂，煤炭生产和安全技术已是产煤国家目前面临的重大挑战。日本充分利用本国先进的煤炭生产技术，研究开发煤矿安全生产技术，以降低煤矿灾害，改善煤矿安全水平，提高煤炭产量。日本《21世纪煤炭技术战略》提出了煤矿安全生产技术的开发目标：2000～2010年，以降低煤矿事故率，提高生产效率和降低成本为主要目标，优先考虑改进和用好现有的开采技术；2010～2020年，以把煤矿事故率降低至零为目标，开发复杂地质条件下的煤炭生产技术；2020～2030年，把煤矿事故率降低至零，开发适合新一代煤炭生产的安全技术，如自动化、无人开采等技术。日本还模拟某些采煤国家的煤矿地质条件进行煤矿安全生产技术的开发，为更有效地向其他煤炭生产国转让煤矿安全生产技术打下了基础。

（4）洁净煤政策

2009年，日本在资源能源厅设立洁净煤委员会，旨在促进煤炭的清洁高效利用和结合CCS技术实现零排放的燃煤发电技术得到进一步发展，为日本的相应政策建言献策。日本把能源利用的"3E"，即经济性（economy）、供应稳定性（energy security）和环境适宜性（environment）作为能源政策的基础。日本的燃煤发电，较其他国家相对低些，但也占国内发电量的27%以上，由于日本煤炭资源几乎100%靠海外进口，因而日本不断加强高效能发电技术的开发和引进，以便提高燃煤效率，提供更多的电力。如今，日本的燃煤发电效率达到世界最高水平（41.6%），在其他方面，如冶金、水泥等用煤行业，其单位效能也是世界最高水平。未来，日本将立足于实现环保清洁的燃煤发电技术，面向亚洲乃至世界，进行技术的推广和普及。

未来日本的煤炭战略要进一步加强与主要产煤国澳大利亚和印度尼西亚等国政府间的政策对话，构筑与产煤国的多层次合作关系，包括扩大提供对产煤国的勘探开发资金和基础设施的投入，加大推广CCS技术等在内的煤炭洁净利用技术，促进未开发的低品质煤的充分利用，促进与煤相关的环保、安全等相关技术的推广等方面。

日本对煤炭高效利用方面的人才培养不遗余力。在大学与国立研究机构的"学"由文部科学省管辖、"产"则由经济产业省管辖、"官"指政府职能部门，产学官三方合作主体得以形成。三方合作下，在大学开设专业讲座，在海外以及国内煤炭相关企业进行体验培训，就煤炭事业的基础以及不同行业间的联系、化石燃料资源开发等内容，制作学习材料，开展基础讲座，普及洁净煤利用知识和信息。

2.6.3　欧盟的燃煤污染控制和净化技术发展趋势

早在20世纪80年代，欧盟就制订了"兆卡计划"（Thermic Program），主旨是促进欧洲能源利用新技术的开发，减少对石油的依赖和煤炭利用造成的环境污染，提高能源转换和利用效率。该计划的主要目标是减少各种燃煤污染物以及温室气体排放，使燃煤发电更加洁净，通过提高效率，减少煤炭消耗。

20 世纪 90 年代末，壳牌（Shell）公司提出了合成气园（Syngas Park）的煤多联产系统。该系统包括煤气化、净化、燃气发电、甲醇、化肥、化学品合成和特殊气体制备等单元过程。该技术已取得多项商业化成果，在全球范围内影响深刻。

欧洲国家，特别是德国在选煤、型煤加工、煤炭气化和液化、循环流化床燃烧技术、煤气化联合循环发电、烟气脱硫技术等方面取得了很大进步。英国的《能源白皮书》明确提出要把电厂的洁净煤技术作为研究开发的重点。

目前，欧盟国家正在研究开发的项目有煤气化联合循环发电（IGCC）、煤和生物质及废弃物联合气化（或燃烧）、循环流化床燃烧、固体燃料气化与燃料电池联合循环技术等。

2011 年 7 月 20 日，欧盟委员会发布了 2012 年 70 亿欧元的科研资助计划，这是欧盟第七框架研究计划（FP7）下最大的一次年度资助计划，比 2011 年的 64 亿欧元增加了 9%。资助计划范围涵盖从基础研究到应用研究以及示范应用，具体涉及 48 个项目招标，主要涵盖信息通信（13.25 亿欧元）、能源（3.14 亿欧元）、交通（3.13 亿欧元）、生物经济（3.08 亿欧元）、环境（2.65 亿欧元）、公共安全（2.42 亿欧元）以及宇宙空间研究（0.84 亿欧元）等多个领域。能源领域的项目招标计划主要包括 3 个主题：可再生能源［光伏、热发电（CSP）、风能、生物能、太阳能热利用］，碳捕集与封存/洁净煤技术，智能电网及智能城市/社区。其他主题领域，如能效、基础设施的研究、新材料、交通运输等部分项目也涉及能源相关研究。

2.7 中国与国际先进技术水平的主要差距

煤炭作为世界上储量最多、分布最广的常规能源资源，与其他能源相比，具有成本低、技术风险小的突出优势，是重要的战略资源。根据美国能源信息署预计，尽管目前许多国家都在大力开发风能、太阳能和生物质等可再生能源，但在未来 20 年里，全球仍不可能摆脱对化石能源的依赖，而由于世界范围内原油和天然气比煤炭更为稀缺，因此世界能源消费增长将更多地依赖煤炭。根据《BP 世界能源统计》，2007 年年底全球探明的煤炭可采储量总计 8474.88 亿 t，其中无烟煤和烟煤 4308.96 亿 t，次烟煤和褐煤 4165.92 亿 t，预计到 2030 年，煤炭占能源消费总量的比重将上升到 28%，全球煤炭需求将增长 73%。

煤炭消费是近年来全球增速最快的能源品种之一，未来几十年这种趋势还将一直持续下去。与石油、天然气相比，煤炭价格相对低廉、资源丰富，因此，为了应对高油价，全球纷纷重新将眼光转向煤炭。例如，欧洲将在 2008 ~ 2013 年 5 年间新建 40 个大型火电发电厂，第二大煤炭出口国印度尼西亚 2006 ~ 2010 年兴建 2000 万 kW · h 的燃煤电站，并将 2010 年限制煤炭出口在 1.5 亿 t；越南、南非等国家纷纷限制煤炭的出口。可以预见，未来全球范围内的煤炭需要求将持续增加。

中国是煤炭资源大国，煤炭在能源结构中的主导地位在短时期内难以改变。我国是世界上煤炭资源最为丰富的国家之一，也是煤炭资源使用量最大的国家之一。相关数据显示，2010 年我国的煤炭产量为 32 亿 t 左右，而煤炭消费量也在 33 亿～34 亿 t。煤炭在我国的能源消费结构中的比例为 70% 左右，而我国的煤炭消费量更是占全球煤炭消费总量的 40% 以上。预计到 2020 年，中国能源消费总量将达到 38 亿 t 标准煤左右，其中煤炭消费总量将达到 40 亿 t 左右。

大规模的煤炭消费支撑着我国经济的飞速发展，也给我国的环境带来了巨大的压力。因此，积极开发和推广先进的洁净煤燃烧和污染控制技术，对于促进国民经济持续健康发展和环境保护及公众健康至关重要。然而，由于种种原因，目前中国煤炭利用及污染控制技术与国际上的先进水平还存在相当大的差距，主要表现在如下几个方面。

(1) 中国煤炭来源复杂、煤质较差、供应不稳定

我国煤炭资源丰富，分布广泛。中国煤炭灰分普遍较高，秦岭以北地区，晋北、陕北、宁夏、两淮、东北等地区，侏罗纪煤田为陆相沉积，煤的灰分一般为 10%～20%，有的在 10% 以下，硫分一般小于 1%，东北地区硫分普遍小于 0.5%。中国北方普遍分布的石灰纪、秦岭以南地区、湖南的黔阳煤系、湖北的梁山煤系等属海陆交替沉积的煤，灰分一般达 15%～25%，硫分一般高达 2%～5%。广西合山、四川上寺等地的晚二叠纪煤层属浅海相沉积煤，硫分可高达 6%～10%。

据统计，中国灰分小于 10% 的特低灰煤仅占探明储量的 17% 左右。大部分煤炭的灰分为 10%～30%。硫分小于 1% 的特低硫煤占探明储量的 43.5% 以上，大于 4% 的高硫煤仅为 2.28%。

随着中国煤炭供应的市场化，可使煤炭消耗企业从多种不同的渠道获得煤炭，有可能降低煤炭利用成本。与此同时，也造成燃煤工艺不稳定，煤质多变，给锅炉安全稳定运行带来很大隐患，也将直接影响燃煤电厂电除尘器和烟气脱硫系统的性能。

(2) 煤炭洗选率低，燃煤灰分、硫分、汞等杂质成分含量高

中国是世界上最大的煤炭生产和煤炭消费国。在煤炭生产和使用过程中，浪费资源、污染环境、无效运输问题突出。只有大力推进煤炭洗选加工，才能提高煤炭质量，减少原煤直接燃烧，提高能源效率，降低环境污染，减少煤炭无效运输，实现国家“十二五”节能减排目标。煤炭洗选可以脱除 50%～80% 的灰分，脱除 30%～40% 的硫分及 30%～50% 的汞等有害重金属元素。目前中国煤炭利用除了炼焦煤外，大部分动力煤未经洗选直接燃烧，不仅给煤炭运输带来巨大压力，也是造成燃煤锅炉烟尘、二氧化硫及汞等重金属排放水平相对较高的主要原因。

近年来，我国煤炭洗选加工业取得较快发展，原煤入选能力和入选量分别由 2000 年的 5.25 亿 t、3.86 亿 t 上升到 2005 年的 8.37 亿 t 和 7.03 亿 t；选煤技术取得显著进步，采用重介选煤法的选煤厂超过 40%；开发了大直径无压三产品（精煤、中煤、矸石）重介旋流器等一批先进技术和设备，提高了产品质量和生产效率。但从我国煤炭洗选加工整体水平来看，与发达国家相比，仍然存在不小差距。

一是原煤入选比例低。2009 年我国的原煤入洗率仅为 43%，远低于国外 55%～95% 的水平，因而我国煤炭洗选还有相当大的发展空间。二是商品煤质量差。我国的炼焦精煤平均灰分为 9.5%，高灰、高硫商品煤已成为我国用煤行业高能耗和高污染的重要因素。三是选煤厂规模小。2005 年全国共有选煤厂 961 处，原煤入选总能力为 8.37 亿 t，平均生产规模仅为 87 万 t。四是选煤副产物利用率低。2005 年，全国洗选共计排放废水约 6700 万 t，煤炭开采和洗选加工每年产生和排放的煤矸石、煤泥达 3.8 亿 t，利用率为 53%，煤矸石堆场占用土地高达 65 000hm^2 以上。只有通过洗选加工，才能提高煤质、分离杂物，得到降低环境污染、充分利用资源、提高运输效率的综合效益。

煤炭洗选是提高煤炭利用效率，减少烟尘、二氧化硫、重金属、二氧化碳等大气污染排放最为成熟和有效的技术。因此，要加快选煤厂建设步伐，加大老选煤厂技术改造力度，尽快提高煤炭入选能力和入选率。争取“十二五”期末原煤入洗率达到 70%。因此，第一，要加快选煤厂建设步伐。第二，要制定商品煤质量国家标准，完善洁净煤市场供应机制。例如，炼焦精煤灰分必须低于 12%，大型电厂燃煤灰分不得大于 20%（煤矸石电厂除外）；鼓励工业锅炉和炉窑尽可能使用洗精煤，限制直接燃烧高硫分、高灰分原煤。完善商品煤定价机制，动力煤应严格按发热量计价，炼焦煤按灰分、硫分计价，提高质量级差价，鼓励洁净煤的生产和使用。第三，要提高污染物排放收费标准，鼓励使用洁净煤。制定和完善燃煤污染物排放的政策法规，制定合理的污染物排放收费标准。例如，提高对炉渣、大气污染物排放的收费标准，引导用户积极使用洁净煤。适度提高煤矸石和煤泥排放的收费标准，促进煤矸石和煤泥的综合利用。对于酸雨控制区和大、中城市城区的煤炭燃料，应规定燃料煤的含硫量上限，不允许直接燃烧含硫量 1% 以上的煤炭。第四，要加大选煤科技投入，促进选煤技术尽快升级，提高洗选设备的国产化水平。重点开发模块化选煤技术与成套装备、高效重介旋流器选煤成套装备、高硫煤和难选煤脱硫技术与工艺等新型选煤技术。国家在资金和政策方面应大力扶持科研力量强、加工手段先进、具有一定生产规模的科研机构和选煤制造厂，快速提升自主创新能力，为我国煤炭企业提供先进的选煤装备。

(3) 煤炭用于工业和居民生活燃烧的比例高，污染重

美国煤炭消费以发电为主，发电煤炭消费量占全部消费量的 90% 以上；日本主要的煤炭消费行业为钢铁和电力工业，而且今年日本电力煤炭消费呈增加趋势。与美国、日本、欧盟等国家和地区相比，中国发电用煤炭仅占煤炭消费总量的 50% 左右，远低于发达国家。每年大量煤炭用于工业和居民生活的终端消费。与电厂相比，工业和居民煤炭燃烧装置配套的除尘、脱硫、脱硝等烟气控制设施非常落后甚至没有任何污染控制设备，这也是造成中国燃煤大气污染比较严重的重要原因之一。因此，除了加强工业和居民生活消费煤炭的污染控制外，我国应进一步提高煤炭用于发电的比例，降低工业和居民终端煤炭消费。

(4) 燃煤电厂需要采用先进的烟气排放净化技术进一步削减排放

《火电厂大气污染物排放标准》（GB13223—2003）自实施以来，对控制我国火电厂大气污染物排放和推动技术进步发挥了重要作用。据中国电力企业联合会统计，截至 2010 年年底，全国已投运的脱硫工程装机容量为 5.6 亿 kW，占 2010 年年底全国煤电装机容量的 86%。

近年来，新建大型燃煤机组均按要求同步采用了低氮燃烧方式，并在环境敏感地区开始建设烟气脱硝装置。一批现有火电厂结合技术改造安装了低氮燃烧器。截至 2008 年年底，全国有 200 多台套火电机组安装了烟气脱硝装置。

但是，与日本、德国等拥有国际先进技术的国家相比，中国燃煤电厂在除尘、脱硫和脱硝方面依然有较大的差距，尤其是绝大部分现有电厂基本依赖于低氮燃烧技术控制氮氧化物排放，氮氧化物排放水平较高，存在很大的削减空间。

2011 年 7 月 29 日，环境保护部发布了新的《火电厂大气污染物排放标准》（GB13223—2011），对新建和现有燃煤电厂规定了更为严格的排放标准。其中，新建电厂的烟尘、二氧化硫、氮氧化物排放标准与日本、美国等国家相当或略微宽松，并首次对燃煤电厂增加了汞排放限值。火电厂新标准的实施，不仅要求新建电厂必须同步建设先进的除尘、脱硫、脱硝设施，而且需要大量现有电厂进行除尘、脱硫和脱硝的改造。

第 3 章 电力行业中长期燃煤污染控制和净化技术

3.1 燃煤发电技术的发展趋势

3.1.1 国内燃煤发电机组现状

电力工业是煤炭消耗的主要行业，2010 年我国 6000kW 及以上电厂发电生产及供热耗用原煤量 17.57 亿 t，占全国煤炭消耗总量的 51.89%。截至 2010 年年底，我国发电总装机容量已达 9.66 亿 kW，其中火电机组装机容量已超过 7.1 亿 kW，占装机容量的 73.50%。近几年总装机容量和火电机组装机容量的变化情况如图 3-1 所示。

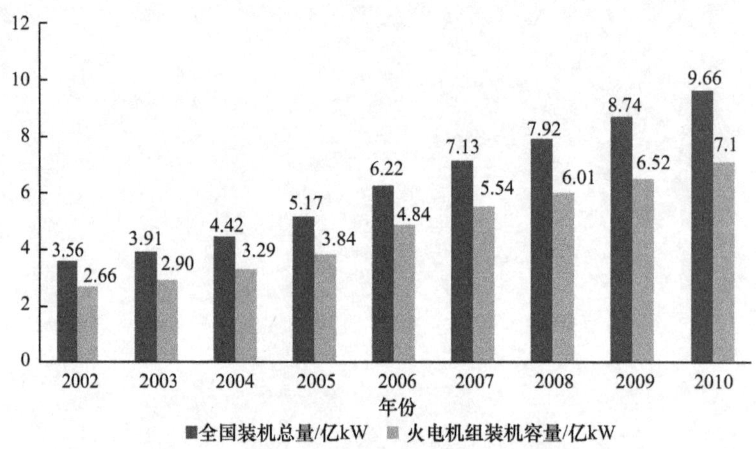

图 3-1 全国装机总量和火电机组装机容量

3.1.2 主要技术指标分析

3.1.2.1 机组热效率、煤耗及厂用电率

我国 300MW 以上纯凝燃煤发电机组设计热效率及煤耗见表 3-1。从表 3-1 可以看出，从 300MW 亚临界机组到 600MW 超临界机组、再到 1000MW 超超临界机组，提高蒸气参数使发电效率明显提高。以 600MW 机组为例，亚临界机组设计发电煤耗 296gce/(kW·h)，超临界机组设计发电煤耗为 282gce/(kW·h)，下降 14gce/(kW·h)，而 600MW 超超临界机组设计发电煤耗降为 271gce/(kW·h)，比超临界机组又下降 11gce/(kW·h)。由于煤耗的降低，大大降低粉尘、SO_x、NO_x 及 CO_2 等的排放量。

表 3-1　300MW 及以上纯凝燃煤发电机组设计热效率及发电煤耗

机组种类	蒸气初参数		设计热效率 /%	设计发电煤耗 /［gce/(kW·h)］	设计厂用电率 /%	设计供电煤耗 /［gce/(kW·h)］
	温度/℃	压力/MPa				
亚临界 300MW	538/538	16.67	41.3	298	6.7	319.9
亚临界 600MW	538/538	16.67	41.6	296	6.2～6.5	315.6～316.6
超临界 600MW	566/566	24.2	43.6	282	6.2～6.5	300.6～301.6
超超临界 600MW	600/600	25	45.4	271	6～6.2	288.3～288.9
超超临界 1000MW	600/600	27	45.7	269	5～5.5	283.2～284.7

2010 年，我国 600MW 及以上电厂年运行平均供电标煤耗 333gce/(kW·h)，比 2002 年的 383gce/(kW·h) 下降了 50gce/(kW·h)，近几年火电厂运行平均供电标准煤耗率变化情况如图 3-2 所示。

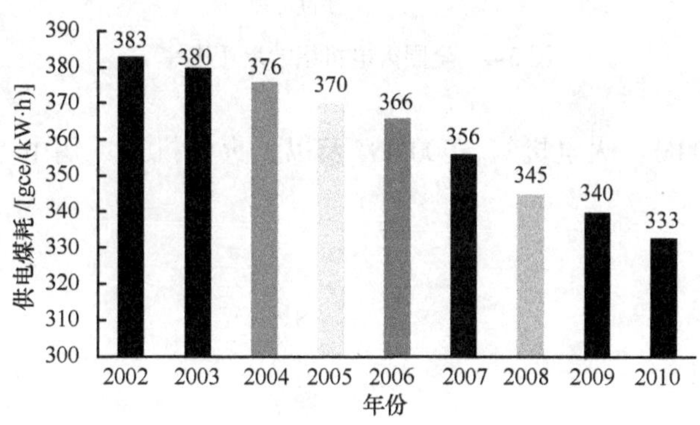

图 3-2　全国火电机组年运行平均供电煤耗

2009 年全国 300MW 级以上火电机组供电煤耗对比情况如图 3-3 所示。

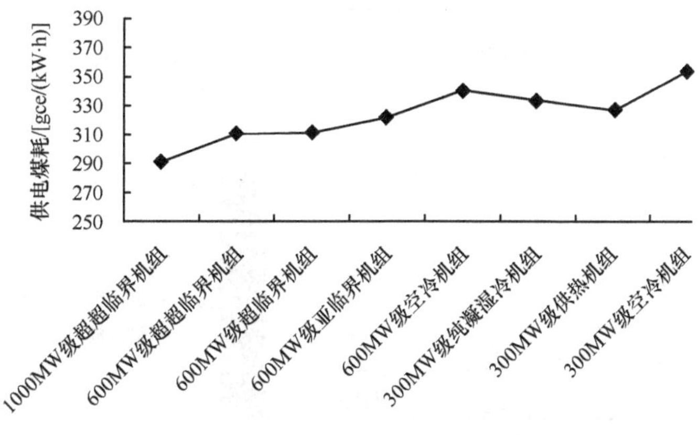

图 3-3　全国 300MW 级以上火电机组供电煤耗对比情况

全国火电机组运行供电煤耗对比结果显示，1000MW 级超超临界机组经济性最好，平均供电煤耗为 290.57gce/(kW·h)，300MW 级空冷机组平均供电煤耗为 354.15gce/(kW·h)，比 300MW 级纯凝湿冷机组平均供电煤耗高出 20.48gce/(kW·h)。

近几年来，随着火电机组环保治理措施的逐渐完善，厂用电设备有所增加，但由于电网中新增机组单机容量逐步加大，原有小机组逐步关停。因此，火电厂平均厂用电率有所下降，近年全国火电厂的厂用电率变化情况如图3-4所示。

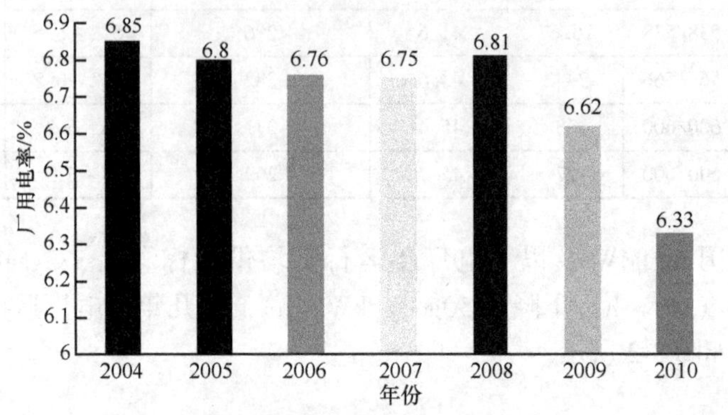

图3-4　全国火电机组的厂用电率

2009年全国300MW火电机组、600MW及以上火电机组厂用电率对比情况如图3-5、图3-6所示。

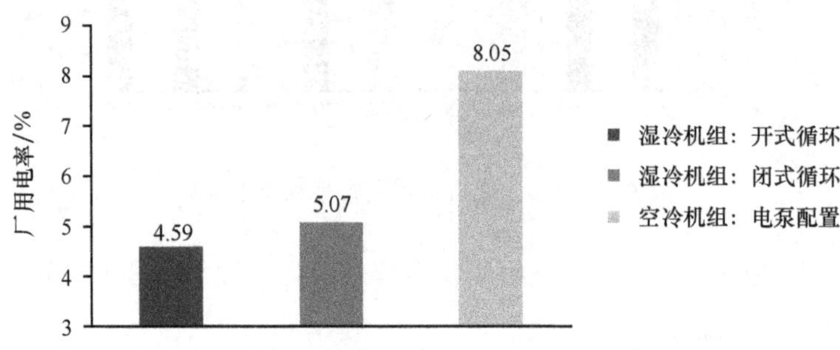

图3-5　2009年全国300MW级火电机组厂用电率对比

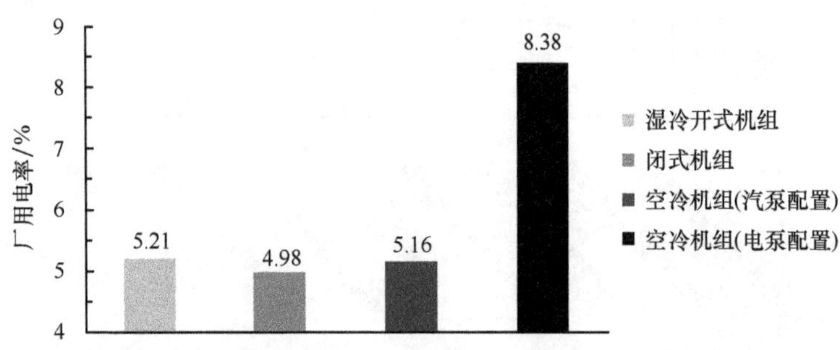

图3-6　2009年全国600MW及以上火电机组厂用电率对比

由图3-5、图3-6可以看出，全国2009年300MW以上火电机组厂用电率湿冷机组厂用电率为4.59%~5.21%，空冷机组（气泵配置）厂用电率在5.16%左右，空冷机组（电泵配置）厂用电率为8.05%~8.38%。

3.1.2.2 耗水指标

根据中国电力企业联合会《中国电力行业发展报告2010》，2010年，全国火电厂单位发电量耗水量为2.45kg/(kW·h)，比2005年耗水指标降低21%，比2000年耗水指标降低41%，见表3-2。分析其原因，一是发电企业重视节水技术的应用和提高水务管理水平；二是“上大压小”等电力产业结构的调整；三是北方缺水地区投运空冷机组的份额增加。

表3-2　火力发电厂设计耗水指标和实际运行耗水量

燃煤机组冷却方式	设计耗水指标相关标准规定/[$m^3/(s·GW)$]			实际运行耗水量统计数值/[$m^3/(s·GW)$]		
	火力发电厂节水导则 DL/T 783	《取水定额》GB/T18916.1	《大中型火力发电厂设计规范》GB50660—2011	2000年	2005年	2010年
淡水循环	0.6~0.8	≤0.8	≤0.7	1.147,[4.13kg/(kW·h)]	0.86,[3.09kg/(kW·h)]	0.68,[2.45kg/(kW·h)]
海水直流	0.06~0.12	≤0.12	≤0.1			
空冷机组	0.13~0.2	—	≤0.06~0.12			

根据中国电力工程顾问集团公司收集到的2010年度全国100MW以上燃煤机组（1642台）的运行指标，不同容量、不同冷却方式机组的发电水耗指标见表3-3与图3-7。

表3-3　2010年全国100MW以上燃煤机组发电水耗统计表

单机容量	直流或海水循环供水系统		淡水循环供水系统		空冷	
	kg/(kW·h)	$Nm^3/(s·GW)$	kg/(kW·h)	$Nm^3/(s·GW)$	kg/(kW·h)	$Nm^3/(s·GW)$
100~200MW级	0.797	0.221	2.655	0.738	0.413	0.115
300MW级	0.432	0.120	2.251	0.625	0.323	0.090
600MW级	0.298	0.083	2.136	0.593	0.349	0.097
1000MW级	0.291	0.081	2.090	0.581		

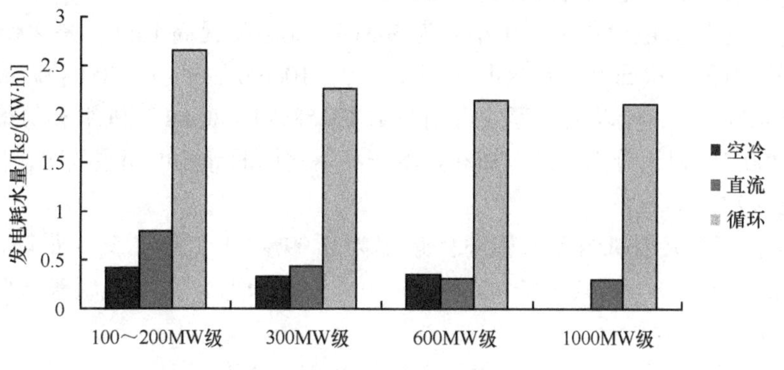

图3-7　不同容量、不同冷却方式机组的单位发电耗水量柱状图

3.1.2.3 可靠性指标

2010年200~1000MW火电机组主要运行可靠性指标见表3-4。

表3-4 2010年200~1000MW火电机组主要运行可靠性指标

机组容量分类/MW	统计台数/台	运行系数/%	等效可用系数/%	等效强迫停运率/%	非计划停运次数/[次/(台·a)]
900~1000	21	88.14	92.25	0.38	0.72
800	2	53.95	63.58	0.78	3.00
700	6	79.12	88.90	0.31	0.50
660~680	39	79.32	92.88	0.58	0.98
600~650	249	81.68	92.51	0.55	0.66
500	8	79.32	92.88	0.58	0.98
360~385	16	79.07	94.83	1.48	1.19
350~352	58	87.89	94.36	0.32	0.54
330~340	118	83.79	93.48	0.36	0.67
310~328.5	52	85.82	93.69	0.09	0.35
300	363	79.79	92.31	0.60	0.75
205~250	78	73.95	94.27	0.45	0.41
200	113	77.74	94.22	0.51	0.45

通过深入开展可靠性监管工作，近年来全国电力系统及电力设备的可靠性稳步提高。2010年，参与可靠性指标统计评价的燃煤火电机组共计1342台，总容量466 180MW，占火电总装机容量的95.99%。燃煤火电机组中，500~1000MW容量机组325台，总容量207 280MW，占常规火电总装机容量的44.46%；300~390MW容量机组607台，总容量190 910MW，占常规火电总装机容量的40.95%；200~290MW容量机组191台，总容量39 490MW，占常规火电总装机容量的8.47%；100~190MW容量机组219台，总容量28 490MW，占常规火电总装机容量的6.11%。300MW及以上容量机组所占比例进一步提高，占常规火电总装机容量的85.42%。

2010年，全国火电设备年利用小时为5031h，比上年提高168h，是2004年以来火电设备利用小时的首次回升。在这些机组中900~1000MW机组、200~680MW机组等效可用系数均在92.25%以上，等效可用系数63.58%的800MW机组和等效可用系数88.90%的700MW机组分别为俄罗斯和日本产品。它们的等效可用系数明显低于国内机组等效可用系数。

2010年各等级火电机组等效强迫停运率为0.09%~1.48%，其中最高的是360~385MW机组，为1.48%；其次是800MW机组，为0.78%；其余机组等效强迫停运率均在0.6%及以下。

2010年各等级火电机组非计划停运次数为0.35~3次/(台·a)，其中最高的仍然是800MW机组，为3次/(台·a)；其次是360~385MW机组，为1.19次/(台·a)。

3.1.2.4 调峰特性

火电机组的调峰性能主要取决于锅炉炉型、煤质、机组结构特点和热工自动化控制水平。我国火电机组设计都按负荷控制在50%~100%设计，最低负荷为50%，但20世纪八九十年代投运的国产常规燃煤机组大多按带基本负荷运行方式设计，是造成机组可调性差的一个重要因素。部分配直流炉的机组，调峰性能极差，被迫进行技术改造。近年来投运的600MW级容量火电机组虽然设计有一定的调峰能力，但由于经济性、可靠性等方面原因，并不适合非常规调峰。

3.1.2.5 经济特性分析

按照火电工程限额设计参考造价指标（2010年水平），目前阶段新上火电机组主要为常规亚临界300MW亚临界供热机组，600MW超临界机组、600MW超超临界机组和1000MW超超临界机组。2×300MW亚临界供热机组、2×600MW超临界机组、2×600MW超超临界机组、2×1000MW新建机组投资（考虑烟气除尘、脱硫、脱硝等环保工艺）及造价构成比例如图3-8和表3-5所示。

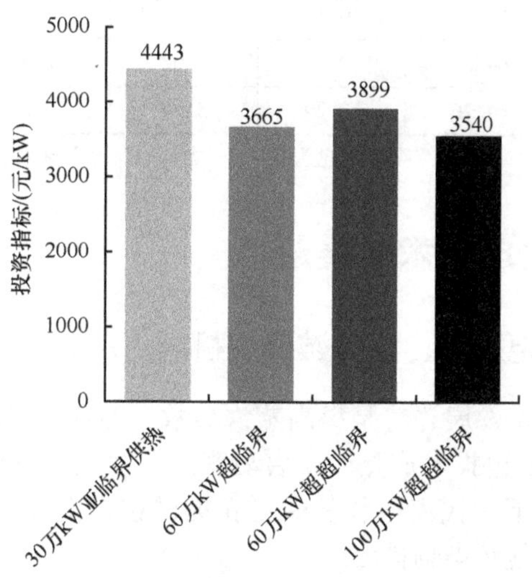

图3-8 新建燃煤火电机组投资指标对比图

表3-5 新建燃煤火电机组造价构成比例 （单位:%）

机组容量	建筑工程费用	设备购置费用	安装工程费用	其他费用	合计
300MW 亚临界供热	22.56	46.51	16.96	13.97	100
600MW 超临界	20.92	48.14	18.04	12.90	100
1000MW 超超临界	19.86	52.00	16.27	11.87	100

火电机组的成本电价与多种因素有关，按照不含增值税，利用小时为5000h，贷款利息为6.4%，含税标煤价为900元/t进行测算，电价及电价构成比例如图3-9和表3-6所示。

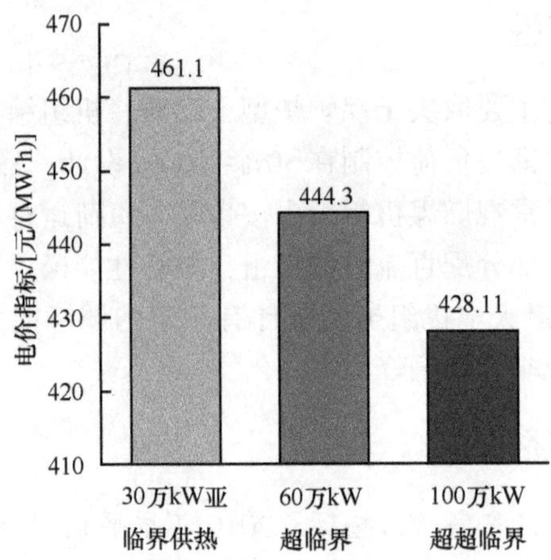

图 3-9　新建燃煤火电机组电价指标对比图

表 3-6　新建燃煤火电机组参考电价构成　　（单位：%）

项目	燃料费	折旧	财务费用	分利	所得税	其他
2×300MW 亚临界供热	62. 66	10. 13	5. 42	6. 4	2. 25	13. 14
2×600MW 超临界	64. 59	9. 77	5. 02	6. 42	2. 08	12. 12
2×1000MW 超超临界	64. 26	10. 29	5. 20	7. 21	2. 13	0. 92

注：不含增值税，利用小时为5000h，贷款利息为6. 4%，含税标煤价为900 元/t。

3. 1. 3　燃煤发电技术发展趋势

3. 1. 3. 1　发展更高效、高参数燃煤机组

国际上火电机组技术发展趋势是提高蒸汽参数，即提高朗肯循环的热端平均温度。在600℃等级超超临界发电技术成熟后，启动蒸汽温度达到700℃以上的先进超超临界发电技术研究计划，为下一代火电装备的更新提供技术支撑，以进一步降低机组的煤耗，减少温室气体和其他污染物排放。

我国一次能源结构决定一定时期内仍将以煤碳发电为基础，进一步优化火电结构，发展更高效、高参数超（超）临界燃煤机组，降低发电煤耗，提高能源利用效率。

3. 1. 3. 2　提高热电联产供热比例

国际上的通行做法是具备供热条件的机组均采用供热，并向供热机组大型化发展。我国应进一步提高热电联产供热比例，实现节约资源，保护环境的目的。建议重点建设背压式机组和大型抽凝机组。在热负荷连续、稳定的工业企业、工业园区或采暖期较长的小城镇，建设背压式热电联产机组；在热负荷比较集中，或热负荷发展潜力较大的大中型城市，建设单机容量30 万 kW 等级大型热电联产机组。

3. 1. 3. 3　燃煤电厂污染物控制技术不断升级

国际上燃煤电厂污染物控制技术的发展趋势是技术向多元化发展，使环保工艺

效率不断提高，排放控制指标不断降低；控制污染物排放种类增加，由粉尘、SO_2、NO_x 控制逐渐发展到对 $PM_{2.5}$ 细微粉尘、SO_3、汞的控制，以满足更高质量的环境要求。

我国在满足新的火电厂排放控制国家标准及排放总量控制的前提下，实现燃煤电厂污染物控制技术不断升级。实现现有除尘器效率的提高，完成新型高效电除尘器、低温电除尘器、移动极板电除尘器、布袋除尘器大机组示范应用；实现现有湿法烟气脱硫工艺、烟气循环流化床脱硫工艺脱硫效率和可靠性的提高，完成活性焦干法烟气脱硫工艺的大机组示范应用；实现烟气脱硝工艺的成熟、可靠和有序发展。同时针对 $PM_{2.5}$ 细微粉尘排放、SO_3 排放、汞排放控制研究，完成烟气脱汞工艺、烟气脱 SO_3 工艺等技术工艺工程化应用。

3.1.3.4　降低燃煤机组耗水量

国际上严重缺水地区新上火电机组除了机组排气采用空冷系统外，辅机冷却水系统已开始采用间接空冷技术。

在北方缺水地区考虑综合节水技术是新上火电机组必须采取的措施。提高空冷机组的经济性是未来空冷机组发展的重点任务，大容量间接空冷机组抵御外界环境风的能力强，具有运行背压低、煤耗低的优点，在非严寒缺水地区，应提高间接空冷机组的份额。辅机冷却水采用间接空冷系统在国内取得成功运行经验后，可以在严重缺水地区推广应用。

3.1.3.5　燃煤发电与太阳能复合发电技术

燃煤发电与太阳能复合发电技术的应用方式在技术上是可行的，并且燃煤发电与太阳能复合发电机组实际运行的调峰性能良好，运行可靠性较高，运行成本较低，所产生的经济效益显著。在我国西北部的 11 个大型煤炭基地，建设燃煤发电与太阳能复合发电机组具有实际的经济效益和广阔的应用前景。

3.1.3.6　CO_2 捕集技术

结合我国的现状，建议燃煤机组 CO_2 捕集技术如下。

1）捕集。密切关注富氧燃烧、化学链燃烧的进展，适当开展大容量燃烧后脱碳项目建成 90% 脱除率的 300MW 级常规燃煤电站的全容量 CCS 示范项目依托项目，建成 30～100MW 等级富氧燃烧示范装置。

积极推进各类技术路线的示范项目，掌握核心技术。

2）储存。对 CO_2 的矿石矿化、工业化利用、生物固碳进行研究，建设示范项目。考虑到经济效益的驱动可以 EOR 或 EGR 为突破口，建成一定数量的项目，对 CO_2 封存的相关技术进行验证。以地质封存为重点，对国内适合的地质结构进行普查，进行大容量 CO_2 的项目示范，形成国家级的工程、环境、监测等标准。

综合近期、中期、远期目标，坚持以我为主、自主创新，引进、消化、吸收再创新和集成创新相结合，同时利用好各种合作平台，加强多边合作，突破关键核心技术，为有效应对全球气候变化的严峻挑战、实现能源产业的跨越式发展做好技术储备，为未来

我国 CO_2 捕集技术发展提供核心竞争力支撑。

3.2 主要污染物控制技术的发展趋势

3.2.1 烟尘

3.2.1.1 技术发展情况

(1) 排放标准及除尘技术的发展

对燃煤电厂烟尘排放提出限值要求的首部排放标准，始于1973年的综合性污染物排放标准——《工业“三废”排放试行标准》(GBJ4—73)，但是将燃煤电厂的大气污染物排放单独作为国家排放标准颁布的则始于1991年的《燃煤电厂大气污染物排放标准》(GB13223—91)，此后，此标准于1996年、2003年、2011年进行了三次修订。其中，排放标准的前两次修订，其原则体现了当时的环境保护要求、除尘技术发展及经济承受能力。2011年7月修订颁布的烟尘标准则脱离了上述要求，取消了按机组时段划分标准的做法，所有燃煤机组执行统一标准。

图3-10列出了不同时段烟尘排放标准及主要的除尘技术。从图3-10可以看出：历次烟尘排放标准的提高，都大大促进了除尘技术的进步和除尘设备的升级。

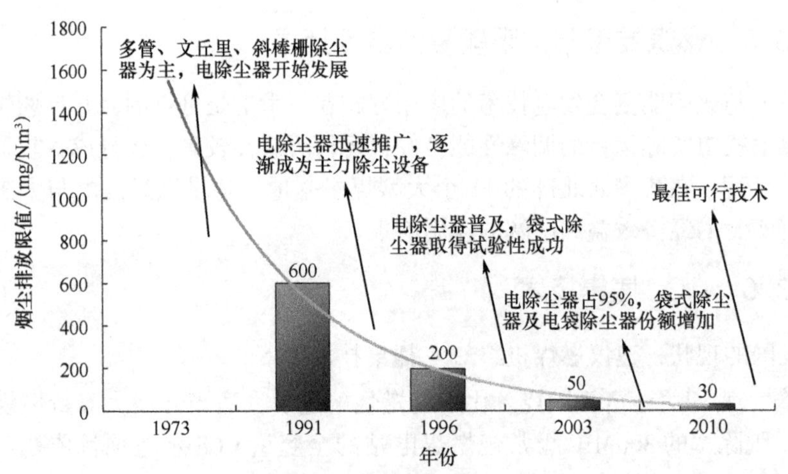

图3-10 不同时段烟尘的排放标准及主要的除尘技术

(2) 烟尘排放状况

“十一五”时期在煤电装机年均增长13.8%的情况下，烟尘排放量总量由360万t下降到160万t，排放绩效（每千瓦时排放量）由1.8g/(kW·h) 下降到0.5g/(kW·h)。2001~2010年全国火力发电厂的烟尘排放情况如图3-11所示。

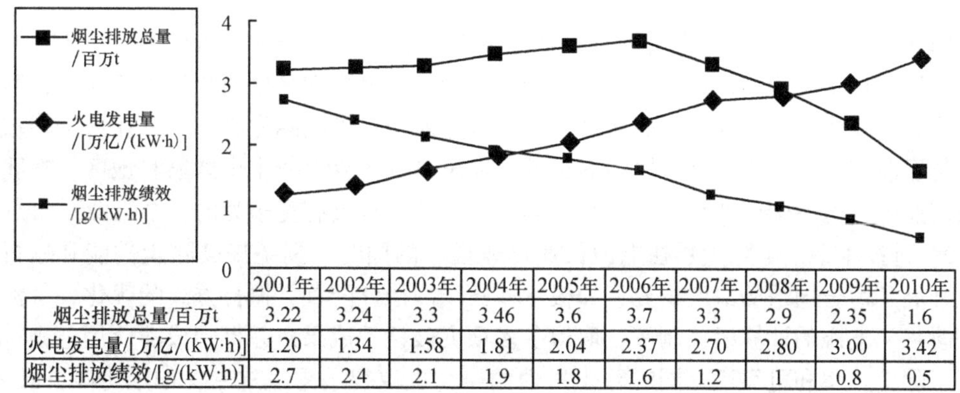

	2001年	2002年	2003年	2004年	2005年	2006年	2007年	2008年	2009年	2010年
烟尘排放总量/百万t	3.22	3.24	3.3	3.46	3.6	3.7	3.3	2.9	2.35	1.6
火电发电量/[万亿/(kW·h)]	1.20	1.34	1.58	1.81	2.04	2.37	2.70	2.80	3.00	3.42
烟尘排放绩效/[g/(kW·h)]	2.7	2.4	2.1	1.9	1.8	1.6	1.2	1	0.8	0.5

图 3-11　2001 ~ 2010 年全国火力发电厂的烟尘排放情况

(3) 高效除尘技术发展现状

随着标准的不断趋严，电力工业逐步淘汰了旋风除尘器、斜棒栅除尘器、文丘里水膜除尘器等，取而代之的是高效电除尘器，近几年袋式除尘器和电袋复合式除尘器也得到了一定的发展。到 2010 年年底电除尘器约占 94%、袋式除尘器及电袋复合式除尘器约占 6%。

3.2.1.2　除尘器的类型

(1) 电除尘器

a. 产业发展

我国全面系统地对电除尘器技术进行研究和开发始于 20 世纪 60 年代。在 1980 年以前，我国在国际电除尘器领域还处于非常落后的地位。随着环保要求的提高以及市场经济下的利益驱动，国内许多大型、中型环保产业对电除尘器进行技术研究和开发方面的投入不断加大，电除尘器的应用得到了长足的发展。国家更是将高效电除尘器技术列入“七五”国家攻关项目。通过对引进技术的消化、吸收和合理借鉴，到 90 年代末，我国电除尘器技术水平基本上赶上国际同期先进水平。进入 21 世纪以后，电除尘器应用技术进一步得到飞速发展。目前，电除尘器已广泛应用于火力发电、钢铁、有色冶金、化工、建材、机械、电子等众多行业。

在 1980 年以前，我国电除尘器的规模绝大多数都在 $100m^2$ 以下，而其行业占有量为有色冶金行业 32%，钢铁行业 30%，建材行业 18%，电力行业 8%，化工行业 5%，轻工行业 4%，其他行业 3%。随着我国经济的飞速发展，尤其是电力、建材水泥行业的发展达到空前水平，到 20 世纪 90 年代中期，电除尘器行业占有量的格局已改变为：电力行业 72%，建材水泥行业 17%，钢铁行业 5%，有色冶金行业 3%，其他行业 3%。目前，火力发电行业的电除尘器用量已占全国总量的 75% 以上，$648m^2$ 的电除尘器已在 100 万 kW 的火电厂中成功运行。

b. 技术发展

1）设计及制造水平。我国目前从事电除尘行业的生产企业有200多个，还有一批高等院校、科研院所、设计院所，主要骨干企业可与世界知名厂商相媲美。目前，我国已经作为电除尘大国出现在国际舞台，设计制造能力达到国际先进水平，在这个领域的排名位居前列。产品除了满足国内需求外，还出口到世界上数十个国家和地区。在我国环保产业中，电除尘行业是唯一能与国际厂商相抗衡且具有竞争力的一个行业。

2）科技水平。电除尘器在电力行业迅速推广的同时，围绕提高除尘性能和运行可靠性开展了适合国情的深度研究，如极板、极线的最佳配置，振打方式的优化，气流分布的改善，电源的计算机控制等，取得了多项突破性的成果，并得到成功应用，进一步提高了除尘效率和可靠性，同时除尘机理的研究也取得了重大进展，如烟尘凝并技术、优化控制技术、电场有效功率技术等。目前，已形成了适合国情的先进技术，达到了国际领先水平。

3）高频电源技术。高频电源技术突破了原有传统供电电源采用两相工频电源的技术，经过可控硅移相调幅后送整流变压器形成脉动电流的流程，采用把三相工频电源通过整流形成直流电，通过逆变电路形成高频交流电，再经整流变压器升压整流后形成高频脉动电流。由于其脉冲高度、宽度及频率均可以调整，因而可以根据电除尘器的工况提供最佳的电压波形及最大的运行电压，提高了电除尘器的除尘效率，大幅度地节约了电能。据不完全统计，截至2010年年末，有80余台机组的电除尘器使用了高频电源，都取得了良好的效果。

4）移动极板技术。该项技术通过改变电除尘器传统的阳极构造方式及阳极清灰方式，用旋转极板替代固定极板，用钢丝刷清灰替代锤头振打清灰，从而在构造上将电场的收尘区与电场的清灰区分开，不但提高了阳极的清灰效果，而且可以有效地消除电除尘器的二次扬尘，显著地提高了电除尘器的效率。目前该技术已应用于包头一厂、包头三厂电除尘器，经测试电除尘器的排放浓度小于50mg/Nm^3，取得了提高电除尘器效率的显著效果。

5）SO_3 烟气调质技术。由于燃烧高硫煤机组与燃烧低硫煤机组电除尘器的收尘效果有显著差异，因此很早就有观念：用 SO_3 进行烟气调质，能提高燃烧低硫煤机组电除尘器的除尘效率。但是研发调质装置及实际效果的证实一直未果。最近电除尘器承包商在引进国外技术的基础上实现了国产化，研发了 SO_3 烟气调质系统，应用于河南登封电厂及广东平海电厂，取得了很好的效果，电除尘器效率明显提高。

另外，降压、降功率、停电等振打优化技术、双区电除尘器技术、库伦电除尘器技术、透镜式电除尘器技术及湿式电除尘器技术，也取得了一定的研发成果。

c. 管理及运行水平

电除尘器不但是环保设备，也是工业生产中的工艺设备，因此它的运行和维修纳入到使用企业的严格管理中。

（2）袋式除尘器

我国火电厂发展袋式除尘器始于1975年，先后在内江、淄博、巡检司、杨树浦和普坪村电厂进行除尘器研发试验，后因结构、国产滤料损坏、阻力太大、糊袋等问题一直未获成功。直到 2001 年内蒙古丰泰电厂 2×20 万 kW 机组引进澳大利亚旋转喷吹清灰袋式除尘器、Ryton 滤料，排放浓度<30mg/Nm^3。这一成功，推进了袋式除尘器在火电厂的使用进程。目前袋式（含电袋）除尘器机组容量占火电总装机的 6% 左右，其中，最大单机容量机组为 60 万 kW 机组，100 万 kW 机组尚无选用业绩。

(3) 电袋复合式除尘器

电袋复合式除尘器技术是组合电区、袋区的技术，即利用电区的电场效应进行初期收尘并使粉尘荷电，再进入袋区利用带电粉尘间的排斥及凝并来提高布袋的过滤效果实现最终的收尘。电袋复合式除尘技术已成功用于二三十项大型电除尘器改造，取得了显著的成效。

3.2.1.3　典型技术性能

目前电力工业广泛应用的电除尘器、袋式除尘器和电袋复合式除尘器的典型技术性能见表 3-7。

表 3-7　主流高效除尘器的典型技术性能

内容	电除尘器	袋式除尘器	电袋复合式除尘器
除尘器原理	利用静电吸引原理，依靠电场力使烟气中的悬浮粉尘从烟气中分离出来	过滤材料通过惯性碰撞、扩散和筛分作用，把烟气中悬浮的粉尘过滤下来	前级采用电除尘器，后级采用袋式除尘器，将两种除尘技术的优点有机结合为一体
本体压力损失	一般≤300Pa	一般为 1400～1900Pa	一般为 600～1500Pa
粉尘特性对除尘效率的影响	影响大，特别是比电阻高的粉尘很难捕捉	只要所选择滤料合适，几乎不受影响，能捕集比电阻高、电除尘难以回收的粉尘	几乎不受影响
烟气温度的影响	能耐较高的烟气温度（<300℃）	不适用于高温烟气（<200℃）	不适用于高温烟气（<200℃）
安装要求	严格	相对容易	严格
经济性	达到小于 50mg/Nm^3 的要求，初投资大	初投资比电除尘略少，运行费用高	初投资介于两者之间，较袋式除尘器可节约 20%
能耗	电场能耗高	清灰能耗小，但引风机能耗高	比电除尘器和袋式除尘器运行能耗节约 20% 左右
维护	检修工作量小，但需停机检修	换袋工作量大，可以不停机状况检修	介于两者之间，原因是滤袋的寿命较袋式除尘器长 2 倍
排放浓度	现阶段很难（或长期）达到小于 50mg/Nm^3	在滤袋不破损的条件下，能保证小于 50mg/Nm^3	在滤袋不破损的条件下，能保证小于 50mg/Nm^3
对超细粉尘和重金属的捕集效果	对 1～5μm 超细粉尘的捕集效果差	对 1～5μm 超细粉尘和重金属的捕集效果好	对 1～5μm 超细粉尘和重金属的捕集效果好
发展现状	约 94% 的燃煤机组采用电除尘器	约 5.5% 的燃煤机组采用袋式除尘器	约 0.5% 的燃煤机组采用电袋复合式除尘器
新进展	采用高频电源，节电的同时可以提高除尘效果	滤袋材质有所改进，成本降低，寿命延长	综合两者的新进展

3.2.1.4 现存问题及改进空间

（1）电除尘器

a. 存在问题

电除尘器是电力工业应用最广泛的除尘技术，研究结果表明：影响电除尘器除尘性能的因素主要有三类，即：①工况条件，包括燃煤煤种、燃煤成分、烟尘物化特性、烟气成分等；②技术状况，包括结构特点、极配形式、振打方式、比集尘面积、气流分布均匀性、电场划分、电气控制特性等；③运行条件，包括运行电压、板电流密度、积灰情况、振打周期等。

调查结果表明：目前电除尘器存在的问题主要体现在6个方面，即实际燃煤偏离设计值、特殊粉尘、选型偏小、制造安装调试及维护问题、选型失当和其他（图3-12）。

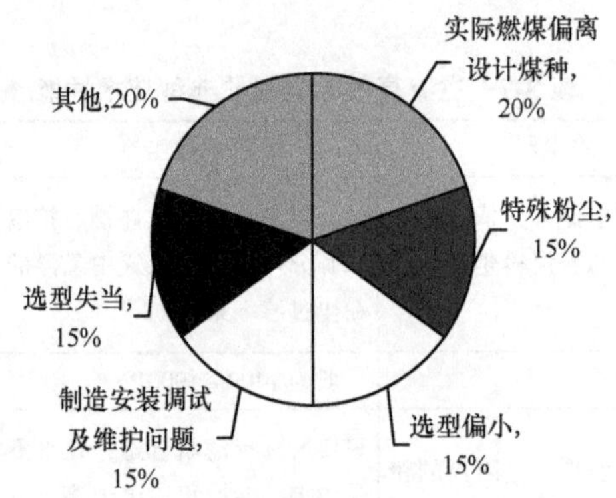

图3-12 电除尘器存在的主要问题

b. 改进空间

我国电除尘器对煤种适应能力低的主要原因是比集尘面积小，现分别对现役机组和新建机组除尘改造空间进行分析。

1）现役机组。现役机组除尘器改造应根据不同时期建设的电除尘器、烟尘排放状况、场地等实际情况确定，现有电除尘器的改造方式主要有以下三种。①对于建成时间较早，烟尘排放浓度较高（排放浓度≥200mg/Nm^3），电场数为3~4个、比集尘面积较小的除尘器。如果没有场地限制，宜采用增容的方式，包括增加电场数量、提高电场高度等来增加收尘面积。对于受场地空间限制，无法增容的，可改造成电袋复合式除尘器和布袋除尘器。对于尚未建设脱硫设施的现有机组，应综合考虑除尘和脱硫的技术改造。②对于排放浓度为100~200mg/Nm^{3}的除尘器：其电场数大多为4~5个，比集尘面积平均为80~100m^2/(Nm^3·s)。此类除尘器与30mg/Nm^{3}的排放标准仍有较大的差距，难于通过维修性改造达到目的，宜采用高频电源等除尘新技术或增容的方式。③对于烟尘排放浓度100mg/Nm^{3}以下的电除尘器，电场数为5个，比集尘面积平均为100~120m^2/(Nm^3·s)。对此类除尘器首先应综合考虑湿法脱硫的除尘效果，进行维修性改造，其次可考虑采用高频电源、本体侧分区优化、烟气调质等方式。

2）新建机组。新建机组在设计电除尘器时，应根据烟尘收集的难易程度选取合理的比集尘面积（表3-8），根据除尘效率的高低选取合理的电场风速（表3-9），特殊煤种电场风速应小于0.8m/s。

表3-8　烟尘收集的难易程度与比集尘面积的关系

比集尘面积/［m^2/（Nm^3·s）］	≥200	≥270～<200	≥140～<170	≥110～<140	≤110
难易性	难	较难	一般	较容易	容易

表3-9　除尘效率的高低与电场风速的关系

除尘效率/%	<99.0	99.0～99.3	99.3～99.5	99.5～99.8	>99.8
电场风速/(m/s)	1～1.2	0.9～1.1	0.8～1.1	0.8～1.0	<0.9

（2）袋式除尘器

影响袋式除尘器除尘性能的主要因素有烟气温度及成分、粉尘特性、滤料的选择、过滤风速、清灰方式等，其中滤料的选择是影响除尘性能、寿命、造价及运行费用最关键的因素。目前燃煤电厂袋式除尘器的滤料以PPS、P84、PTFE及玻璃纤维为主。我国布袋除尘器在技术层面存在的问题具有自身特点：①总体上看，在我国的电力行业还处于应用的初步阶段，在设计、制造、运行等方面尚需进一步的探索和积累经验；②滤袋寿命短，从运行经验看，滤袋寿命能够达到保证使用寿命30 000h的可以说基本没有，个别电厂布袋使用1年甚至几个月就需要更换；③除尘效率不稳定，投运初期，袋式除尘器除尘效率高，但运行一段时间后，由于布袋破损且较难发现布袋破损位置，较难在线更换，造成实际烟尘排放浓度升高；④影响除尘效率的敏感因素相对较多，对设计、制造、安装、调试、检修、运行管理等方面要求较高；⑤检修维护工作较大，运行成本较高，在线检修工作环境较差。

根据相关单位对电除尘的调查：目前袋式除尘器存在的问题主要体现在5个方面，即国产滤料质量问题、对烟温和烟气成分敏感性、气流分布及风速、袋笼和其他（图3-13）。

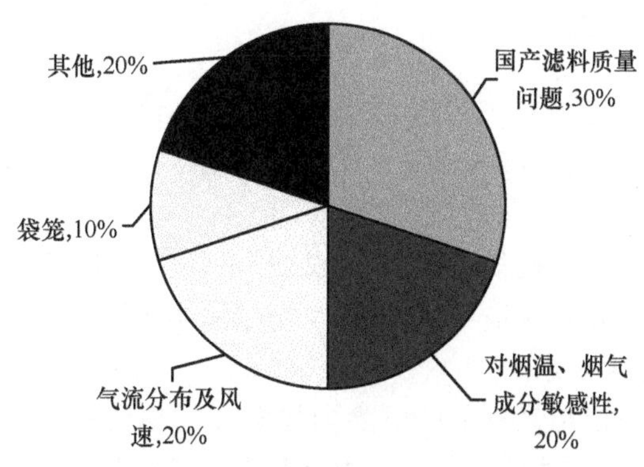

图3-13　袋式除尘器存在的主要问题

(3) 电袋复合式除尘器

由于电袋复合式除尘器是电除尘器与袋式除尘器两者的结合，因此，其各自的性能也是影响它们的综合性能的因素。目前仍需解决以下问题：①电袋复合式除尘器由两部分组成，电区和袋区结合间烟气的分配是否均匀问题；②供电条件和电极配置结构、结构参数的优化问题；③选择合理的布袋除尘单元的参数；④针对燃煤电厂锅炉烟气特性，建立电袋复合式除尘器的控制与运行模式；⑤电区放电诱发的原子氧进入袋区后，是否会引起 PPS 滤料的氧化而降低其使用寿命问题；⑥检修困难的问题。

3.2.1.5 对策与建议

1）总结设计经验，充分估计烟尘特性的影响，留足设计裕量。

2）电除尘器的提效改造要重视方案比较及综合技术的应用。在场地条件允许的情况下，首选电除尘器的本体扩容加电源改造，因为其技术成熟，可靠性高。在场地条件无法满足扩容要求时，要做好各类改造技术的方案比较，不但要了解各类技术的优点，更要了解各类技术的局限性，防止由于草率和盲目，给今后的使用带来隐患。通过各类技术的组合，叠加它们的优点，形成综合技术也可能是最佳的选择。

3）进一步加强新技术的研发，为提高除尘器的性能提供更有效、更可靠的技术手段。

4）加强电除尘器排放的监测，了解各种常用煤种在锅炉燃烧时所用电除尘器的除尘效果，通过必要的技术手段，将电除尘器排放控制在允许的范围内。

5）提高对灰斗堵灰危害性的认识，加强电除尘器的运行管理，杜绝灰斗堵灰的发生。

6）保证滤袋的使用寿命是袋式除尘器高效正常运行的关键。①精心设计。保证袋式除尘器的滤料选择、过滤风速、气流分布、清灰反吹的设计合理性。②严格管理。袋式除尘器要比电除尘器不但在除尘器的运行上，而且在锅炉的运行上需要更精心、更严格的管理。要控制烟温、烟气湿度、锅炉漏风、燃煤硫分等。③及时检修。发现破袋及时更换，否则会造成原来正常的滤袋，由于局部风速的增大而破袋。

3.2.1.6 发展方向

基于 GB13223—2011 对烟尘排放的控制要求及中长期要求将进一步严格的现实，结合国内外除尘技术的现状及发展趋势，预计我国烟尘排放控制技术的发展将经历如下 3 个阶段。

1）2012～2020 年，以当前处于国际领先水平并持续改进的电除尘技术（如极配方式的改进、烟气调质、移动电极、高频电源、湿法除尘等）为主，同时规范发展袋式除尘技术和电袋复合式除尘技术。

2）2021～2030 年，以更高性能的电除尘技术（如绕流式、气流改向式、膜式、湿式电除尘器等）和改进的袋式除尘技术、电袋复合式除尘技术相结合为主，同时快速发展利于烟尘凝聚、超细粉尘捕集的技术。

3）2031～2050 年，以高性能电除尘技术、烟尘凝聚、超细粉尘捕集技术为主，逐步淘汰落后工艺技术。

各种烟尘排放控制技术的发展时空如图3-14所示。

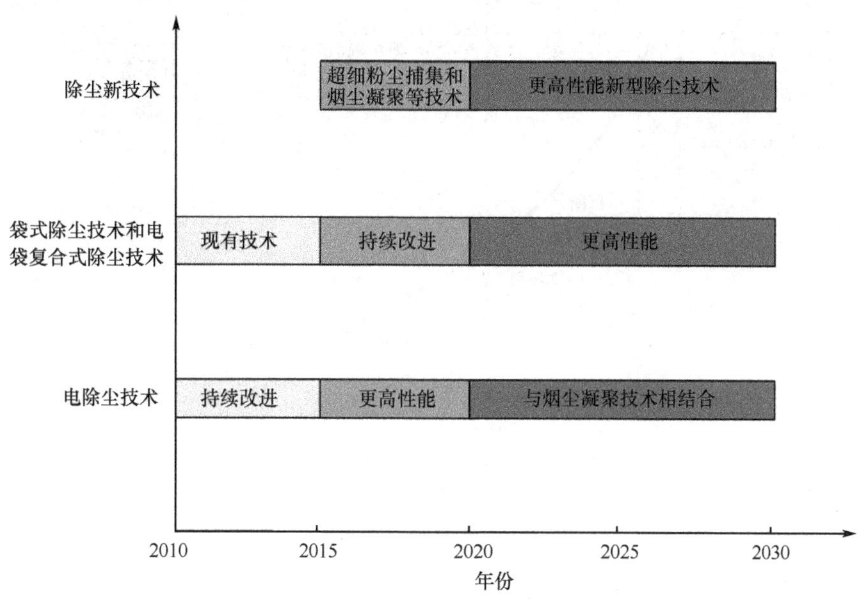

图3-14　烟尘排放控制技术发展时空图

3.2.2　二氧化硫

3.2.2.1　技术发展情况

(1) 控制标准

火电厂二氧化硫排放标准修订情况与烟尘排放标准基本相同，2011年7月修订颁布的排放限值更加严格。二氧化硫排放标准及主要的脱硫技术如图3-15所示。

(2) 排放情况

通过结构减排、工程减排、管理减排的综合减排作用，电力二氧化硫排放量持续下降。根据中国电力企业联合会统计分析，2010年，全国电力二氧化硫排放926万t，比2005年排放量下降374万t，降低约29%，超过全国二氧化硫排放下降总量，为全国二氧化硫减排作出了巨大的贡献；排放绩效由2005年的6.4g/(kW·h) 下降到2010年的2.7g/(kW·h)，好于美国2010年水平［美国2010年为2.9g/(kW·h)］。

全国及电力SO_2排放情况如图3-16所示。

(3) 工艺现状

截至2010年年底，全国已投运脱硫机组5.78亿kW（烟气脱硫机组超过5.6亿kW），烟气脱硫机组约占全国煤电机组容量的86%，比美国2010年高31个百分点。“十一五”期间，全国新增燃煤机组烟气脱硫装置逾5亿kW，占燃煤机组的比例较2005年

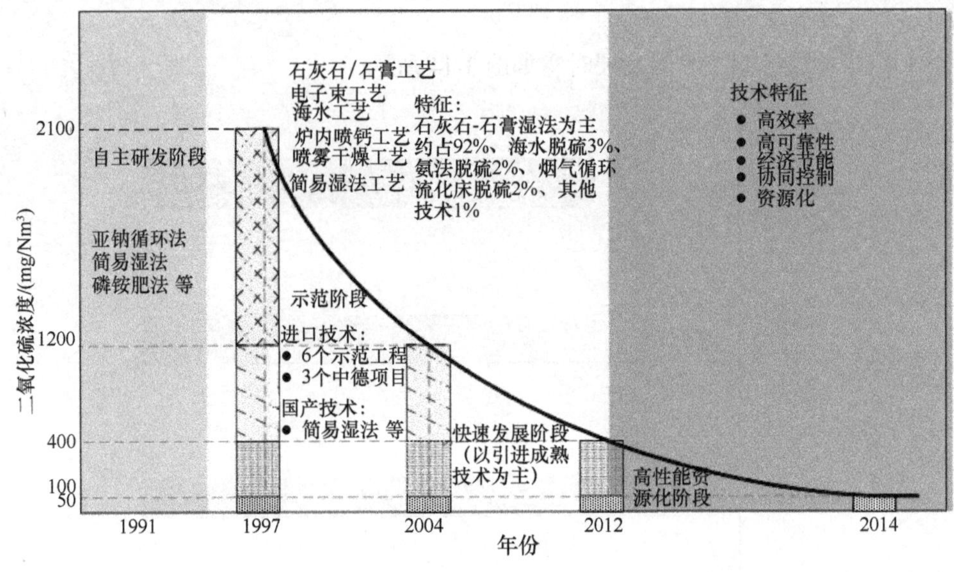

图 3-15　排放标准变化

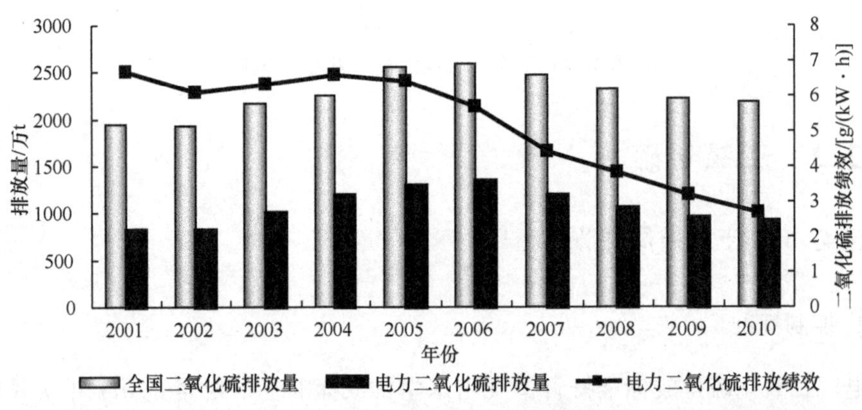

图 3-16　全国及电力 SO_2 排放情况

提高 72 个百分点。我国电力工业已形成了以石灰石—石膏湿法脱硫为主，海水脱硫、烟气循环流化床脱硫、氨法脱硫等为辅的技术路线。截至 2010 年年底，在已投运的 5.6 亿 kW 烟气脱硫设施中，石灰石/石灰—石膏湿法脱硫约占 93%，海水脱硫约占 3%、烟气循环流化床脱硫约占 2%，见图 3-17。

（4）技术分类

根据控制 SO_2 排放的工艺在煤炭燃烧过程中的位置，可将脱硫技术分为燃烧前、燃烧中和燃烧后 3 种。燃烧前脱硫主要是选煤、煤气化、液化和水煤浆技术；燃烧中脱硫指的是低污染燃烧、型煤和流化床燃烧技术；燃烧后脱硫，即烟气脱硫是目前世界上唯一大规模商业化应用的脱硫技术，其他方法还不能在经济、技术上与之竞争。脱硫技术的分类如图 3-18 所示。

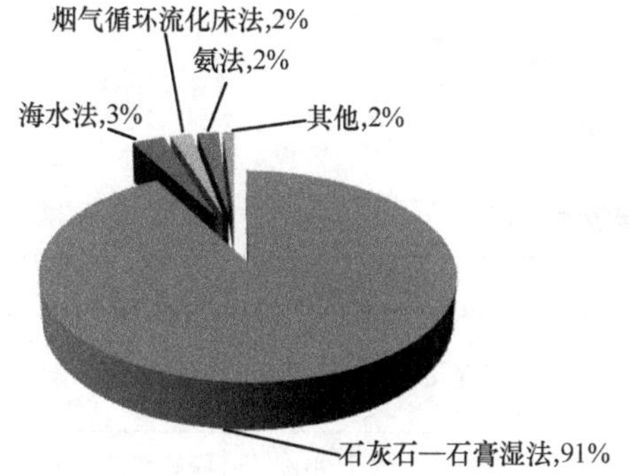

石灰石—石膏湿法	91
海水法	3
烟气循环流化床法	2
氨法	2
其他	2

图 3-17　2010 年年底全国已投运烟气脱硫机组脱硫方法分布情况

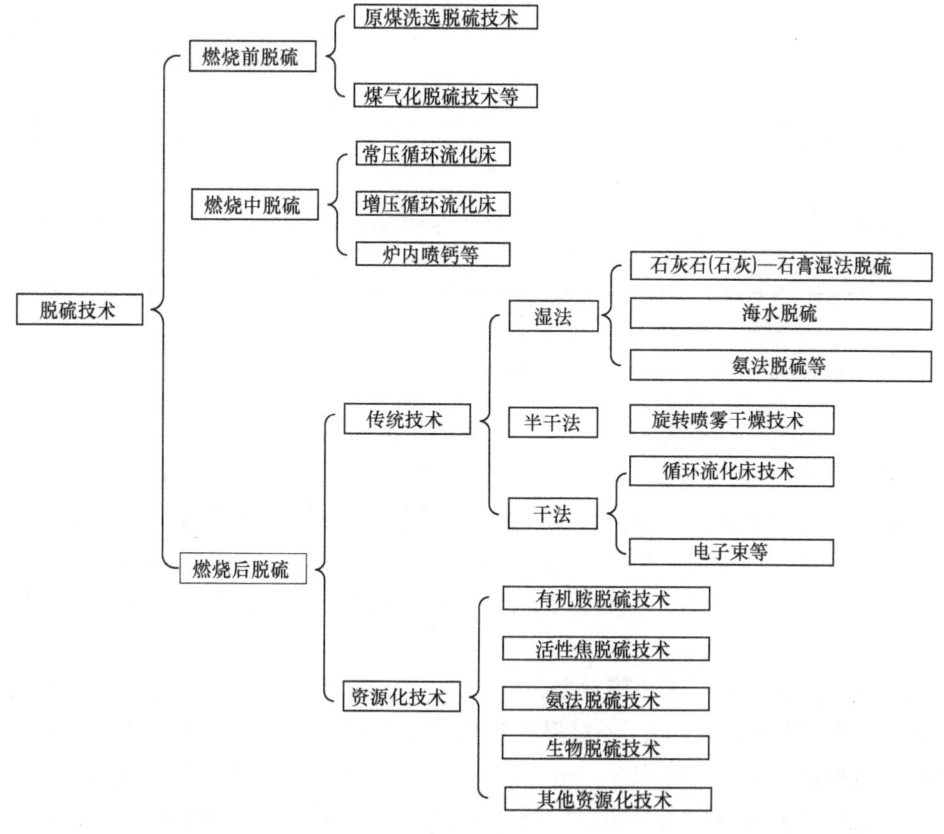

图 3-18　脱硫技术分类

按脱硫产物是否回收，烟气脱硫可分为抛弃法和再生回收法。按脱硫产物的干湿形态，烟气脱硫又可分为湿法、半干法和干法工艺。湿法脱硫工艺包括用钙基、钠基、镁基、海水和氨作为吸收剂；其中石灰石(石灰)—石膏湿法脱硫是目前使用最广泛的脱硫技术。半干法主要是喷雾干燥技术。干法脱硫工艺主要是喷吸收剂工艺。按所用吸收剂不同可分为钙基和钠基工艺，吸收剂可以干态、湿润态或浆液喷入。

3.2.2.2 典型技术特点及性能

火电厂烟气脱硫典型技术特点及性能见表3-10。

表3-10 典型脱硫技术性能

名称		石灰石—石膏湿法脱硫	海水脱硫	氨法脱硫	常规CFB
技术性能指标	工艺流程简易情况	流程较复杂	主流程简单	流程复杂	流程较简单
	工艺技术指标	脱硫效率大于95% 脱硫剂为海水	脱硫效率大于90% Ca/S为1.1	脱硫效率大于90% 脱硫剂为氨水	脱硫率高于85% Ca/S为1.2
	脱硫副产物	主要为$CaSO_4$ 目前尚未利用	副产品为硫酸盐，经处理后排入大海	硫铵 肥料出售	烟尘和Ca的混合物 目前尚未利用
	推广应用前景	燃烧中硫、低硫煤锅炉	燃烧低硫煤锅炉	燃烧高硫、中硫煤锅炉	燃烧中硫、低硫煤锅炉都可以
	电耗占总发电量的比例	1%~1.5%	1.5%~2%	1%~1.5%	0.5%~1%
技术成熟度		大规模运用	最大装机容量100万kW	国内已有工艺示范	国内已有工艺示范
环境特性		好	很好	很好	很好

(1) 石灰石（石灰）—石膏湿法脱硫

石灰石（石灰）—石膏湿法脱硫工艺采用价廉易得的石灰石或石灰作脱硫剂，石灰石经破碎研磨成粉状，与水混合搅拌成吸收浆液。在吸收塔内，吸收浆液与烟气接触混合，烟气中的二氧化硫与浆液中的碳酸钙以及鼓入的氧化空气进行化学反应后被脱除，最终反应产物为石膏。脱硫后的烟气经除雾器除去烟气中的细小液滴，经换热器（湿烟囱无此设备）加热升温后排入烟囱。脱硫石膏浆液中的石膏经脱水装置脱水后回收。

该工艺的主要特点：①脱硫效率高（95%以上）；②技术成熟，运行可靠性好，装置投运率一般可达98%以上；③对煤种变化的适应性强。该工艺适用于任何含硫量的煤种的烟气脱硫；④占地面积大，一次性建设投资相对较大；⑤吸收剂资源丰富，价格便宜，在脱硫工艺的各种吸收剂中，石灰石价格最便宜，破碎磨细较简单，钙利用率较高。

石灰石—石膏湿法脱硫工艺是目前世界上技术最为成熟、应用最多的脱硫工艺，应用该工艺的机组容量占电站脱硫装机容量的90%以上，应用的单机容量最大已达100万kW。

(2) 海水脱硫

天然海水中含有大量的可溶性盐，其主要成分是氯化物和硫酸盐，也含有一定量的可溶性碳酸盐。海水通常呈碱性，这使得海水具有天然的酸碱缓冲能力及吸收SO_2的能力。烟气海水脱硫技术就是利用海水的这种特性来洗涤烟气中的 SO_2，达到烟气净化的目的。

与其他脱硫技术相比，海水脱硫技术有以下优点：①工艺简单，运行可靠，脱硫效率高，一般达到90%以上；②以海水作为吸收剂，节约淡水资源，并且可以不添加脱硫剂；③脱硫后的产物硫酸盐是海水的天然组分，不存在废弃物处理和结垢堵塞等问题；④一般应用于采用海水冷却的发电厂，可直接利用凝汽器下游循环水，降低建设成本，投资费用占电厂总投资的7%~8%，电耗占机组发电量的1%~1.5%。

(3) 氨法脱硫

氨法脱硫技术，利用氨水的碱性吸收烟气中的酸性 SO_2 气体，副产物为硫酸铵或者硫酸铵肥料，适用于任何煤种的烟气脱硫，脱硫率可以达到95%。该技术以其脱硫效率高、无二次污染、可资源化等独特优势备受关注。主要技术特点如下：①适用范围广，不受燃煤含硫量、锅炉容量的限制；②反应速度快，吸收剂利用率高、脱除效率高；③脱硫剂用量小、无废渣；④脱硫副产物为化肥，是技术成熟的循环经济型脱硫技术。

(4) 烟气循环流化床脱硫技术

烟气循环流化床脱硫工艺是近年来迅速发展起来的一种新型干法脱硫技术。该工艺特点是：①吸收剂采用干态的消石灰粉，从反应塔上游入口烟道喷入，属于干法脱硫工艺；②采用独立的烟气增湿系统，即增湿水量仅与反应塔出口的烟气温度有关，而与烟气浓度、吸收剂的喷入量等无关；③采用部分净化烟气再循环的方式以确保系统低负荷运行时的可靠性和反应塔床料的稳定。

3.2.2.3　现存问题及改进空间

(1) 石灰石/石灰—石膏湿法脱硫

石灰石/石灰—石膏湿法脱硫在运行过程中存在的主要问题及改进空间或措施见表3-11。

表3-11　石灰石—石膏湿法脱硫主要问题及改进空间或措施

序号	存在问题	改进空间
1	锅炉实际燃用煤种含硫量远大于脱硫设计含硫量	A. 加强运行，掌握来煤硫分，以便及时进行调整和掺混； B. 必要时对脱硫系统按照实际燃用煤质情况进行增容改造； C. 适当添加适量的高效脱硫添加剂； D. 当烟气参数大幅度和较长时间偏离设计值时，可采取人为限制脱硫装置的进烟量或停运一台浆液循环泵，以保持脱硫装置能正常运行

续表

序号	存在问题	改进空间
2	脱硫系统的结垢与堵塞	A. 采用强制氧化工艺； B. 控制溶液的 pH； C. 加入二水硫酸钙或亚硫酸钙晶种或者添加剂； D. 适当地增大液气比； E. 运行中应密切监视除雾器压差、冲洗水流量和压力； F. 保证 GGH 蒸汽吹扫压力和温度控制在规定范围内； G. 做好喷嘴等的检修工作
3	脱硫废水存在问题	A. 在设计时考虑将脱硫废水取自气液分离罐，因其浆液含固量低，可取消废水旋流器； B. 把脱硫废水引入电厂除渣水系统
4	石膏综合利用存在问题及改进空间	A. 脱硫石膏在水泥基材料中的应用； B. 脱硫石膏在石膏制品中的应用，如石膏砌块、纸面石膏板、粉刷石膏等； C. 脱硫石膏在胶结尾砂充填中的应用； D. 脱硫石膏在农业中的应用

（2）海水脱硫

海水脱硫工艺虽然具有很多其他工艺无法比拟的优点，但也存在一定的局限性和一些目前尚未解决的问题，主要有如下几个。

1）地域因素。海水脱硫技术工艺适用范围较小，仅适用于靠海边、海水扩散条件好、海水碱度能满足工艺要求的滨海企业，不适用于内陆企业，在环境质量比较敏感和环保要求较高的海滨区域也要慎重考虑。

2）燃煤含硫率。海水法只适用燃用低硫煤的电厂，虽然实际应用中，西班牙 Gran Canaria 电厂燃煤含硫量达到 1.5%，但就国内外已投运的海水脱硫机组来看，绝大多数燃煤含硫量<1%。

3）环境因素。由于海水脱硫利用海水又将海水返回海洋，因此，人们对这种工艺对环境的影响给予了更多关注，如重金属的蓄积。

4）腐蚀问题。海水脱硫系统设备或构造物长期处在海水与酸性烟气的环境中，受到冷热温差、干湿介质的交替、水流冲刷、深度氧化曝气等因素的作用，诱发腐蚀的因素很多。因此海水脱硫工程对腐蚀防护要求非常高。

目前防止海水 FGD 腐蚀主要从两个方面考虑：一是选用耐蚀的合金钢复合材料；二是选用防腐蚀涂料，常用的是将鳞片树脂涂刷在钢板内壁，用于吸收塔和净烟气烟道的腐蚀防护。但脱硫系统抗腐蚀性能还有待进一步提高。

（3）氨法脱硫

虽然氨法脱硫技术有诸多优点，但在工程应用中仍存在如下技术难点。

1）氨逃逸率。氨法脱硫与石灰石法脱硫的本质区别是，前者的脱硫剂在常温常压下是易挥发气体，而后者是不挥发固体。目前已运行的氨法脱硫机组氨逃逸率一般在10mg/Nm^3 以上。因此，氨法脱硫的首要问题是氨逃逸的问题。

2）气溶胶。吸收塔对大颗粒有较好的脱除作用，但对细颗粒的脱除效率很低。氨法脱硫工艺中，不可避免地会生成微米级气溶胶颗粒。由于颗粒太小，不容易被现有的除雾器捕集。这些气溶胶颗粒随烟气排入大气，将危害环境和人体健康。如何控制脱硫过程中气溶胶的形成，减少细颗粒排放，是氨法脱硫亟待解决的一个问题。

3）亚硫酸铵氧化。向亚硫酸铵水溶液鼓入空气直接氧化，便可得到硫酸铵：$SO_3^{2-}+1/2O_2 = SO_4^{2-}$。亚硫酸铵氧化和其他亚硫酸盐相比明显不同，$NH_4^+$ 的存在显著阻碍 O_2 在水溶液中的溶解。因此，氧化空气加入方式、氨加入点和加入量将影响氧化效果，并直接影响产品结晶及其市售价值。

4）硫铵的结晶。硫铵在水溶液中的饱和溶解度随温度变化较小。目前，硫铵结晶析出的方法一般采用蒸发方式，需要消耗额外蒸汽。因此，寻找更经济的方式使硫铵饱和结晶，对于降低能耗是有利的。

（4）烟气循环流化床脱硫

烟气循环流化床脱硫技术在工程应用过程中存在的主要问题及改进空间见表3-12。

表3-12 循环流化床存在主要问题及改进空间

序号	存在问题	改进空间
1	吸收剂问题	在脱硫工艺选择的时候认真落实吸收剂的来源，确保品质和供应
2	副产物综合利用	脱硫系统布置在锅炉除尘器之后，增设用于捕集脱硫副产物的装置
3	吸收塔出口烟温	在实际运行过程中根据所需要达到的脱硫效率和使用的吸收剂品质来控制反应温度
4	反应塔的压力降波动较大	当锅炉在低负荷运行时（低于70%），通过调节再循环烟道挡板门开度来增加烟气流量，保证流化床床压和系统的稳定运行
5	消化系统出力不足	A. 对螺旋给料机进行增容，增加消化系统出力； B. 适当延长生石灰输送绞笼消化器接口，提高绞笼出力； C. 对于雾化水喷嘴，应改进喷嘴的结构，适当降低喷嘴的入口压力，以减小对喷嘴的磨损

3.2.2.4 技术发展方向

（1）发展趋势

基于GB13223—2011对SO_2 排放的控制要求及中长期要求将进一步严格的现实，结合国内外脱硫技术的现状及发展趋势，预计今后的很长时间内，新建机组将以传统的脱硫技术（如石灰石—石膏湿法等）为主，并且随着其他技术的开发成熟，一些资源化技术，如氨法、有机胺法、活性焦法等脱硫技术，以及基于脱硫的多污染物协同控制技术将有较好的发展前景。

现有脱硫设施在进行技术改造时，将采用诊断评估、优化调整、技术改造的管理路线，即在实施技术改造时，综合考虑技术和管理等因素，一方面要采用先进的状态诊断技术，对脱硫设施的运行状态进行诊断，科学、合理地找出实现标准要求的差异和存在的问题，提出相应的对策；另一方面结合状态诊断结果，采用系列先进的优化调整技术，使脱硫设施处于最佳或最优运行状态，使设计功能得到充分发挥；如优化调整后仍不能达到标准要求，则采用高性能、高可靠性、高适用性的其他工艺及技术进行全面改造。

(2) 技术路线

2012～2020年，以当前我国广泛应用的、持续改进的传统脱硫技术，如石灰石—石膏湿法为主，同时资源化脱硫技术（如氨法脱硫、有机胺脱硫、活性焦脱硫等）在条件合适的地区和机组上得到广泛应用。

2021～2030年，以高性能、高可靠性、高适用性、高经济性的脱硫技术为主，同时规范发展资源化脱硫技术，推广应用可行的新型脱硫技术及多污染物协同控制技术。

2031～2050年，由于发电是以整体煤气化联合循环发电、700℃超（超）临界燃煤发电技术、纯氧燃烧技术为主，逐步淘汰传统技术装备，二氧化硫的控制将以资源化、高性能、高经济性的多污染协同控制技术为主。

a. 传统脱硫技术的持续改进

传统脱硫技术包括石灰石—石膏湿法、海水脱硫、CFB等持续改进的方向是高性能、高可靠性、高适用性和高经济性。

1）石灰石/石灰—石膏湿法脱硫。随着第二代湿法FGD技术的不断改进。目前湿法FGD的供应商将他们的注意力转到了研发第三代洗涤器上。第三代洗涤器应该具有非常高的性能（脱硫率远超过95%），有更高的可靠性和比以前的洗涤器显著低的投资和运行费用。主要研究方向集中在开发大容量吸收塔、提高烟气流速、废水处理系统、关键设备改进以及防腐材料等方面，具体见表3-13。

表3-13 石灰石—石膏湿法脱硫的发展方向

序号	发展方向	技术优势
1	开发大容量吸收塔	减少了制造和安装工作量，降低投资费用
2	适度提高烟气流速	A. 减少吸收塔的尺寸，降低FGD投资费用； B. 提高 SO_2 的吸收
3	废水处理系统	省去废水处理系统，实现零排放
4	关键设备改进	A. 开发容量大、效率高的脱硫增压风机，降低能耗； B. 防腐材料的开发和选择、清灰和密封设计的改进是研究和开发的课题； C. 改进应用于湿法FGD系统中的浆泵过流件的材料； D. 改进雾化喷嘴结构和材料设计
5	防腐材料研究与开发	开发合金材料，提高设备使用寿命和系统可靠性
6	多污染物联合脱除技术	单一污染物控制向多污染物协同控制战略转型

2）海水脱硫。从市场、地域、副产物等角度分析，在沿海地区海水脱硫技术有一定的技术经济优势，将其应用范围由沿海燃煤电厂推广至沿海钢铁冶金企业，可进一步拓宽海水脱硫技术的应用前景。

从技术角度来看，主要技术攻关方向和主要措施见表3-14。

表3-14 主要技术攻关方向和主要措施

序号	攻关方向	主要措施
1	提高海水对 SO_2 的吸收容量	降低海水温度、提高其碱度和含盐量
2	提高脱硫效率	提高液气比，降低吸收塔入口烟气温度，合理设计吸收塔结构，充分发挥脱硫添加剂的作用
3	减小曝气池占地面积	增大空气喷嘴的覆盖面积
4	提高排水 pH	曝气氧化设计，混合新鲜海水进行曝气恢复
5	提高脱硫设备的抗腐蚀性能	A. 使用耐腐的合金钢复合材料； B. 使用防腐涂料

b. 资源化技术

1）氨法烟气脱硫。由于氨法烟气脱硫的脱硫剂价格较高，氨回收利用率是决定氨法脱硫系统运行经济的重要因素。因其脱硫剂为挥发性物质，脱硫过程存在氨逃逸、亚铵盐氧化等难题，这些问题不仅涉及系统是否产生二次污染，又直接关系到氨回收利用率的高低。所以，氨法烟气脱硫的关键技术就在于控制氨逃逸浓度、控制铵盐气溶胶、亚铵盐氧化、工业化应用等。

氨法烟气脱硫技术发展趋势主要集中在以下几个方面。①吸收系统向多段复合吸收型技术发展。多段复合型吸收塔氨法烟气脱硫技术是目前国内外先进的氨法烟气脱硫工艺，其他氨法烟气脱硫工艺皆有向多段复合吸收型技术发展的趋势，高脱硫率、高回收率是氨法烟气脱硫技术发展中必须坚持的原则。②副产物系统技术的开发。副产物系统主要是有针对性地开发更加节能、更加环保、更加可靠的流程及设备。包括蒸汽喷射泵的应用、多效蒸发流程及设备的开发、更适应蒸发系统工况的材料开发、新型固液分离及干燥设备的开发等。③脱硫脱硝一体化技术开发。随着中国对氮氧化物排放控制的严格要求，脱硝将是烟气治理的又一重点。而氨及其脱硫中间产物皆有一定的脱硝能力，可以实现同时脱硫脱硝。所以结合氨法烟气脱硫工艺探索脱硫脱硝一体化治理技术也成为氨法未来一大发展趋势。

2）有机胺脱硫技术。有机胺 SO_2 回收技术是利用专用有机胺吸收烟气中的 SO_2 成分，再将 SO_2 解吸出来，形成纯净的气态 SO_2；解析出的 SO_2 送入常规硫酸生产工艺，进行硫酸的生产。该技术的特点是脱硫效率高达99.8%、工艺流程简单、系统运行可靠、运行简便、容易维护，无危险的化学物及小于 $PM_{2.5}$ 的颗粒产生，系统无二次污染问题，且回收高商业价值的副产物，降低运行成本，实现循环经济。有机胺工艺流程如图3-19所示。

3）活性焦烟气脱硫技术。活性焦烟气脱硫原理是利用活性焦的吸附特性和催化特性使烟气中 SO_2 与烟气中的水蒸气和氧反应生成硫酸，并被吸附在活性焦表面，吸附 SO_2 的活性焦加热再生，释放出高浓度 SO_2 气体，再生后的活性焦循环使用，高浓度 SO_2 气体可加工成硫酸、单质硫等多种化工品。技术特点有如下几下。①环保性能：脱

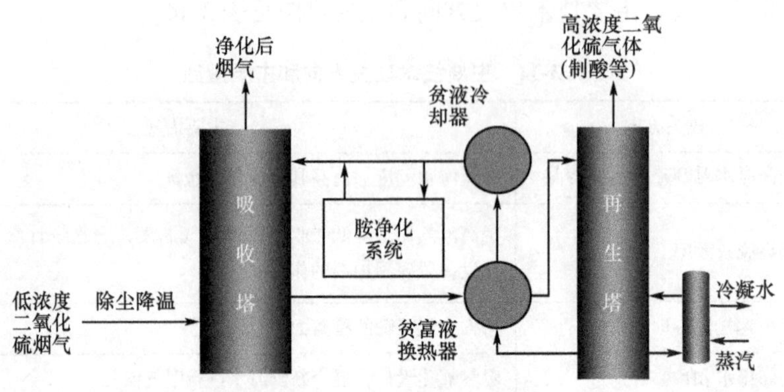

图 3-19　有机胺工艺流程

硫效率达 99%，可同时脱氮、重金属等，没有废弃物，对环境没有二次污染。②节水：节水 80% 以上，适合水资源缺乏地区。③腐蚀轻：脱硫在 60～150℃，烟气不用再热。④资源回收：硫资源化，实现综合利用。

活性焦烟气脱硫技术工艺流程如图 3-20 所示。

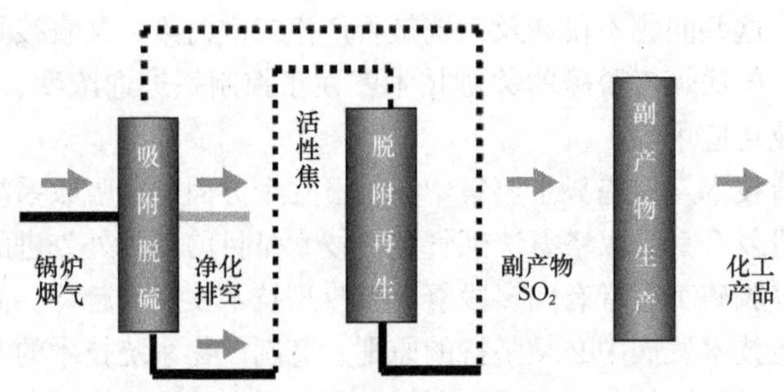

图 3-20　活性焦烟气脱硫技术

4）生物脱硫技术。生物脱硫技术是将洗涤技术与生物脱硫技术集合，该工艺首先用碱液将烟气中的二氧化硫吸收，吸收液加入高浓度柠檬酸废水后进入生物反应器，经过厌氧和好氧两步反应将硫酸盐还原成单质硫，同时碱液吸收液得以再生，继续用于二氧化硫吸收（工艺流程如图 3-21 所示）。

与目前广泛使用的石灰石—石膏法湿法工艺相比，该工艺技术具有以下优势：①不消耗碳酸钙等矿产资源，无硫酸钙等生成，最大限度地缩小了副产物的体积；②由于整个处理流程为闭环设计，水耗低；③利用高浓度 COD 废水作为微生物的营养源，达到以污治污的目的；④脱硫副产物为单质硫，具有较高的利用价值；⑤脱硫剂为可再生碱液，可以循环使用，运行费用低，可靠性高。

c. 基于脱硫的多污染物控制技术

基于脱硫的多污染物控制技术包括基于传统石灰石—石膏法湿法的脱硫、脱硝、脱汞一体化技术，氨法脱硫、脱硝、脱汞一体化技术，基于传统干法的脱硫、脱硝、脱汞一体化技术，钠法干式脱硫、脱硝一体化技术等。

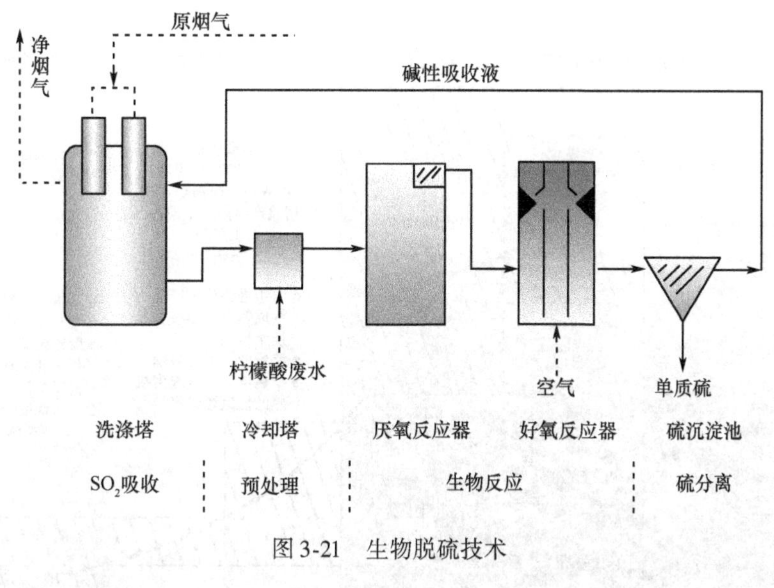

图3-21 生物脱硫技术

3.2.3 氮氧化物

3.2.3.1 技术发展情况

(1) 排放控制标准

我国1991年颁布了《燃煤电厂大气污染物排放标准》(GB13223—91), 1996年我国修订颁布的《火电厂大气污染物排放标准》(GB13223—1996)中对新建1000t/h以上的锅炉规定了氮氧化物(以下简称NO_x)的排放要求，对于其他锅炉的NO_x排放没有要求。2003年修订的《火电厂大气污染物排放标准》(GB13223—2003)，则按时段和燃料特性规定了所有机组的NO_x排放限值。2011年修订颁布的《火电厂大气污染物排放标准》(GB13223—2011)，取消了按燃煤挥发分划分标准的方式，按机组所在地区、投产年限划分标准，并放宽现役W形火焰锅炉、CFB锅炉的NO_x限值浓度。前面两次NO_x限值修订的技术依据为低氮燃烧技术，GB13223—2011标准对NO_x限值的修订依据的为烟气脱硝技术。NO_x排放限值及NO_x控制技术变化如图3-22所示。

(2) 排放状况

2010年，全国电力氮氧化物排放量约950万t，相比2005年增加210万t，远低于火电发电量增长幅度。火电氮氧化物排放绩效值由2005年的3.62g/(kW·h)下降至2010年的2.78g/(kW·h)，减少0.84g/(kW·h)，约下降23.2%。这主要是由于电力工业在“十一五”期间大规模建设30万kW及以上大容量机组、淘汰落后小火电机组，并同步配套低氮燃烧器和烟气脱硝装置的综合结果。

图3-23所示为中国电力行业氮氧化物近5年的排放情况。

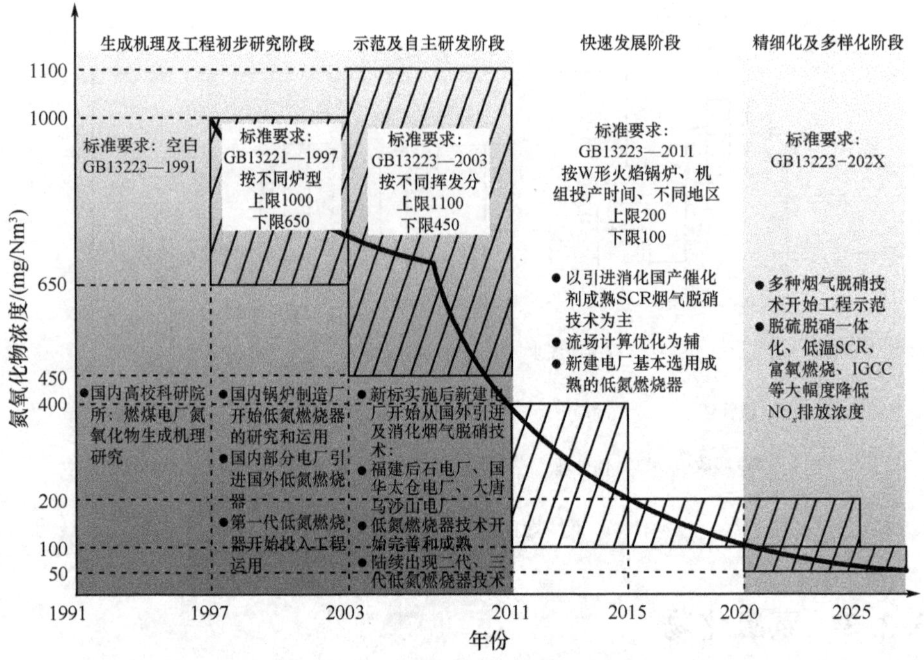

图 3-22　NO_x 排放限值及 NO_x 控制技术变化

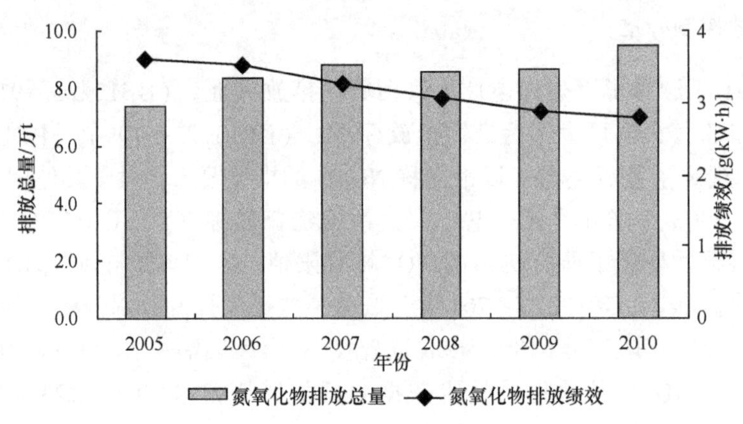

图 3-23　中国电力行业氮氧化物控制情况

目前，电力工业已形成了低氮燃烧器和烟气脱硝相结合的技术路线。随着到 2015 年 NO_x 排放总量削减 10% 约束性指标的颁布和 GB13223—2011 的颁布，“十二五”期间将掀起烟气脱硝工程建设的高潮。

3.2.3.2　典型技术特点及性能

(1) 烟气脱硝技术分类

控制燃煤电厂氮氧化物排放的技术措施主要可以分为两类：一类是生成源控制，又称一次措施，其特征是通过各种技术手段，控制燃烧过程中 NO_x 的生成反应。根据热力型 NO_x 的生成原理，高温和高氧浓度是其产生的根源，因此减少热力型 NO_x 的主要措施有：降低助燃空气预热温度、减少燃烧最高温度的区域范围、减低燃烧峰值温度、烟气循环燃烧等。根据燃料型 NO_x 的生成原理，控制其产生的措施有：降低过量空气系数、控制燃料与空气的前期混合、提高局部燃烧浓度、利用中间产物反应降低 NO_x 产生量，由此产生各种低 NO_x 燃烧技术。燃煤电厂 NO_x 控制技术如图 3-24 所示。

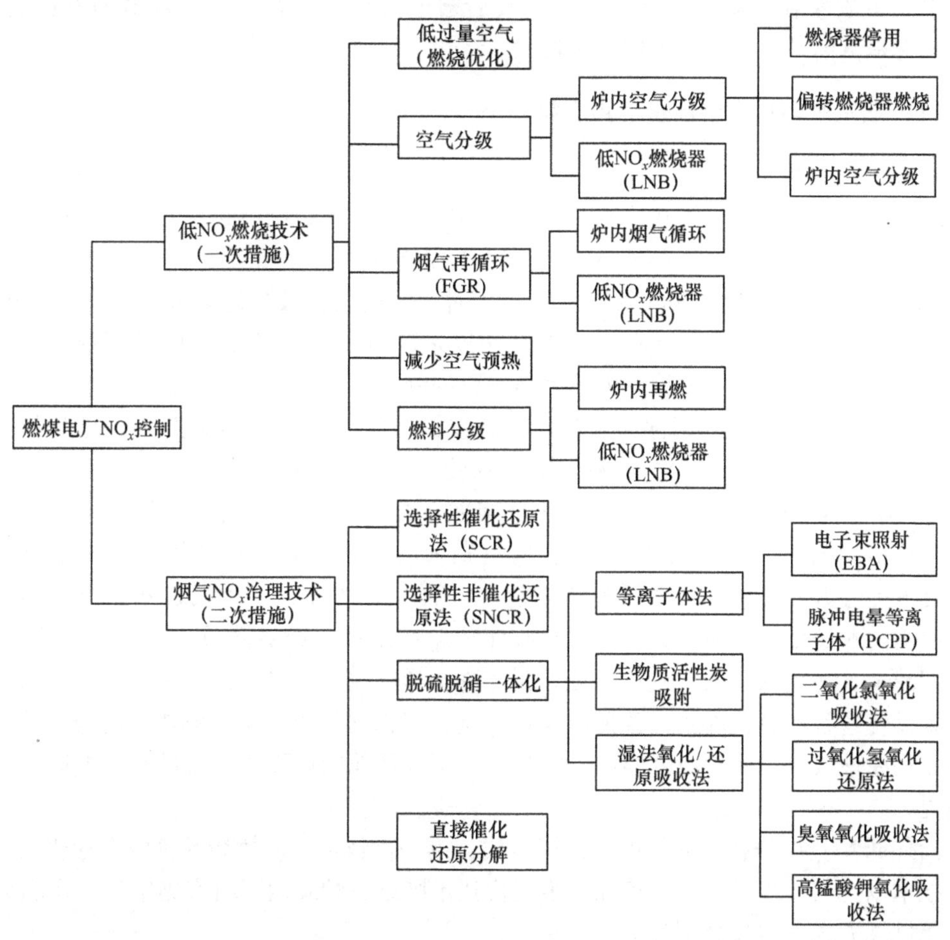

图 3-24　燃煤电厂 NO_x 控制技术示意图

NO_x 生成源控制技术主要有低氮燃烧器（LNB）、空气分级（LEA、OFA、AS）、燃料再燃（FR）、富氧燃烧（OIOA）等，低 NO_x 燃烧技术应用成本较低，小机组的 NO_x 生成率较高，而且对锅炉存在一定的负面影响。

另一类是烟气治理脱硝技术，是指对烟气中已经生成的 NO_x 进行治理，烟气 NO_x 治理技术主要包括选择性催化还原法、选择性非催化还原法、脱硫脱硝一体化、等离子体法、直接催化分解法、生物质活性炭吸附法等。这些方法的主要原理是利用氧化或者还原化学反应将烟气中的 NO_x 脱除。

目前应用在燃煤电站锅炉上成熟的烟气脱硝技术主要有选择性催化还原（selective catalytic reduction，SCR）、选择性非催化还原（selective non-catalytic reduction，SNCR）以及SNCR/SCR的组合技术。SCR-DeNO$_x$是指利用还原剂NH_3在有氧条件下、合适温度范围内将吸附在催化剂表面的NO_x选择性还原成无害的氮气和水。SCR电站烟气脱硝技术具有较高的脱硝率，能达到50%～90%，是一种相对成熟的电站烟气脱硝技术。该技术的发明权属于美国，而日本率先于20世纪70年代将其实现了商业化，最初是在70年代后期安装在日本的工业电站上，其后被广泛地应用在西欧、日本等发达国家，并被认为是目前可行的商业最佳脱硝技术。

（2）烟气脱硝技术特点及应用现状

a. 低氮燃烧技术

国外从20世纪50年代开始就对燃煤在燃烧过程中氮氧化物的生成机理和控制方法进行研究，研究结果表明：影响NO_x生成和排放最主要的因素是燃烧方式，即燃烧条件。因此，当燃煤设备的运行条件发生变化时，NO_x的排放也随之发生变化。燃烧温度、烟气中O_2、NHi、CHi、CO、C和H_2浓度是影响NO_x生成和破坏的最重要的因子，因此凡通过改变燃烧条件来控制上述因子，以抑制NO_x的生成或破坏已生成的NO_x，达到减少NO_x排放的措施，都称为低NO_x燃烧技术。低NO_x燃烧器减少NO_x排放的主要手段是降低炉膛燃烧峰值温度、减少燃料在高温区停留时间。

低NO_x燃烧技术的主要特点是：工艺成熟、投资和运行费用低。在对NO_x排放要求非常严格的国家（如德国和日本），均是先采用高效低NO_x燃烧器减少一半以上的NO_x后再进行烟气脱硝，以降低脱硝装置入口的NO_x浓度，减少投资和运行费用。低NO_x燃烧技术是目前各种降低NO_x排放技术中采用最广、相对简单、经济有效的方法，但它们减少NO_x的排放有一定的限度。由于降低燃烧温度、减少烟气中氧的浓度等都不利于煤燃烧过程本身，因此，各种低NO_x燃烧技术都必须以不会影响燃烧的稳定性，不会导致还原性气氛对受热面的腐蚀，以及不会不合理地增加飞灰含碳量而降低锅炉效率为前提。

国外低NO_x燃烧技术的发展已经历三代：第一代技术不对燃烧系统做大的改动；第二代技术以空气分级燃烧器为特征；第三代技术则是在炉膛内同时实施空气、燃料分级的三级燃烧方式（或燃烧器）。

对煤粉锅炉来说，煤粉燃烧器是锅炉燃烧系统中的关键设备。从燃烧的角度看，燃烧器的性能对煤粉燃烧设备的可靠性和经济性起着主要作用；另外，从NO_x的生成机理看，占NO_x绝大部分的燃烧型NO_x是在煤粉的着火阶段生成的。因此，通过特殊设计的燃烧器结构，以及通过改变燃烧器的风煤比例，将空气分级、燃料分级和烟气再循环降低NO_x浓度的原理用于燃烧器的设计，以尽可能地降低着火区的氧浓度，适当降低着火区的温度，达到最大限度地抑制NO_x生成的目的。这类特殊设计的燃烧器根据NO_x控制原理分类，主要有阶段燃烧型、自身再循环型、浓淡燃烧型、分割火焰型及混合促进型等类型，一般可达到30%～40%的稳定的脱硝率，而且投资及运行成本也较低，不增加占地面积，也有较高的技术成熟度。

20 世纪 80 年代以后，空气分级燃烧技术率先在我国电站锅炉中得到了广泛的应用。国内大部分 30 万 kW 及以上的机组都采用了空气分级燃烧，尤其以火上风燃烧器最为普遍，因而这些机组的 NO_x 排放浓度实际上已经有了一定程度的降低。

近年来，随着我国燃煤电厂装机容量的不断增长，为了满足电力发展的需要，同时保证 NO_x 的排放达到环境标准，越来越多的电厂选择采用低 NO_x 燃烧技术。低氮燃烧器技术主要是通过对直流或者旋流燃烧器进行特殊的设计，利用空气分级、燃料分级技术或同时分级来改变燃烧器内的风煤比以降低着火区的氧浓度和火焰温度，从而达到抑制煤粉燃烧初期氮氧化物生成量的目的。目前低氮器已经能够非常好地组织燃烧初期还原性气氛的形成，又使燃烧火焰温度能保持较高水平，有利于煤粉颗粒的燃尽。从十几年的工程实践来看，高效低氮燃烧改造具有投资及运行成本低、减排效果好的特点，是符合我国电厂实际情况的 NO_x 减排措施。

据统计：2000 年我国火电装机中采用低 NO_x 燃烧技术的约有 5000 万 kW，约占当年火电总装机容量的 21.05% 。截至 2010 年年底，全国火电装机容量 6.5 亿 kW 中超过 70% 采用了低氮燃烧器并有部分加装了烟气脱硝装置。预计到“十二五”末，低 NO_x 燃烧技术将会达到 95% 以上。

b. SCR 选择性烟气脱硝技术

SCR 技术原理是通过还原剂（一般选用液氨、尿素或者氨水）在适当的温度（300～400℃）并有催化剂存在的条件下，把 NO_x 转化为空气中天然含有的氮气（N_2）和水（H_2O）。催化剂一般选用钒钛基催化剂，脱硝效率最高能达到 90% 以上。SNCR 工艺以炉膛为反应器，通过锅炉改造并加装尿素/氨水喷射器，实现 NO_x 的脱除。SCR 为目前主流且技术成熟的烟气脱硝技术，具有脱硝效率高、应用广泛等特点。通过设置不同的催化剂层，能稳定获得不同的脱硝效率，最高可达 80% 以上。煤粉炉采用低氮燃烧和 SCR 组合技术后，氮氧化物的排放可控制在 200mg/Nm^3 以下，30 万 kW 以上机组（不包括燃用无烟煤、贫煤的现役机组）氮氧化物的排放可达 100mg/Nm^3 以下。

SCR 脱硝工艺的核心之一是催化剂，目前广泛应用的主要是金属氧化物催化剂，分子筛催化剂尚处于实验室和小规模研究阶段。

据统计，截至 2010 年年底，我国火电装机中采用 SCR、SNCR 燃烧技术的约有 9000 万 kW，约占当年火电总装机容量的 14% ，其中 97% 的脱硝机组为 SCR 法，其余为 SNCR 法，而其他脱硝技术目前在国内电厂上几乎没有商业运用。

c. SNCR 选择性非催化还原脱硝技术

SNCR 工艺以炉膛为反应器，通过锅炉改造并加装尿素/氨水喷射器，实现 NO_x 的脱除。该技术具有建设周期短、场地要求少、脱硝率 25%～60% 、投资成本和运行成本较低、适合中小型锅炉改造等特点，其最大缺点是氨逃逸率较高、形成的铵盐对下游设备有较严重的腐蚀和堵塞倾向、易生成 N_2O，且随着锅炉容量的增大，脱硝效率呈下降趋势，机组负荷变化时，控制难度大等。

SNCR 与 SCR 的性能比较见表 3-15。

表 3-15　SCR 和 SNCR 的比较

项目	SCR	SNCR
NO_x 脱除效率/%	70 ~ 90	30 ~ 80
操作温度/℃	200 ~ 500	900 ~ 1100
NH_3/NO 物质的量比	0.1 ~ 1.0	0.8 ~ 2.5
NH_3 泄漏量/ppm	<5	5 ~ 20
投资成本	高	低
运行成本	中等	中等

d. 脱硫脱硝一体化技术

1）等离子体脱硫脱硝。等离子体脱硝是 20 世纪 70 年代发展起来的烟气同时脱硫脱硝技术。它是利用高能电子使烟气（60 ~ 100℃）中的 N_2、O_2 和水蒸气等分子被激活电离裂解，生成大量离子、自由基和电子等活性粒子，将烟气中的 SO_2 和 NO_x 氧化，与喷入的氨反应生成硫酸铵和硝酸铵。根据高能电子的来源，等离子体技术分为电子束照射法（EBA）和脉冲电晕等离子体法（PPCP）。前者采用电子束加速器，后者采用脉冲高压电源。

等离子体脱硫脱硝具有工艺流程简单、可同时脱硫脱硝（脱硫率高于 90%、脱硝率高于 80%）、副产物可作为化肥销售、不产生废水废渣等二次污染、处理后的烟气可直接排放等优点；但由于需要采用大容量、高功率的电子加速器，导致耗电量大、电极寿命短、价格昂贵，使得烟气辐射装置不适合大规模应用，此外，反应产物为气溶胶［烟气中的 SO_2、NO 被活性粒子和自由基氧化为高阶氧化物 SO_3、NO_2，与烟气中的 H_2O 相遇后形成 H_2SO_4 和 HNO_3，在有 NH_3 或其他中和物注入情况下生成（NH_4）$_2SO_4$/NH_4NO_3 的气溶胶］比较难捕集。目前该技术仍不成熟，尚处于研制阶段。

2）湿法氧化/还原烟气脱硝一体化法。湿法氧化/还原烟气脱硝一体化法是利用液相化学试剂将烟气中的 NO_x 吸收并转化为较稳定的物质从而实现脱除，其关键在于氧化剂的选取，包括二氧化氯氧化吸收法、过氧化氢氧化吸收法、臭氧氧化吸收法和高锰酸钾氧化吸收法等。它的最大优点是可同时脱硫脱硝，但目前尚存在一些有待解决的问题：①NO 难溶于水，吸收前需将 NO 氧化成 NO_2，氧化过程成本较高；②生成的亚硝酸或硝酸盐需进一步处理；③会产生大量的废水。

目前湿法氧化/还原脱硝技术仍处在实验室阶段。国家在“十一五”期间已对此立项列入高技术研究发展（“863”）计划并展开相关研究。

3）络合吸收法。络合吸收法是 20 世纪 80 年代发展起来的一种可以同时脱硫脱硝的方法，在美国、日本等国得到了较深入研究。烟气中 NO_x 的主要成分 NO（占 90%）在水中的溶解度很低，大大增加了气—液传递阻力，络合吸收法则利用液相络合吸附剂直接与 NO 反应，增大 NO 在水中的溶解度，从而使 NO 易于从气相转入液相。该法特别适用于处理主要含 NO 的燃煤烟气，但络合物水溶液的吸收阻力较大，其外烟气中烟尘容易使络合物失活，目前不适用于电力行业大规模烟气治理。

4）生物质活性炭吸附。生物质活性炭具有大的比表面积、良好的孔结构、丰富的表面基团、高效的原位脱氧能力，同时有负载性能和还原性能，所以既可作载体制得高分散的催化体系，又可作还原剂参与反应。在 NH_3 存在的条件下用活性炭材料做载体催化还原剂可将 NO_x 还原为 N_2；活性炭对低浓度 NO_x 有很高的吸附能力，其吸附量超过分子筛和硅胶，缺点是对于燃煤电厂大烟气量、高浓度 NO_x 吸附能力较低，大规模运用时存在阻力过大的问题。从目前研究情况来看，活性炭并不适合我国燃煤电厂高尘的反应条件，活性保持时间不长，失效较快也是该技术在燃煤电厂脱硝领域中需要解决的难题。目前该方法在电厂燃煤烟气脱硝领域内无实际运用。

e. 氮氧化物直接催化分解技术

NO 直接催化分解是指在一定的外界环境下，利用催化剂将 NO 直接分解为 N_2 和 O_2。从热力学上讲，该反应在低温下是可行的，但从动力学角度讲，反应速率非常低。如果采用合适的催化剂，可以提高 NO 分解速率，由于无需还原剂，所以该技术有可能成为一种很有希望的烟气脱硝技术。某些贵金属、金属氧化物和分子筛（主要为 ZSM-5）催化剂对 NO 分解具有明显的催化作用。大量实验室动力学研究结果表明，NO 的分解受 O_2 在催化剂表面脱附步骤的控制，O_2 对 NO 的分解具有抑制作用。尽管目前发现 Cu-ZSM-5 是较好的 NO 分解催化剂，但这一问题依然存在，而且水的存在会对分子筛结构造成破坏，使催化剂发生不可逆的中毒，SO_2 对催化剂也有严重的毒化作用。由于 NO 分解技术存在太多难以克服的困难，所以目前在燃煤电厂烟气脱硝方面尚无实际应用。

（3）典型技术性能

目前燃煤电厂商业主要运用的 NO_x 控制技术及治理技术有低氮燃烧器、SCR 技术、SNCR 技术、SCR+SNCR 联用技术，表 3-16 为这几种典型技术性能的比较情况。

3.2.3.3　现存问题和改进空间

1）对于低氮燃烧器，目前主要问题在于：脱硝效率不高，基本为 20%～50%，不能一次性解决氮氧化物排放浓度限制问题；由于低氮燃烧器为缺氧或者控温燃烧，对燃煤电厂锅炉燃烧来说，炉内飞灰含碳量会增加；水冷壁腐蚀及炉内结渣等现象较传统燃烧器有可能加剧。

实施低氮燃烧器改造对现有的燃烧系统炉膛结构具体影响不一，故需要分别评估再决定。但与传统燃烧器相比，低氮燃烧器对炉内火焰的稳定性、燃烧效率、过热蒸汽温度的控制都会带来一定影响。

低氮燃烧器及应用燃尽风（overfire air，OFA）技术被美国环保署定为最佳改造技术（best available retrofit technology，BART）之一，中国也将低氮燃烧定为首要改造手段。目前商业运用的低氮燃烧器已经相当成熟，可大规模降低 NO_x 生成浓度的空间较小，国内 2005 年后新建机组基本都已经安装低氮燃烧器。改进空间是更为高效的多尺度分级低氮燃烧器。

2）选择性催化还原技术。该工艺为比较成熟的脱硝工艺，主要问题在于：还原剂（液氨）安全性、催化剂材料加工和回收、脱硝装置运行成本问题。该技术初投资及运行费用都较其他脱硝工艺高，高温区催化剂容易中毒失活，液氨储存存在一定的安全问题。如果追求过高的脱硝效率，氨过量所产生的铵盐会影响电厂粉煤灰综合利用。对于老机组改造还存在场地不足的问题。

表 3-16　典型 NO_x 控制技术性能比较

类别	技术名称		技术要点	脱除效果（脱除率）/%	运行能耗	可用率	寿命	投资成本/(元/kW)	优点	存在问题	二次污染
低 NO_x 燃烧技术	二段燃烧法（空气分级燃烧）		燃烧器的空气为燃烧所用的85%，其余空气通过布置在燃烧器上方的喷口送入，使燃烧分阶段完成	30	低	高	长	10～30	投资低，有运行经验	二段空气量过大，不完全燃烧损失增大，二段空气应控制在15%～20%，还原气氛易结渣或引起腐蚀	无
	再燃法（燃料分级燃烧）		将80%～85%燃料送入主燃区富氧燃烧，崎岖燃料送入主燃区上部的再燃区副燃料燃烧，形成还原气氛，将主燃区产生的 NO_x 还原	30	低	高	长	10～30	适用于新的和现有的锅炉改装，中等投资	为减少不完全燃烧损失，必须加空气对再燃区烟气进行三段燃烧	无
	烟气再循环法		让一部分低温烟气与空气混合送入燃烧器，降低烟气浓度	15～35	低	高	长	20～60	能改善混合和燃烧，中等投资	由于受燃烧稳定性的限制，烟气再循环率为15%～20%，投资运行费用高，占地面积大	无
	浓淡燃烧法		装有两个及以上燃烧器的锅炉，部分燃烧器供给所需空气量的85%，其余供给较多空气，使其燃烧都偏离理论燃气比	20～35	低	较高	长	10～30	具有良好的稳燃作用	燃烧工况组织不合理时容易造成炉膛结渣	无
	低 NO_x 燃烧器	混合促进型	改善燃料与空气的混合，缩短在高温区的停留时间，降低氧气生成浓度	30～60	低	较高	长	10～40	需要精心设计		无
		自身再循环型	利用空气抽力，将部分炉内烟气引入燃烧器		低	较高	长	10～40	燃烧器结构复杂		无

续表

类别	技术名称		技术要点	脱除效果（脱除率）/%	运行能耗	可用率	寿命	投资成本/(元/kW)	优点	存在问题	二次污染
低NO_x燃烧技术	低NO_x燃烧器	多股燃烧型	用多股小火焰代替大火焰，增大火焰散热面积，降低火焰温度	30～60	低	较高	长	10～40		燃烧效率低	无
		阶段燃烧型	让燃料先进行部分燃烧，再送入余下所需空气		低	较高	长	10～40		容易引起粉尘浓度增加	无
	低NO_x炉膛	燃烧室大型化	采用较低的热负荷，增大炉膛尺寸，降低火焰温度	无统计比较	低	较高	长	10～40		炉膛体积增大	无
		分割燃烧室	用双面露光水冷壁把大炉膛风格成小炉膛，提高炉膛冷却能力，控制火焰温度	无统计比较	低	较高	较长	10～25		炉膛结构复杂，操作要求高	无
		切向燃烧室	火焰靠近炉壁流动，冷却条件好，再加上燃料与空气混合较慢，火焰温度水平低，而且较为均匀	无统计比较	低	较高	较长	10～40		炉膛运行操作要求高	无
NO_x治理技术	选择性催化还原法		使用液氨/氨水在催化剂表面将NO_x还原成氮气和水	40～90	中等	较高	催化剂寿命3～4年	60～300	脱硝效率高，技术成熟	初投资和运行成本较高，催化剂需要定期更换，占地面积大	氨逃逸、废弃催化剂重金属污染
	选择性非催化还原法		使用氨水/尿素在炉膛内将NO_x还原成氮气和水	30～70	较低	较高	取决于炉内喷枪寿命	50～150	投资低，运行费用较低	脱硝效率低，对炉膛热效率有一定影响	氨逃逸率高

续表

类别	技术名称		技术要点	脱除效果（脱除率）/%	运行能耗	可用率	寿命	投资成本/(元/kW)	优点	存在问题	二次污染
NO_x治理技术	脱硫脱硝一体化	等离子体脱硫脱硝	利用高能电子将烟气中的 SO_2 和 NO_x 氧化，与喷入的氨反应生成硫酸铵和硝酸铵	30~90	高	较高	取决于电子枪寿命	没有统计	脱硝效率高，没有二次污染	初投资和运行成本高，工艺技术不成熟，尚无大型工业化示范工程	无
		湿法氧化/还原法吸收法	利用液相化学试剂将烟气中的 NO_x 吸收并转化为较稳定的物质从而实现脱除	30~80	高	较高	较长	150~450	脱硝效率高，可联合脱除 SO_2 和 NO_x	初投资和运行成本高，工艺技术不成熟，尚无大型工业化示范工程	二次废水副产物需要综合利用
		生物质活性炭吸附	利用活性炭大的比表面积、孔结构、表面基团、原位脱氧能力，将 NO_x 吸附还原	30~80	较高	中等	活性炭需要定期再生	没有统计	可联合吸收 SO_2、NO_x 以及一定量的重金属和汞	装置较大，占地面积大，反应器阻力大，不适应电厂高温高尘的环境，活性炭需要定期再生	废弃活性炭含重金属
	NO_x 直接催化分解		利用光照和紫外光照，用催化剂将 NO 直接分解为 N_2 和 O_2	40~90	中等	低	取决于催化剂寿命	没有统计	脱硝效率低，无二次污染	反应速率低，反应温度低，工艺技术不成熟，尚无大型工业化示范工程	无

目前该技术改进空间主要是在催化剂，V_2O_5-WO_3/TiO_2 催化剂虽然在脱硝领域得到了广泛工业应用，但催化剂的品种较为单一，使其应用受到一定限制。低温、高效、高流速和抗二氧化硫及砷毒化的新型催化剂将成为 SCR 催化剂开发的重点方向。此外，催化剂的成本控制及有效延长催化剂使用寿命也是催化剂研究需要关注的方向。其次加大国内氨喷射器及氨喷射网格（AIG）的国产化进程，会使得烟道尾部氨喷射更为均匀并与 NO_x 浓度配合更好。

未来的改进空间是将催化剂布置从烟道尾部高温区放置到低温区——低温 SCR 技术，这样做的好处是可以减少催化剂使用，但目前的技术瓶颈是低温催化剂的活性不够，此外在此区域催化剂容易受水蒸气影响，中毒失效较快。

3）选择性非催化还原技术。与常用的烟气脱硝工艺相比，该工艺技术稳定性、运行成本上不存在问题，主要问题在于脱硝效率较低，单独使用该工艺脱硝效率并不能满足现有国家对燃煤电厂 NO_x 排放浓度的要求。特别是对大型机组来说，由于炉膛空间较大，炉内喷尿素与炉内 NO_x 生成浓度存在二维尺度不均一的问题，造成脱硝效率反而降低。过量尿素喷入也给炉膛带来一定的腐蚀问题。

为提高脱硝效率，该工艺需要与其他工艺（SCR）联用，在尾部简单增加催化剂是一种可行的途径。但 SCR/SNCR 联用技术增加了脱硝装置初投资成本与运行成本。

4）脱硫脱硝脱汞一体化技术。环保型、经济化、资源化是烟气净化处理工艺的总体趋势，环保一体化装置和系统可以降低工程的投资和运行管理费用，并且可以发挥装置潜在能力，研究开发适合我国国情的同时脱硫脱硝技术是燃煤电厂污染物控制的发展方向之一。其中湿法脱硫脱硝一体化技术目前还处于实验室试验和工业示范阶段，主要问题是氧化剂成本高，装置运行成本高，存在二次废水需要处理的问题。电子束等离子体脱硫脱硝技术的主要问题是电子枪装置不够稳定，投资和运行成本较高，技术不成熟尚不能商业化，目前未有大型商业示范工程。

生物质活性炭吸附一体化技术可以降低耗能和节约用水，已经在日本和欧洲有一定规模的商业应用（非燃煤电厂领域），我国也进行了大量的研究，活性炭作为载体，喷淋氨或改性后能够取得很高的脱硝效率，并且也是很好的脱除重金属的吸附剂。但该技术的主要问题是活性炭吸附不适应燃煤电厂高温高尘的环境，容易发生自燃和小孔堵塞，装置成本高，反应器阻力大，目前技术无法在电力行业大规模商业应用。

3.2.3.4 技术发展方向

（1）技术路线

为达到《火电厂大气污染物排放标准》（GB13223—2011）中氮氧化物的排放限值，“十二五”期间，电力行业将按照国家的总体要求对现役机组进行大规模的氮氧化物控制技术改造，其总体发展趋势为：普及低 NO_x 燃烧器（LNB）技术，积极开发和示范空气分段供给燃烧（CCOFA 和 SOFA）技术和超细煤粉再燃（MCR）技术。全面推进燃煤电厂进行烟气脱硝改造，优先采用 SCR 脱硝技术；因受场地、锅炉构架等条件限制，选择 SNCR 或 SNCR/SCR 联合脱硝工艺。鼓励和推进火电厂脱硫、脱硝、除尘一体化技术的研究开发和工程示范，如基于湿法脱硫的一体化技术、低温 SCR 一体化技术、活性炭和 DE-SONO$_x$ 技术等。并应优先采用特许经营或 EPC+业主工程师的建设模式，确保脱硝设施建设好、运行好。

（2）发展方向

根据 GB13223—2011 对 NO$_x$ 排放的控制要求及中长期要求将进一步严格的现实，结合国内外脱硝技术的现状及发展趋势，预计我国 NO$_x$ 排放控制技术的发展将经历如下 3 个阶段。

1）2012 ~ 2020 年，以高性能的低氮燃烧技术和烟气脱硝技术（SCR）为主，同时试点应用可行的脱硫脱硝一体化技术（如湿法脱硫脱硝一体化技术、低温 SCR 脱硫脱硝一体化技术等）。

2）2021 ~ 2030 年，以更高性能的低氮燃烧技术和高性能、高可靠性、高适用性、高经济性的烟气脱硝技术为主，同时规范发展脱硫脱硝一体化技术，试点应用可行的新型脱硝技术及多污染物协同控制技术。

3）2031 ~ 2050 年，由于发电以整体煤气化联合循环发电、700℃超（超）临界燃煤发电技术、纯氧燃烧技术为主，逐步淘汰传统技术装备，氮氧化物的控制将以资源化、高性能、高经济性的多污染协同控制技术为主。

各种 NO$_x$ 排放控制技术的发展时空如图 3-25 所示。

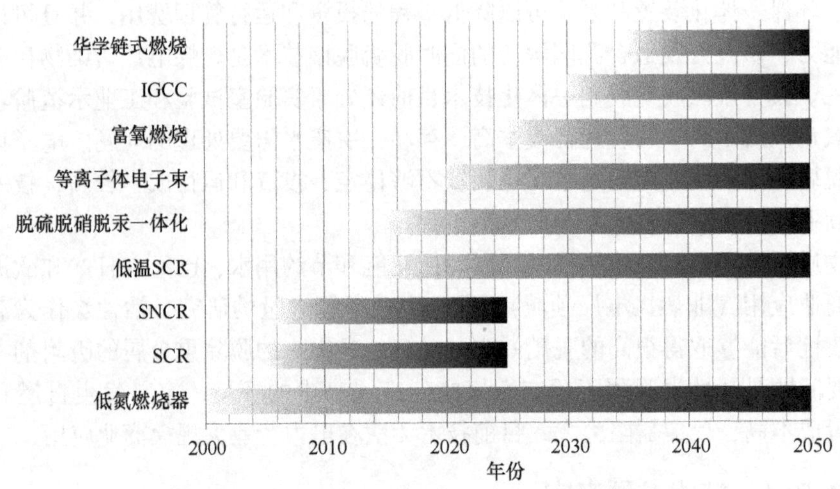

图 3-25　燃煤电厂氮氧化物控制技术路线图

3.2.4　重金属

目前，以汞为代表的重金属污染是全球关注的热点，尤其是汞已经列入了各主要国家的排放控制标准或法案，作为汞排放大户的燃煤电厂依然是减排的主力之一，汞是燃煤电厂继烟尘、SO$_2$、NO$_x$ 后要严格控制的污染物。联合国环保署拟于 2013 年形成全球的约束性控汞法律，为此，我国政府积极进行控制汞排放的相关工作，“十二五”期间的重点工作是有选择地进行汞排放测试试点工作。

3.2.4.1　技术发展情况

(1) 控制要求

美国和欧盟等已经立法制定了关于在燃煤电厂限制汞排放的具体要求和时间表。2011年3月，美国EPA提出燃煤电厂汞脱除效率应大于91%的要求。

我国新修订的大气污染物排放标准也首次将大气汞浓度纳入约束性指标要求，明确大气污染物汞浓度排放限值不得超过0.03mg/Nm^3。随着国内外日益严格的环保要求，燃煤汞的污染控制已经提上议事日程。我国汞排放控制标准的发展历程如图3-26所示。

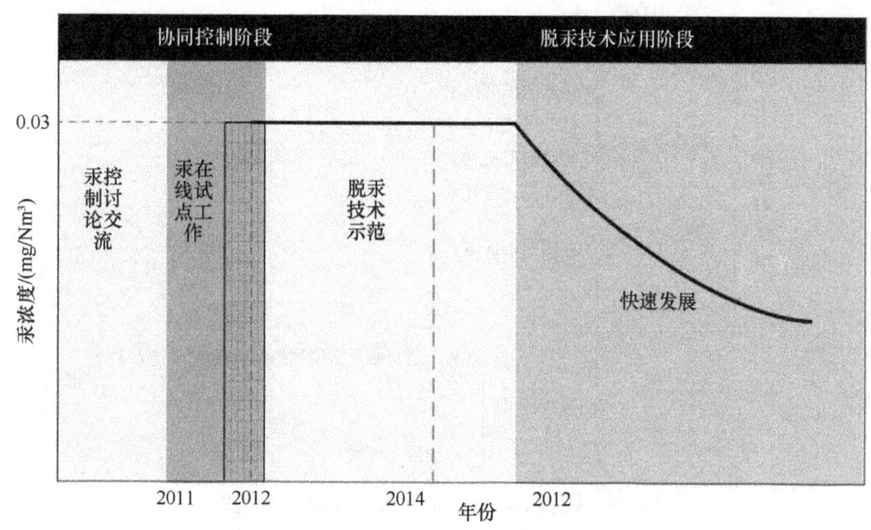

图3-26　我国汞排放控制标准的发展历程

燃煤电厂汞排放控制面临的形势：①《汞国际公约》谈判过程中，我国于2013年签署了国际公约《关于汞的水俣公约》；②国务院已通过《重金属污染综合防治规划》；③环保部组织六大发电集团（16家电厂）开展燃煤电厂大气汞排放控制试点工作；④《火电厂大气污染物排放标准》（GB13223—2011）将汞纳入控制范畴。

(2) 我国大气汞的排放现状

燃煤烟气中的主要以气态元素态汞（Hg^0）、气态二价汞（Hg^{2+}）和颗粒态汞（Hg^P）三种形态存在。随着烟气的冷却，部分Hg^0和Hg^{2+}会发生凝聚或者被吸附到颗粒物表面。现有环保设施包括SCR、ESP或FF、FGD等对烟气汞都有一定的协同控制作用。

目前，我国电力行业尚未公开发布燃煤汞排放的数据。根据中国电力企业联合会与清华大学共同承担的联合国环境规划署《中国燃煤电厂大气汞排放》项目，2005年中国燃煤电厂大气汞排放估算值为108.6t，2008年排放量降至96.5t。随着《火电厂大气污染物排放标准》（GB13223—2011）的修订颁布，脱尘、脱硫、脱硝效率将在现有的基础上进一步提高，现有环保设施对汞的协同控制作用进一步增强。

3.2.4.2 燃煤汞排放控制技术

目前，燃煤汞排放的控制技术主要有3种：燃烧前控制、燃烧中控制和燃烧后控制。燃烧前控制主要包括洗煤技术和煤低温热解技术；燃烧中控制主要通过改变燃烧工况和在炉膛中喷入添加剂等；燃烧后控制主要有两种：一是利用现有非汞污染物控制设施（包括SCR、ESP/BP、FGD等）对汞的协同控制作用，并通过添加氧化剂、吸附剂、稳定剂、络合（螯合）剂等方式，实现更高的汞控制效果；二是采用活性炭、金属吸收剂等脱汞新技术/新工艺，实现汞排放的高效控制。燃煤电厂汞排放主要控制技术分类如图3-27所示。

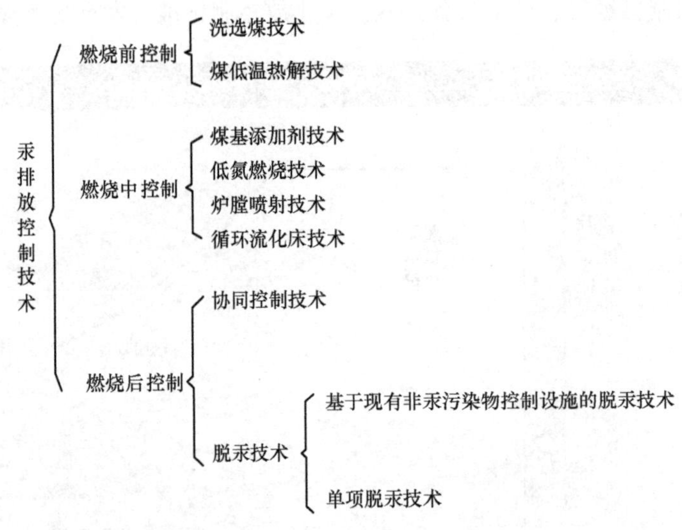

图3-27 燃煤电厂汞排放主要控制技术分类图

(1) 燃烧前控制

燃烧前控制是一种新的污染防治战略，是建立在煤粉中有机物和无机物的密度及其有机亲和性不同的基础上的物理清洗技术，主要方法为洗选煤和煤低温热解。

a. 洗煤

微量有害元素富集在煤中的矿物杂质中，如煤中汞与黄铁矿物密切相关，根据其间的相关性采用传统的重介选和泡沫浮选，以及更先进的洗选煤技术能减少煤中的汞含量，达到减排燃煤汞排放的目的。有研究表明，传统的洗选煤技术能够去除煤中约38.8%的汞，而先进的化学物理洗选煤技术去除率能够达到64.5%。与燃烧后净化设备去除相比具有较大的经济效益优势。

b. 煤低温热解

根据汞的挥发特性，在不损失碳素的温度条件下，通过燃煤的低温热解，减少汞的含量，最终达到降低汞的排放量的目的。

(2) 燃烧中控制

目前，针对燃烧过程中控制汞排放的研究较少，但针对其他非汞污染物而采用的一些控制技术，不同程度地将烟气中元素态汞转化成氧化态汞，从而利于后续非汞污染物控制设施的吸附和捕集。主要技术包括如下几个。

1）煤基添加剂技术，即在煤上喷洒微量的卤素添加剂，利用其在燃烧过程中释放的氧化剂，将元素汞转化为二价汞。

2）炉膛喷射技术，即在炉膛的合适位置，直接喷射微量氧化剂、催化剂或吸附剂等，提高 Hg^0 氧化成 Hg^{2+} 的比例或直接吸附汞。

3）低氮燃烧技术。因其炉内温度相对较低，利于烟气中氧化态汞的形成。

4）流化床燃烧技术。一是颗粒物在炉内滞留时间较长，增加了颗粒对汞的吸附作用；二是其炉内温度相对较低，利于 Hg^{2+} 的形成。

（3）燃烧后控制

a. 协同控制技术

协同控制技术是利用现有的非汞污染物控制设施（如脱硝、除尘和脱硫设施）对汞的协同控制作用，降低汞的排放。该技术是目前控制汞排放最经济、最实用的技术。典型的 SCR+ESP/BP+WFG 的组合，其对汞的协同控制作用，可减少汞排放 60%～90%。

1）脱硝设施。以选择性催化还原烟脱硝设施（SCR）为例，利用其催化剂对 Hg^0 的催化作用，可将部分 Hg^0 氧化为 Hg^{2+}，增加烟气中 Hg^{2+} 浓度为 25%～35%。

2）除尘设施。烟尘颗粒物的吸附作用，使得除尘设施具有协同控制汞排放的功能。电除尘器可减少汞排放约 37%，布袋除尘器的效果优于电除尘器。同时烟尘吸附的 Hg^0 中约有 5% 在烟尘中某些金属氧化物的催化作用下，氧化为 Hg^{2+}。

3）脱硫设施。在低温度条件下 Hg^{2+} 易溶于水的特点，使得湿法脱硫设施在洗涤烟气时，能高效地吸收 Hg^{2+}，其去除率可达 80%～90%。

b. 脱汞技术

目前，脱汞技术主要有两类：一是基于现有非汞污染物控制设施的协同控制作用，通过添加剂的氧化、吸附、洗涤、络合（螯合）等作用，实现更高的汞脱除效果，如脱硝设施中改性催化剂对汞的氧化技术、除尘设施前吸附剂的喷射技术、脱硫设施中稳定剂固汞防逸技术、脱硫废水中络合剂絮凝固汞技术等；二是单项的、具有最高脱汞效果的技术，如美国正在研究开发的 Toxecon 技术等。

典型汞排放控制技术的性能比较见表 3-17。

表 3-17 典型汞排放控制技术的性能

分类	控制技术	技术性能	控制成本
燃烧前控制	洗煤技术	汞含量减少 20%～64%	中
	煤低温热解	汞含量减少 60%～90%	中
燃烧中控制	煤基添加剂技术	HgO 氧化率提高 60%～90%	中
	炉膛喷射技术	HgO 氧化率提高 60%～90%	中
燃烧后控制	协同控制技术	Hg^{2+} 减少排放 30%～90%	低
	脱汞技术 ①基于现有非汞污染物控制设施的脱汞技术； ②单项脱汞技术	脱除率 90% 以上 脱除率 90% 以上	较高 高

3.2.4.3 现存问题及改进空间

(1) 存在问题

我国高碳能源禀赋和当前正处于工业化、城镇化快速发展阶段的特点，决定了今后很长一段时间内，电力工业以煤为主的格局不会发生根本性的改变。随着汞排放法规、标准的颁布，电力行业控制汞排放既是一项长期而艰巨的任务，又是一项急需的基础工作，任重而道远。目前存在的主要问题有如下几个：一是各级领导对控制汞排放的重要性缺乏深刻的认识，意见不一，尚未统一思想；二是尚未摸清汞排放的规律和实际情况；三是尚未形成汞排放控制的指标体系和技术路线、技术指南、技术标准体系等；四是尚未建立汞排放测算、监测、统计和考核体系及相关基础设施；五是尚需加强适合我国国情的汞排放监测与控制关键技术的研发、试点和应用；六是政府尚未制定积极的支持政策、经济政策、环境政策、管理制度和保障措施等；七是尚需建立完善的国内外技术交流与合作平台。

(2) 改进空间

按照“立足实情、确立目标、制订计划、有序发展”的总体思路，在摸清汞排放现状、排放规律、中长期预测及汞排放控制渠道、能力和空间的基础上，研究制订汞排放控制指标体系和技术路线，监测、统计和考核办法，技术标准体系等，开展适合我国国情的汞排放监测与控制技术及装备的研究，并持续加强工程应用的能力建设，包括全尺寸试验、工业试点、工程示范、商业运行等，建立国际领先水平的，集监测、评价、控制于一体的国家级重点研发（实验）中心，为跟踪并超越世界先进，形成适合我国国情的最佳可行技术，培育并健康发展新兴产业提供基础性、应用性的创新服务平台。

3.2.4.4 技术发展方向

根据当前汞排放的控制要求及中长期要求将日趋严格的现实，结合世界上汞排放控制技术的现状及发展趋势，预计我国汞控制技术的发展将经历如下两个阶段。

1）2012～2020年，以现有非汞污染物控制设施（包括脱硝、除尘、脱硫设施）对汞的协同控制为主。

2）2021～2030年，以燃烧前和燃烧中控制汞的生成量和现有非汞污染物控制设施对汞的协同控制为主，逐步发展基于现有非汞污染物控制设施的脱汞技术和单项脱汞技术。

各种汞排放控制技术的发展时空图如图3-28所示。

3.2.4.5 政策法规需求及相关建议

由于基础研究薄弱，燃煤电厂汞污染排放现状、排放规律不清，减排技术研究滞后，我国急需填补相应的政策、法规、标准和技术体系空白。建议出台相关排放指标、技术标准、扶持政策，尽快建立完善相应的监测、统计、核算标准，启动开展相关控制

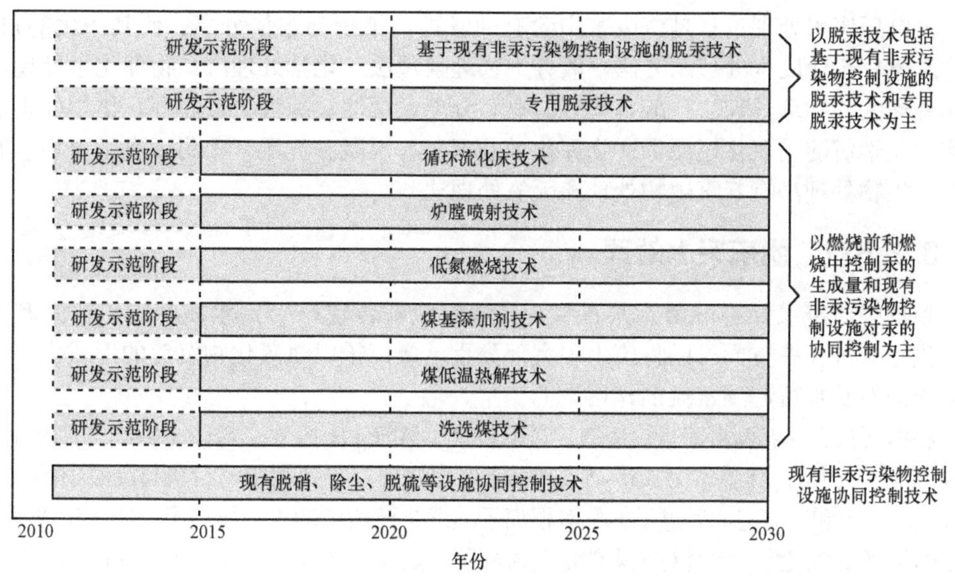

图3-28　燃煤电厂汞排放控制技术时空

技术研究和工程示范。技术引进与自主研发同步进行，从燃烧至排放整个工艺流程上多点切入，新型燃烧、独立减排、协同控制、联合脱除、综合治理全面突破，建立高效率、低排放、经济运行、无二次污染的汞等重金属控制与减排技术体系。

3.2.5　废水中的主要污染物

火电厂化学废水包括经常性排水和非经常性排水两部分。经常性排水包括锅炉补给水处理再生废水、化学实验室排水、凝结水精处理再生废水、澄清过滤设备排放的泥浆废水、锅炉排污水、生活污水、冲灰废水、烟气脱硫废水等；非经常性排水包括锅炉化学清洗废水、空气预热器冲洗废水、机组启动排水、凝汽器/冷却塔冲洗废水、煤场废水等。这些废水中含有多种有害物质，会对电厂周围一定范围的水源造成污染，导致水质恶化，甚至会破坏生态环境。此外，开式系统的废热由冷却水带出排放，这种温排水也会对水体产生热污染。

2010年，全国火电厂单位发电量耗水量为每千瓦时2.45kg，比2009年降低0.25kg；单位发电量废水排放量（废水排放绩效值）为每千瓦时0.32kg，比2009年降低0.21kg。2001～2010年全国火电厂单位发电量水耗和废水排放情况如图3-29所示。

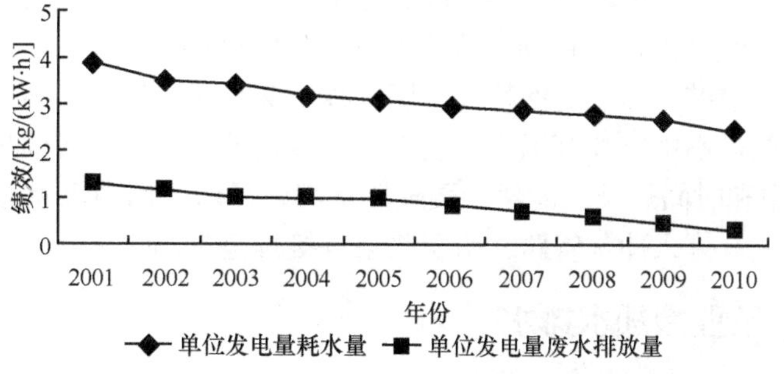

图3-29　2001～2010年全国火电厂单位发电量水耗和废水排放情况

火电厂废水处理过程是将废水中含有的各种污染物与水体分离，使其净化的过程。火力发电厂工业废水处理的方法一般分为物理处理法、化学处理法、物理化学处理法和生物处理法。物理处理法一般有调节、离心分离、沉淀、除油、过滤等。化学处理法有中和、化学沉淀、氧化还原等。物理化学处理法有混凝、气浮、吸附、离子交换、膜分离等。生物处理法有好氧生物处理和厌氧处理法。

3.2.5.1 脱硫废水处理

根据脱硫废水（一般由石灰石—石膏湿法脱硫装置产生）水质特点，首先利用消石灰进行处理，一方面可以将废水中大部分重金属离子以氢氧化物沉淀的形式去除，另一方面消石灰也可起到絮凝剂作用。

根据石灰石—石膏湿法烟气脱硫工艺的特点，浆液 pH 通常控制在 5.0 ~5.5，因此脱硫过程中排出废水的 pH 基本为 5.0 ~5.5。石灰处理过程首先是利用消石灰与废液中的酸发生中和反应，中和反应完成后过量的氢氧根离子继续与废液中的重金属离子反应，生成重金属离子的氢氧化物沉淀。此时对大多数重金属离子的氢氧化物沉淀而言，pH 控制在 8.0 ~9.0。

通常废水中的重金属有两种不同的类型：一种含有游离重金属离子；另一种则以螯合物形式存在。游离重金属离子通常采用碱化处理方法就很容易去除，但螯合形态的重金属离子的溶度积往往远低于其氢氧化物形态的溶度积，通过碱化处理不能将该类重金属离子以氢氧化物沉淀的形式去除，为此需进一步投加有机硫化物来去除该类重金属离子。

脱硫废水中大部分溶解的重金属离子可通过添加熟石灰中和形成氢氧化物沉淀的方法除去，但对某些重金属尤其是汞，用中和处理的方法不能达到令人满意的效果，因为脱硫废水中含有大量的溶解性氯化物，汞在该环境下可与氯离子形成一种可溶且非常稳定的汞-四氯合成物 [$Hg(Cl_4)^{2-}$]，该氯合物在中和处理过程中不能通过沉淀的形式被去除。

因此在脱硫废水的处理过程中通常采用有机硫化物（如 TMT15）来除去其中的重金属离子。实际处理过程中通常采用添加有机硫化物方式，中和后添加一定剂量的有机硫化物，可产生一种由金属氢氧化物和金属有机硫化物构成的沉淀，大大提高了重金属离子去除的效率。

3.2.5.2 化学水处理工艺废水处理

化学水处理工艺废水主要是离子交换设备在再生和冲洗过程中，会外排部分再生废水，其废水量约为处理水量的 1%，这部分废水虽然量不大，但水质很差，常含有大量的、含量高的酸、碱有机物。目前许多电厂常用中和池来处理再生过程中所排放的废酸、废碱液。由于酸碱中和反应的特性、阴阳离子交换器运行周期不同步性、每周期再生时的排酸和排碱量不确定性等因素，使得中和池在处理时，运行效果不太理想，排水的 pH 不稳定，中和时间过长，能耗、酸碱耗量高。目前，国内已有很多电厂将中和池废水引入冲灰系统，排入冲灰管路，由灰浆泵直接排至灰场。

3.2.5.3 工业冷却水排水

根据工业冷却水排水水质特点，由于水中的油大部分呈乳化状，需先通过投加破乳剂进行破乳处理，接着通过气浮将游离油和悬浮物进行去除。将工业冷却排水先收集入缓冲收集池，再通过泵送入反应池，反应池中投加破乳剂，经破乳处理后的废水流入接触池，与溶解空气接触，经气泡的吸附作用，废水中的浮油和悬浮物在气浮池中得以从水体中分离出来，通过刮渣机刮除。气浮处理后的部分清水再经活性炭过滤处理，用作锅炉补给水处理系统水源和电厂脱硫岛工艺用水，其余未经活性炭过滤处理的清水直接作凝汽器冷却水系统补水。

3.2.5.4　预处理站排泥水处理

根据预处理站排泥水水质特点，由于该类废水主要悬浮物含量超标，通过浓缩、脱水方式去除水中悬浮物，其中的滤液再返回澄清池。而产生的泥饼运往灰场。该类废水的处理过程如下：排泥水收集入污泥缓冲池，再通过泵送入带式浓缩脱水一体机，辅以投加脱水助剂，废水中的悬浮物以泥渣形式得以去除，滤液再返回澄清池。

3.2.5.5　含油废水处理

电厂中含油废水主要来源于油罐区及燃油泵房冲洗和雨水排水、油罐脱水，废水中含油量一般为50～800mg/L，主要采用重力分离（隔油）、气浮、吸附过滤方法处理，水中含油达5mg/L后排放或回收利用，油可回收。含油废水处理流程如下：含油废水先收集入隔油池，再通过泵送入气浮处理设备中，废水中的浮油和悬浮物在气浮设备中得以从水体中分离出来，通过刮渣机刮除。气浮处理后的部分清水再经活性炭过滤处理，用作电厂脱硫岛工艺用水。

3.2.5.6　非经常性废水处理系统

非经常性废水中主要超标物为pH、SS和COD。虽然非经常性废水一次排水量很大，但由于其排水的间断性（1年1～2次），且其水质与脱硫废水水质的相似性，可先通过一缓冲储存池储存后，再与脱硫废水混合一起处理。

3.2.5.7　含煤废水处理

煤场及输煤系统排水包括煤场的雨水排水、灰尘抑制和输煤设备的冲洗水等，其SS、pH和重金属的含量可能超标。火力发电厂输煤系统冲洗水比较污浊，带有大量煤粉。国外电厂处理煤场排水的工艺流程一般为：从煤场雨排水汇集来的水，先进入煤水沉淀调节池，然后泵入一体化净水设备，同时加入高分子凝聚剂进行混凝沉淀处理，澄清水排入受纳水体或再利用，沉淀后的煤泥用泵送回煤场。

针对火力发电厂煤场废水的特点，最近新研究设计出的序批式煤水回收处理工艺，对于浓度为1000～3000mg/L的煤场废水，处理后的出水浊度可降至20NTU（浊度单位）以下，工艺系统简单，投资不大，可完全满足回收要求。

3.2.5.8　生活污水处理

电厂生活污水的处理方法与城镇生活污水类似，但电厂生活污水中污染物浓度较低，BOD_5和SS一般为20～30mg/L，传统的活性污泥处理法适用于污染物浓度高、水质稳定的污水，而用于处理火电厂和生活污水基本上无法运行，由于有机物浓度较低，调试启动与运行困难，有时要人为地往污水中加入有机物进行调整（如粪便等），但生化处理效果仍不理想。有些电厂生化处理设施只能起到二级沉淀和一般曝气作用，造成生化处理系统设备闲置、浪费。生物接触氧化法是解决此类生活污水处理的最有效途径，即在生化曝气池中装置填料，并在不长的时间内使填料迅速挂满生物膜，污水以一定速度流经其中，在充氧条件下，污水与填料充分接触的过程中，有机物被生物膜上附着的微生物所降解，从而达到污水净化的目的。低浓度下接触氧化池中生物膜能否形成及成膜后能否保持良好、稳定的活性是接触氧化法处理的关键。通过多年来对处理电厂和低浓度生活污水的研究，在低浓度下培养并驯化生物膜，COD_{Cr}、BOD_5 的去除率分别达到75%和85%。近几年来，国内很多电厂对生活污水的中水回用高度重视，接触氧化法处理后的电厂生活污水可作为中水使用，广泛用于电厂绿化用水、冲洗用水等，对于水资源紧缺的电厂也可考虑将处理后的生活污水再进一步深度处理用作电厂循环冷却水系统的补充水。此外，生活污水也可用于冲灰水系统。

3.2.5.9　灰渣（冲灰）水处理

灰渣（冲灰）水：冲灰水的特性取决于灰（渣）本身的成分，又取决于冲灰原水的缓冲能力、水灰比、除尘方式和运行工况。而灰本身的特性则取决于煤的来源、燃烧方式、灰熔温度、除尘效率等，资料表明：冲灰水的 pH 范围为 3.3 ~ 12，其中碱性占多数，悬浮物的含量很高，可达 1000 ~ 10 000ppm。灰渣水的其他指标一般均合乎排放要求。

由于灰渣水是连续排放的，它的水量很大，故灰渣水的处理对火电厂的废水处理及回用意义十分重大。为了使灰水 pH 符合排放标准，一般采用酸碱中和、稀释、炉烟处理和灰渣水回收闭路循环等方法。为了使灰渣水的悬浮物不超标，关键是让电厂的灰池得到改进，提高灰场的管理水平，必要时辅之以适当的处理，如有的电厂采用了凝聚沉淀等处理方式。

3.2.6　固体废弃物

3.2.6.1　粉煤灰

2010 年，全国燃煤电厂发电及供热消耗原煤约 17.58 亿 t，产生粉煤灰约 4.8 亿 t，比上年增长 14.3%；粉煤灰综合利用量 3.26 亿 t，比上年增长 16.4%；燃煤电厂粉煤灰综合利用率约为 68%，与上年持平。2001 ~ 2010 年粉煤灰产生与综合利用情况如图 3-30 所示。

根据《2009 年度大宗工业固体废物综合利用发展报告》，我国粉煤灰综合利用途径主要包括以下几个方面。

1）水泥。粉煤灰用于水泥混合材和部分替代黏土。这是粉煤灰的主要消纳途径，占利用总量的 38%。

2）混凝土。粉煤灰用于商品混凝土。2009 年商品混凝土产量 7.9 亿 Nm^3，消纳粉煤 3500 万 t，占利用总量的 14%。

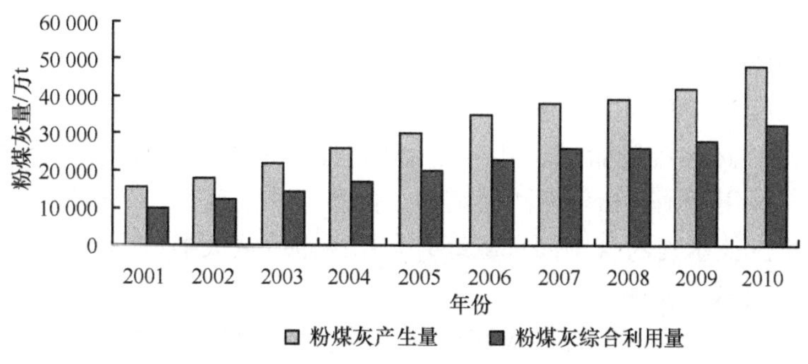

图3-30　2001～2010年粉煤灰产生与综合利用情况

3）建材产品。粉煤灰用于生产建材产品，主要包括加气混凝土砌块、空心砌块、烧结陶粒、烧结砖、蒸压（蒸养）砖等新型墙材。2009年，利用粉煤灰生产建材产品（折标砖）500亿块，消纳粉煤灰近7000万t，占利用总量的26%。

4）筑路（含回填）。粉煤灰用于稳定路面基层、沥青混凝土、护坡、护堤工程和修筑水库大坝，粉煤灰综合回填、矿井回填、填筑小坝和码头等。消纳粉煤灰占利用总量的12%。

5）农业及其他。粉煤灰用于改良土壤，制作磁化肥、微生物复合肥、农药等，约占利用总量的9%。

提取有价组分和高附加值利用。粉煤灰提取氧化铝、微珠、碳、铁、洗煤重介质，生产粉煤灰纤维，冶炼三元合金，生产高强轻质耐火砖和耐火泥浆，作为塑料、橡胶等填充料，制作保温材料和涂料等，约占利用总量的3%。

（1）生产建筑材料

a. 粉煤灰制水泥

粉煤灰水泥为国内主要水泥品种之一。我国从20世纪50年代开始粉煤灰生产水泥的研究，取得了一定成果。1999年12月1日颁布实施的水泥标准，使粉煤灰水泥技术和产品标准同国际接轨。根据粉煤灰掺量大小，可生产普通硅酸盐水泥、矿渣硅酸盐水泥（粉煤灰掺量≤15%）和粉煤灰水泥（粉煤灰掺量30%以上）。利用粉煤灰做水泥原料，其生产工艺和技术装备与生产普通硅酸盐水泥一样。由于粉煤灰掺量增加，粉煤灰水泥与普通硅酸盐水泥性能有所不同，主要是早期强度有所降低。因此，在生产中需严格控制粉煤灰及各种原料的掺入量。粉煤灰水泥具有后期强度高、水化热低、抗硫酸盐侵蚀、抗干缩等特点，与钢筋结合牢固，适用性强。主要用于大型桥梁、涵洞、堤坝、高速公路、高架路、高层建筑、机场跑道、混凝土与钢筋构件、大型混凝土工程、高温车间等建筑工程。

b. 粉煤灰砖

国内以粉煤灰为主要原料制砖，包括免烧砖、烧结砖和蒸压砖等。

c. 粉煤灰加气混凝土

粉煤灰加气混凝土以粉煤灰为基本原料，所占比例可达70%，生产技术较成熟。粉煤灰加气混凝土干容重只有500kg/Nm^3，不到黏土砖的1/3；导热率为黏土砖的1/5，具有轻质、绝热、耐火等优良性能。

d. 粉煤灰陶粒

粉煤灰烧结陶粒以粉煤灰为主要原料（粉煤灰约占80%），掺加少量黏结剂和燃料，经混合成球、高温焙烧而成。其特点是容重轻、强度高、保温、隔热、隔音、耐火。粉煤灰陶粒可用于生产粉煤灰陶粒砌块、保温轻质混凝土、结构轻质混凝土等。该技术已被作为推广技术列入《中国资源综合利用技术政策大纲》。

e. 粉煤灰制硅酸盐砌块

粉煤灰制硅酸盐砌块，是粉煤灰综合利用的重要途径。砌块中粉煤灰比例占80%以上。粉煤灰空心砌块是一种很好的新型墙体材料，具有空心质轻、砌筑方便、生产方法简单、成本低等特点。

f. 粉煤灰制砂浆

粉煤灰、水泥、砂掺入少量外加剂可以配制砌筑、抹灰、黏面砂浆。由于砂浆在建筑工程中用量很大，因此可以大量利用粉煤灰。目前尚无国家或行业技术标准和施工规范，在使用前需经过配比试验。

g. 粉煤灰制混凝土

利用粉煤灰配制混凝土，既可节省水泥又可改善混凝土的性能，具有较高的经济效益，但对粉煤灰的理化指标要求较高，要在细度、含水量、含碳量、三氧化硫含量等方面满足《用于水泥和混凝土中的粉煤灰》（GB/T1596—2005）标准要求。

（2）筑路材料

粉煤灰筑路包括作路面基层材料、代替黏土筑高速公路路堤、作水泥混凝土路面等。粉煤灰用于筑路是一种投资少、见效快、大宗量利用粉煤灰的途径。此种道路寿命长、维护少，可节约维护费用30%~80%。

1）作路面基层材料。用粉煤灰、石灰和碎石按一定比例混合搅拌可制作路面基层材料（俗称二灰石），粉煤灰掺量最高可达70%。按照《粉煤灰、石灰道路基层施工暂行技术规定》（CJ4—83）进行生产和施工。此种道路路基，既节约用土，又提高路基的整体性和后期强度。目前有粉煤灰资源的城乡道路多采用此种路面基层材料，随着我国城乡道路和公路事业的发展，粉煤灰用量会越来越大。

2）代替黏土筑高速公路路堤。自20世纪80年代末，我国高速公路设计一直在探索如何利用工业废渣来填筑路基。用粉煤灰代替黏土筑路堤有全灰和间隔灰两种，施工设备和步骤与黏土路堤相同，技术上已经成熟。1985年开工建设的沪嘉高速公路是我国第一条使用粉煤灰建设的高速公路；河北省邢台至临清高速公路一期工程、连徐高速公路等工程均大量利用了粉煤灰。

粉煤灰代替黏土筑公路路堤主要有两种方式。一是在粉煤灰中加少量水泥或石灰，作为高速公路路基中间层的铺设材料，具有强度高、压缩性小、固结快的特点，可有效缩短施工周期，减小路面沉降和路面维修工作量。二是采用纯粉煤灰代替黏土，不加水泥或石灰，板体性、水稳定性和冰冻稳定性均好于纯黏土，可缩短施工周期，减小路面沉降。

3）水泥混凝土路面。高速公路水泥混凝土路面滑模摊铺施工对水泥混凝土的路用性能有特殊的要求，混合料既要具有良好的工作性能，又要提高抗折强度。掺入粉煤灰，是提高水泥混凝土性能的有效手段。

(3) 回填

利用粉煤灰回填低洼地、矿井采空区、煤矿塌陷区、工程回填、围海造田、回填荒山沟和回填砖厂取土坑等时，可大量使用粉煤灰。用粉煤灰代土或其他材料在建筑物的地基、桥台、挡土墙做回填，由于其容重轻（比大多数土轻25%~50%），故可在较差的低层土上应用，减少基土上的荷载，降低沉降量。同时粉煤灰最佳压实含水率较高，对含水率变化不敏感，抗剪强度比一般天然材料高，便于潮湿天气施工，可缩短建设工期，降低造价。施工方法、设备均与填土相同。

(4) 农业

粉煤灰主要用于改良土壤、制作磁化肥、微生物复合肥等。农业用粉煤灰应符合GB8173—87《农田粉煤灰有害元素控制标准》的要求。粉煤灰改良土壤，使其容重、密度、孔隙度、通气性、渗透率、三相比关系、pH等理化性质得到改善，起到增产效果。用粉煤灰改良黏性土、酸性土效果明显。每亩①掺灰量应控制在1.5万~3.0万kg（累计量），在适宜的施灰量下，对小麦、玉米、水稻、大豆等能增产10%~20%，但对砂质土不宜掺施粉煤灰。在粉煤灰灰场上种植乔木、灌木，可减少扬尘和增加绿化面积。种植前施入适量有机肥和氮肥，对无灌溉条件的山区灰场，严重干旱时可采用挖渠引排灰水灌溉的方式保持一定水分。灰场上种植推荐树种为柳树、荆条、刺槐、紫穗槐等。

(5) 从粉煤灰中提取矿物和高附加值产品

a. 粉煤灰中提取漂珠

漂珠是粉煤灰中的一种微态轻质、中空、表面光滑，能漂在水面上的珠状颗粒。具有微小、空心、轻质、耐磨、耐高温、导热系数小、电绝缘性能好、强度高、无毒无味等特征。

漂珠可制作多种产品：漂珠保温、耐火制品、塑料制品填充料、耐磨制品、橡胶制品填充料及建筑材料、涂料等。其中已批量生产且技术成熟的产品是保温冒口套（冶炼用）、轻质隔热耐火砖和轻质耐火砖。另有批量生产的是做塑料填料、刹车片等。漂珠做塑料填充料可降低成本1/5，用其填充改性的塑料具有优异的加工性、耐磨性强、表面光亮、柔弹性能好、不结垢、耐腐蚀等特点。生产的刹车片能耐450℃高温，可用于各种车辆、石油勘探等钻井设备中，价格便宜。漂珠可以生产高强轻质耐火砖和耐火泥浆。漂珠主要利用湿法自然分离取得，如利用水灰场、排灰沟池等捞取。目前，火力发电厂以干除灰方式为主，干法选取漂珠，但是技术上存在困难，故漂珠数量在不断减少。

① 1亩≈667m^2，下同。

b. 提取氧化铝

从氧化铝含量40%以上的高铝粉煤灰中提取氧化铝、白炭黑，同时把产生的废弃物硅钙渣用于联产水泥熟料。内蒙古准格尔地区的粉煤灰中含有较高的氧化铝和氧化硅。熔炼实验表明，在各种熔炼情况下可得到多种参数的硅铝合金，其中包括含有77%铝和23%硅标准参数的硅铝合金。高铝粉煤灰提取氧化铝是开发伴生铝资源的新途径。利用高铝粉煤灰提取氧化铝联产水泥的中试研究和产业化技术均已通过技术鉴定，年产40万t粉煤灰提取氧化铝项目正在内蒙古实施。

(6) 粉煤灰高附加值技术发展方向

a. 粉煤灰提取氧化铝

高铝粉煤灰产区推进粉煤灰提取氧化铝技术。其主要工艺流程如图3-31所示。

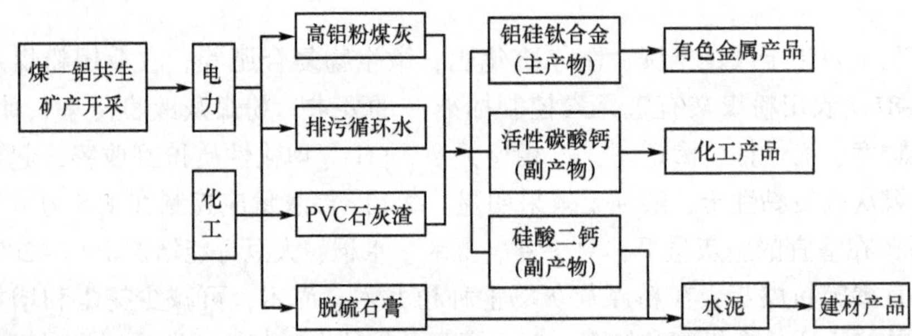

图3-31　粉煤灰提取氧化铝联产水泥工艺流程

b. 利用粉煤灰制作纤维纸浆

粉煤灰制纤维纸浆是利用粉煤灰等工业废弃物为原料生产造纸用浆。将粉煤灰和其他辅料等按一定比例投料，在特定工艺条件下，经过一系列的生产加工过程，最后生产出纤维直径、长度、韧性、强度和渣球等均符合造纸企业抄纸技术要求的无机纸浆。

粉煤灰制纤维纸浆及造纸过程无三废排放，克服了传统造纸业与人类生存争水源、污染水源的弊端。生产1t粉煤灰纤维纸浆可消纳1.4t粉煤灰，可替代30%~50%的植物纤维，节省原木耗费，保护森林资源和生态环境，减少造纸原料进口量，降低造纸成本。

c. 粉煤灰制备超细纤维

粉煤灰可制备无机氧化物超细纤维，其主要用途包括如下几个。

1）替代岩矿棉应用于工业。全球岩矿棉的需求以每年3.9%的速度递增，国际上主要应用于住宅保温领域。应用以粉煤灰等废弃物制造的超细纤维替代岩矿棉，对于减少天然矿岩开采、保护生态有重要意义。该项技术已列入《中国资源综合利用技术政策大纲》。

2）作工业保温、隔音、吸声、隔热材料。这类制品主要是棉状、树脂棉、粒状棉、板、毡、管壳、装饰吸声板等。

3）作建筑节能新材料、轻质装饰板材。可降低目前建筑节能材料的成本，有助于建筑节能材料的推广和节能目标的实现。

4）作纤维复合板材。粉煤灰超细纤维经表面处理后，用于与聚合物材料（如 PVC）混合制备无机有机复合材料，有板材、块状、棒状和结构件，可广泛地应用于建筑装饰、车船结构、耐压耐腐、印刷电路等领域，能够替代密度板材，节省森林资源。

5）作改性沥青专用纤维材料。公路用沥青必须添加纤维进行改性，使之冬季低温不开裂、夏季高温不软化，才能达到国家规定的标准。我国通常添加的改性纤维是从国外进口的，价格昂贵，成本高，用途受限。该技术可有效降低改性纤维成本，满足改性沥青要求。

3.2.6.2　脱硫石膏

自 2005 年以来，我国燃煤电厂大规模建设烟气脱硫装置，烟气脱硫副产物产生量快速增加。由于石灰石—石膏湿法脱硫技术为主流技术，脱硫石膏占脱硫副产品产量的 95% 以上。随着脱硫装机的快速增长，脱硫石膏产量由 2005 年的 500 万 t 迅速增加至 2010 年的 5230 万 t。尽管脱硫石膏的综合利用率在不断增长，2010 年综合利用率已达到 69%，但仍有累积库存近 8000 万 t。2005 ~ 2010 年脱硫石膏产生与综合利用情况如图 3-32 所示。我国燃煤电厂生产的脱硫石膏主要应用于水泥和石膏板行业，另外在粉刷石膏、石膏粉、石膏黏结剂、农业、矿山填埋灰浆以及公路路基材料等领域也有所应用，但均未形成工业规模。

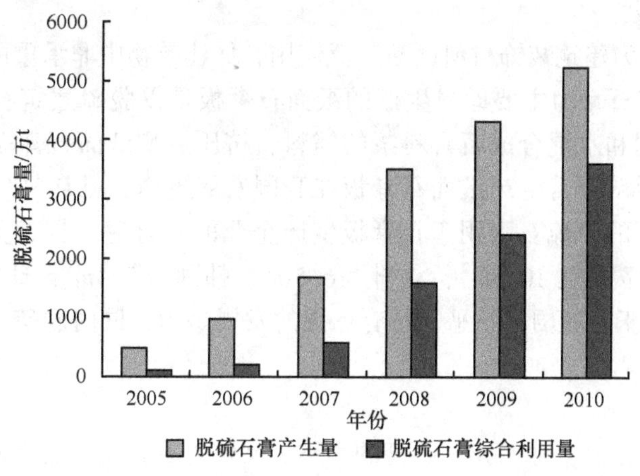

图 3-32　2005 ~ 2010 年脱硫石膏产生与综合利用情况

(1) 水泥缓凝剂

在水泥生产中，为了调节和控制水泥的凝结时间，一般需掺入石膏作为缓凝剂。石膏还可促进水泥中硅酸三钙和硅酸二钙矿物的水化，从而提高水泥的早期强度以及平衡各龄期强度。根据其在日本的应用情况来看，现已证明了脱硫石膏可用作水泥辅料，在纯度、粒度、微量成分等性能上完全没有问题，在水泥行业中代替天然石膏完全具有可行性，脱硫石膏能够正常调节水泥的凝结时间，水泥性能正常发展，水泥强度、凝结时间等指标均达到国家有关标准。虽然用作水泥缓凝剂附加值不高，利润也不可观，但却不失为大规模处理脱硫石膏的主要途径之一。

由于水泥企业的生产工艺是按照块状的天然石膏设计，而脱硫石膏含有高于10%的外在水分，使其输送、计量等方面存在一定问题，影响了脱硫石膏在我国水泥领域中的利用。目前，水泥厂有直接加原状脱硫石膏的；也利用经过造粒后的脱硫石膏（将脱硫石膏制成直径为20～40mm的石膏小球，为防止压碎，石膏小球需要风干或烘干至具有一定的强度，以达到水泥厂的使用要求），输送、计量的效果等同于天然石膏。

（2）石膏建材

脱硫石膏焙烧成热石膏用于石膏建材，如粉刷石膏、纸面石膏板、自流平石膏、石膏砌块、石膏抹墙砂浆、陶模石膏、纤维石膏板（包括石膏刨花板）等。

a. 粉刷石膏

粉刷石膏（又称石膏砂浆、石膏干粉砂浆）具有强度高和易性好、成本低等特点，特别是利用脱硫石膏和粉煤灰混合型粉刷石膏，后期强度均好于单一石膏产品，其耐水性明显提高。粉刷石膏是符合国家产业政策和建筑节能要求的新型绿色建材，是传统水泥砂浆或混合砂浆的换代产品。国内应用电厂烟气脱硫石膏生产建筑石膏粉、粉刷石膏的厂家较多，产品加工方式多样，但产量较小。目前粉刷石膏在我国北方地区得到了推广利用，据预测，粉刷石膏用量以每年20%以上的速度递增，是一种有发展潜力的室内抹灰产品，市场潜力巨大。

b. 纸面石膏板

纸面石膏板作为建筑装饰材料已被广泛使用，如建筑物中非承重内墙体、室内吊顶材料等。利用脱硫石膏为主要原料生产的纸面石膏板是以脱硫建筑石膏为基材，掺入以纸纤维等外加剂和水混合成石膏料浆的辅料，挤压成型纸面石膏板带，经切割干燥而成。近年利用脱硫石膏生产纸面石膏板在我国发展迅速，已初具规模，尤其在江苏和上海等地区电厂的脱硫石膏用于石膏板生产企业的较普遍。据相关资料，目前美国纸面石膏板人均消费量为10.5m^2、欧洲为6.5m^2、韩国为5.4m^2、日本为4.7m^2，我国目前为1.3m^2，低于上述国家水平，具有巨大的发展潜力，同时脱硫石膏利用于石膏板仍有较大空间。

c. 自流平石膏

自流平石膏是自流平地面找平石膏的简称，又称为石膏基自流平砂浆，是由石膏材料、特种骨料及各种建筑化学添加剂混合均匀而制得的一种专门用于地面找平的干粉砂浆。采用自流平石膏施工的地面，尺寸准确，水平度极高，不空鼓、不开裂；作业时轻松方便，效率高；成本低于水泥砂浆。

目前在我国的建筑物施工中，基本上仍然使用水泥砂浆并采用传统的手工方法来做找平层。但自流平石膏在国外应用非常普遍，有成熟的施工技术及配套的施工机具。例如，自流平石膏在欧洲已有几十年的历史，且约20%的脱硫石膏用于自流平石膏。自流平石膏在我国建材市场上是世界上所有成熟石膏产品中尚未产业化的产品，其发展潜力巨大。

d. 石膏砌块

石膏砌块加工性好，轻质高强，是一种适用于大开间灵活隔断的良好的墙体砌块。生产石膏砌块可大量消耗脱硫石膏，1m^2 砌块可消耗脱硫石膏原料110kg，建设50万m^2

生产线就可消耗脱硫石膏 5.5 万 t。但石膏砌块产品受市场和经济性制约，产值低、能耗高，运输半径较小，只适合在大中城市附近发展。受粉煤灰制品和各种废渣砌块的制约，目前只在北京、山东、湖北、四川等地区有较大的推广应用，产量仅为几百万平方米，可利用脱硫石膏量相对有限。由于生产成本较高，目前大部分生产线都是 10 万 m^2 以下的小生产线，难以形成规模化的生产和技术应用。

e. 水硬性石膏基胶凝材料

用熟石膏与水泥和（或）矿渣等矿物掺和料配制成水硬性胶凝材料，用于制备混凝土或者抹灰，苏联在 20 世纪 50 年代起开展了大量的研究和应用，其耐久性同硅酸盐水泥混凝土相当，且耐硫酸盐和碱性介质以及某些矿物水的性能更好。最近几年，国内也开展了用煅烧脱硫石膏与矿渣、钢渣或粉煤灰配制胶结材的研究。例如，用 170 ~ 200℃煅烧的脱硫石膏与粉煤灰、水泥、熟石灰配制胶凝材料；用 500 ~ 700℃煅烧的脱硫石膏与矿渣、钢渣、粉煤灰加激发剂配制复合胶凝材料。这些胶凝材料可以制备各种不同的建筑材料制品。

f. 用于制造模具石膏

我国模具石膏市场较大，但是目前使用脱硫石膏制造模具石膏还存在技术工艺和脱硫石膏白度的问题，工艺不成熟，有待进一步开发新技术。

(3) 改良土壤

据农业部统计，我国西北、华北、东北共有 34.6 万 km^2 的盐碱土地，严重时寸草不生、长年荒芜，极大地影响了我国的农业生产和生态环境。石膏作为盐碱地的改良剂，已经有百年历史，但天然石膏价格高，改良盐碱地成本大，影响了石膏的推广应用。脱硫石膏的重金属含量以及污染物含量远远低于国家有关标准，脱硫石膏的出现开辟了盐碱地改良技术的新途径。按每亩加脱硫石膏 1.5t 计，则土壤改良需要的脱硫石膏约 7 亿 t。但由于受运输的限制，脱硫石膏用于土壤改良的量有限。

(4) 回填路基材料

大规模公路建设对路基回填材料量的需求很大，对质量要求也越来越高。研究利用脱硫石膏作为修筑道路的回填材料，既可以为筑路提供材料来源，又可以解决脱硫石膏的利用问题。

(5) 脱硫石膏综合利用新技术展望

a. 制备超高强 α 石膏粉技术

石膏作为三大胶凝材料之一，具有非常优良的绿色节能优势。与水泥相比其生产能耗低、生产过程中无二氧化碳排放，并且石膏可以重复利用，不会产生建筑垃圾。但目前普通石膏粉与水泥相比，在强度等物理力学方面性能差，制作一般建筑制品不具有经济、技术优势。超高强 α 石膏则成功弥补了普通石膏的这一缺点，其干抗压强度可以达到 50MPa 以上，远高于普通水泥的力学性能。目前超高强 α 石膏粉的原料主要以高品位天然石膏为主，由于高品位石膏地域分布不均衡，运输成本高，大大限制了超高强 α 石膏粉在建材领域的普遍运用。

脱硫石膏产生地域广，用其生产超高强 α 石膏粉具有资源、技术、经济等方面的显著优势，将会推动我国工业副产石膏行业的技术进步，推动低碳、绿色建筑材料制备技术的发展。

b. 利用脱硫石膏制备高附加值产品技术

当前工业副产石膏综合利用还主要用于低端石膏制品，其产品附加值较低，经济效益差。高附加值石膏产品，如石膏晶须、GRG 制品、高档模具石膏粉等，大部分还需要进口。而从市场售价来看，高附加值石膏产品的售价通常是普通石膏粉的 15 ~ 30 倍。因此利用工业副产石膏制备石膏晶须等高附加值产品，将是提高工业副产石膏附加值的有效途径。

c. 利用脱硫石膏制备自流平石膏技术

自流平石膏在日本和西欧国家应用比较普遍，但我国的自流平石膏产业处于刚刚起步阶段，因此市场潜力巨大。利用脱硫石膏开发自流平石膏产品，可以拓宽脱硫石膏的利用途径，提高利用率。

d. 利用脱硫石膏散料做水泥缓凝剂技术

通过对水泥喂料系统进行改造，直接使用脱硫石膏散料替代天然石膏，用作水泥缓凝剂，不需要成球。该技术可以大幅度降低水泥生产企业利用脱硫石膏的成本，提高水泥企业利用脱硫石膏的积极性，进而提升水泥行业脱硫石膏对天然石膏的替代率。

e. 利用脱硫石膏制备纸面石膏板技术

目前脱硫石膏制备纸面石膏板是脱硫石膏利用的第二大途径，尽管国内大部分纸面石膏板企业都能利用一部分脱硫石膏，但总体而言利用率仍然偏低，能够实现 100% 脱硫石膏制备纸面石膏板的生产线很少。发展全部以脱硫石膏为原料，且单线能力在 2000 万 m^2 及以上的纸面石膏板生产线，对于提升脱硫石膏的综合利用量具有非常大的帮助。

f. 利用脱硫石膏制备石膏砌块技术

目前影响脱硫石膏在砌块行业利用的主要因素是颗粒级配不合理、杂质含量高导致石膏砌块开裂、返霜等。可通过对脱硫石膏采取颗粒级配优化、杂质含量控制等相应的技术措施予以解决。发展全部使用脱硫石膏或脱硫石膏作为石膏原料，且单线能力在 30 万 m^2 及以上的石膏砌块生产线建设或者改造项目，将有利于提升脱硫石膏在石膏砌块行业的利用量。

g. 利用脱硫石膏制备免煅烧石膏砂浆生产技术

每煅烧 1t 脱硫石膏，能耗成本大约为 60 元。脱硫石膏免煅烧技术减少了煅烧生产工艺，可减少相应设备、能源投入，且脱硫石膏是一种工业废物，所以可大幅降低石膏砂浆产品整体成本。

h. 利用脱硫石膏制备建筑石膏的快速煅烧技术

脱硫石膏的特点是品位高、粒度细、自由含水量大，因此煅烧和干燥能耗高，如果照搬国内现有的天然石膏煅烧工艺，较高的处理成本将降低其市场竞争力，且不能确保煅烧出脱硫石膏含量高、半水相稳定的建筑石膏，故开发节能、高效、高质量的煅烧工艺及设备是赶超世界先进水平的关键所在。

（6）脱硫石膏综合利用存在的主要问题

a. 政策层面

1）现有政策向脱硫石膏产业倾斜力度不够。一是已有的推动脱硫副产物（石膏）发展的政策法规还很不完善，系统性不强。我国现有的推动脱硫石膏综合利用的政策以指导意见、财税政策为主，缺少具体的奖惩和监督管理办法，政策执行力度不够，约束力不强，亟须出台系统全面的产业政策。二是对脱硫石膏综合利用激励政策扶持力度不够大。三是现有的政策不利于脱硫石膏产业的发展。我国是天然石膏的存量大国，天然石膏的资源开采成本较低，现有的资源税政策不利于脱硫石膏利用。

2）技术政策对脱硫石膏综合利用的推动作用不足。一是国家对脱硫石膏综合利用基础性、前瞻性技术研发投入不足，多数企业研发能力较弱，技术装备落后，缺少研发投入的积极性。二是标准体系不完善，缺乏脱硫石膏综合利用产品和与脱硫石膏应用相适应的行业或技术标准。三是对脱硫石膏利用的配套技术重视不够。

3）现有组织方式对企业协调力度不足。一是脱硫石膏综合利用的组织协调力度不足。二是对企业的经营引导、技术支持和信息服务落后。企业在获取信息、技术、市场等方面处于弱势，亟须搭建信息交流、技术服务平台。

b. 技术层面

1）我国丰富的天然石膏资源限制了脱硫石膏的利用。我国石膏矿产资源储量丰富，已探明的各类石膏总储量超过600亿t，居世界首位。在天然石膏丰产区，脱硫石膏没有成本及技术上的优势，其应用受到严重阻碍；而天然石膏资源比较贫乏的华东地区，脱硫石膏综合利用较好。

2）脱硫石膏品质不稳定。尽管理论上脱硫石膏品质要高于天然石膏，但由于我国部分燃煤电厂除尘脱硫装置运行效率不高，加之电煤的来源不稳定，导致脱硫石膏品质不稳定；脱硫石膏有时在纯度、含水率、氯离子含量等一些技术指标上存在变动，导致不能满足使用单位要求，降低了综合利用率。

3）技术能力支撑不足。由于缺乏低成本预处理技术及大规模、高附加值利用关键共性技术，制约了工业副产物石膏综合利用产业的发展。现有的一些成熟的先进适用技术，如脱硫石膏生产石膏砖、石膏砌块、水泥缓凝剂技术等，在部分地区并没有得到很好的推广应用。

4）部分建筑石膏用途尚未产业化。我国脱硫石膏目前主要用于石膏板和水泥缓凝剂，其他用途方面，如用于生产胶凝材料（包括粉刷石膏、腻子石膏、模具石膏、自流平石膏和高强石膏粉）的比例较低。受成本、施工工具、市场等因素影响，脱硫石膏生产胶凝材料产业化的发展非常缓慢。

5）企业规模小。脱硫石膏综合利用并非电力企业的主营业务，受重视程度有限。专业从事脱硫石膏综合利用的企业，除部分石膏板企业规模较大外，其他企业以中小型为主，产值较低，缺乏具有较强市场竞争力的跨区域、跨省份的大型专业化企业集团，企业资源整合能力差，无法获得规模效益。

3.2.6.3　固体废弃物资源化技术路线

结合国内外固体废弃物资源化的现状及发展趋势，预计我国固体废弃物资源化技术的发展将经历如下3个阶段：

1）2012~2020年，以大宗粉煤灰和脱硫石膏利用为主，推广示范大掺量粉煤灰混凝土路面材料技术，高铝粉煤灰大规模生产氧化铝联产其他化工、建材产品成套技术，粉煤灰冶炼硅铝合金技术，余热余压烘干、煅烧脱硫石膏技术，利用脱硫石膏改良土壤技术等高附加值利用。

2）2021~2030年，以大宗粉煤灰和脱硫石膏利用高附加值利用为主，示范粉煤灰分离提取炭粉、玻璃微珠等有价值组分和高附加值产品技术，脱硫石膏用于超高强α石膏粉、石膏晶须、预铸式玻璃纤维增强石膏成型品、高档模具石膏粉等高附加值产品生产技术。推动废物资源化利用产业链延伸，逐步形成区域循环经济。

3）2031~2050年，以大宗粉煤灰和脱硫石膏利用高附加值利用为主，推广粉煤灰分离提取碳粉、玻璃微珠等有价组分技术，脱硫石膏用于石膏晶须等高附加值产品生产技术。

3.3 污染物协同控制技术的发展前景

随着环保法规、标准的日趋严格，不仅需要控制的污染物种类不断增加，而且控制的要求越来越严厉，如果每种污染物均设置独立的脱除设施，不仅系统复杂，而且投资和运行成本大大增加，为此，对火电厂多种污染物进行协同控制已成为今后一段时期内电力行业的重要任务。

燃煤电厂多种污染物的控制方式主要有3种：一是从源头进行控制，即减少煤电在电力结构中的比例，扩大清洁能源的比例，同时提高燃烧煤质量、扩大洗煤比例，减少污染元素进入燃煤电厂；二是提高燃煤电厂的煤炭转换效率，即通过火电机组的结构调整，降低燃煤发电煤耗、提高清洁生产水平来减少污染物的产生；三是实施末端治理，利用常规污染物的协同控制作用和专用的多污染物控制设施来减少污染物的排放。

3.3.1 源头控制技术的发展前景

3.3.1.1 基于源头控制的燃煤发电技术对污染物协同控制分析

目前，电力工业已形成了以脱硝、除尘、脱硫相结合的方式，来控制燃煤烟尘、SO_2、NO_x的排放。到2010年年底，供电煤耗333g/(kW·h)，较2005年下降37g/(kW·h)，相当于累计节约标煤约3.2亿t，相应减排CO_2约9亿t，同时也减少了烟尘、二氧化硫、氮氧化物的排放。电力工业历年供电煤耗变化情况如图3-33所示。

“十二五”期间，电力工业将按照“优化发展煤电，优先开发水电，大力发展核电，积极推进风电、太阳能等新能源发电”的原则，一方面大力优化火电结构，发展超（超）临界技术、整体煤气化联合循环发电、循环流化床、热电联产，加强现有机组的技术改造，关停高能耗小火电机组，提高煤电机组综合能效；另一方面加大优化电力结构，可再生能源及核能等无碳或低碳发电技术的发展，提高其在电源结构中的比例，优化电力结构，降低燃煤污染物的排放。

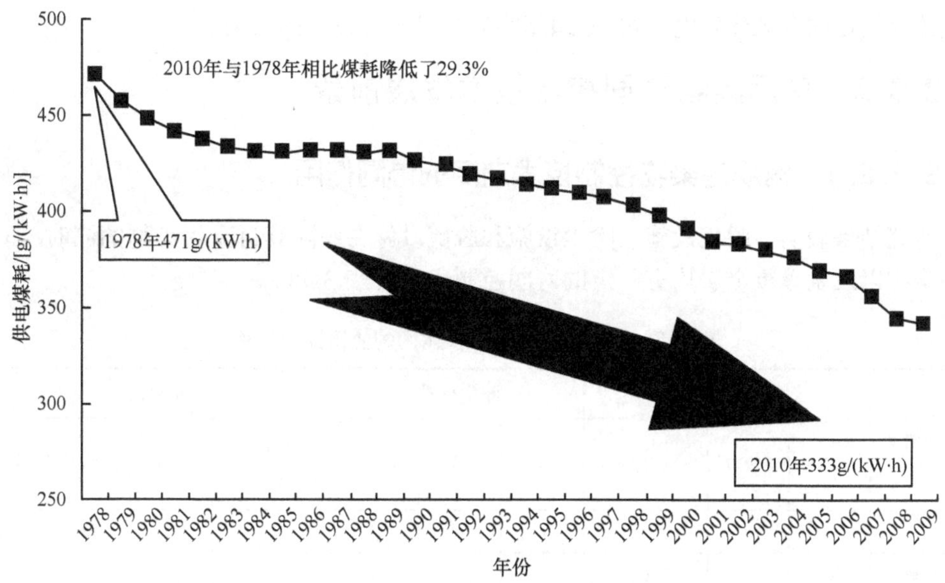

图3-33　电力工业历年供电煤耗的变化

预计到2015年和2020年，煤电容量比例将由2010年的73%分别下降到67%和65%，供电煤耗分别下降到325g/(kW·h)和320g/(kW·h)。

3.3.1.2　多种污染物源头控制技术发展前景

加快火电技术升级是今后火电技术的发展方向。在洁净煤发电技术中，提高蒸汽参数是提高效率幅度最大、最为基本的发展途径。目前，超超临界（USC）发电机组配以高效除尘、脱硫、脱硝装置，既提高了能源利用效率，又使常规污染物降低到较低水平，而且技术成熟，是现阶段改变我国火电能源结构的有效措施，也是实现多种污染物联合控制最有效的方式；超临界（SC）机组虽效率低于USC机组，但技术更为成熟，具有更广泛的适应性，且造价相对较低。

循环流化床（CFBC）在我国已实现大型化和规模化。在目前情况下，我国新建常规燃煤发电机组已配置脱硫、除尘、脱硝等装置，循环流化床机组在燃常规煤种的前提下，相对于配置脱硫脱硝装置的超（超）临界机组已无明显优势；且大型循环流化床机组正在示范，可靠性、经济性仍需提高。由此可见，对于常规煤粉，循环流化床技术应用排位已低于IGCC。但循环流化床机组燃劣质煤（如煤矸石）具有技术优势，且随着超（超）临界循环流化床技术的成熟，CFBC仍具有较大的应用空间。

其他技术，如化学链燃烧等技术有待突破，在系统节能、提高能效利用、减少污染物排放方面有所期待，仍处于比较前沿阶段。

结合国内外燃煤发电技术现状及发展趋势，预计我国燃煤发电技术的发展将经历以下两个阶段：

1）2012～2020年，大力优化煤电结构，关停高能耗小火电机组，广泛应用超（超）临界技术、空冷发电技术，示范推广整体煤气化联合循环发电、超临界循环流化床劣质煤燃烧技术、700℃超超临界燃煤发电技术，提高煤电机组综合能效。

2）2021～2030年，以高性能、高可靠性、高经济性的超超临界技术为主，快速发展整体煤气化联合循环发电、700℃超超临界燃煤发电技术的应用。

3.3.2 多污染物协同控制技术发展前景

3.3.2.1 常规污染物控制技术之间的协同作用

研究结果表明，脱硝设施、除尘设施和脱硫设施在脱除其自身污染物的同时，对其他污染物以及汞等重金属均有一定的协同控制作用（表3-18）。

表3-18 典型污染物控制技术间的协同控制作用

污染物种类	脱硝技术			除尘技术			脱硫技术			
	SCR	SNCR	SNCR-SCR	电	袋	电袋	石灰石—石膏湿法	干法	海水法	氨法
烟尘	o	o	o	√	√	√	●	o	●	●
二氧化硫	o	o	o	o	o	o	√	√	√	√
氮氧化物	√	√	√	o	o	o	●	●	o	●
超细颗粒	o	o	o	√	√	√	●	o	●	●
重金属	▲	o	▲	●	●	●	●	●	●	●

√：直接作用；▲：间接作用；●：协同作用；o：基本无作用或无作用。

3.3.2.2 多种污染物协同控制新技术及发展前景

（1）多种污染物协同控制新技术

a. 国外

目前，国外正在研究开发的多种污染物协同控制新技术主要有如下几个：①同时控制二氧化硫和氮氧化物的技术，如美国Mobotec公司开发的ROFA和ROTIMAZX技术、THERMALONNO$_x$技术、FLU-ACE技术等；②同时控制氮氧化物和汞的技术，如LoTO$_x$低温氧化技术；③同时控制二氧化硫、氮氧化物和烟尘的技术，如SO$_x$-NO$_x$-Ro$_x$Bo$_x$（SNRB）技术、活性焦技术；④同时控制二氧化硫、氮氧化物、重金属汞的技术，如电子束技术、等离子技术、活性炭技术、电催化氧化（ECO）工艺、EnviroScrubPahlman工艺、LoTO$_x$工艺等；⑤同时控制二氧化硫、氮氧化物、烟尘、重金属汞的技术，如活性焦技术。

b. 国内

我国在积极跟踪世界先进技术发展的同时，一方面在外方的技术支持下，开展工业性或示范性试验研究，如电子束同时脱硫脱硝技术、ROFA同时脱硫脱硝技术、活性焦同时脱硫脱硝脱汞技术等；另一方面，针对燃煤电站烟气SO_2、NO_x、$PM_{2.5}$、汞等多种污染物以及温室气体CO_2的排放，立足现状，着眼未来，组织开展适合我国国情的燃煤电站多污染物协同控制技术与装备及管理体系研究，其控制技术主要包括：①同时脱硫脱硝脱汞技术，包括湿法、干法、低温SCR等；②多污染物与CO_2联合控制技术；③超细粉尘高效捕集技术；④提高现有非汞污染物控制设施对汞协同控制性能技术；

⑤硝汞协同控制多效催化剂及其再生工艺；⑥燃煤电厂 NO_x-SO_2-Hg 资源化控制技术。

（2）发展方向

结合现有脱硝、除尘和脱硫设施，进行 $PM_{2.5}$、汞等污染物脱除功能拓展，或实现脱硫脱硝脱汞一体化，实现脱除副产物的资源化技术等，无需增加太多设备，实现多污染物协同控制是当前重点发展的方向之一，现有烟气治理设施技术相对比较成熟，运行、维护、管理已经走上正轨，现有设施上的功能拓展，对场地、一次投资、运行维护费用及管理模式冲击不大，该研究方向对现役机组多污染控制意义重大。今后应通过组建系统的技术攻关，研究要多点切入，寻求多方面的突破，以期在较短的时间内，形成适合我国国情的自有技术。

3.4　燃煤发电环保法规政策分析

3.4.1　我国燃煤发电环保法规政策分析

我国环境保护工作起步于 1972 年，我国派代表参加了联合国召开的第一次人类环境会议；1973 年 8 月，国务院召开了第一次全国环境保护会议；1978 年 3 月新修订的《中华人民共和国宪法》中首次明确写入“国家保护环境和自然资源，防治污染和其他公害”；1979 年 9 月颁布了《中华人民共和国环境保护法（试行）》。在此期间，我国在 1973 年制定的第一部污染物排放标准《工业“三废”排放试行标准》（GBJ4—73）中，将电厂 SO_2 的排放限值放在首位。

经过 30 多年的环保法规、制度建设，至今，除了《中华人民共和国宪法》中对保护环境和节约资源的原则要求外，我国已经制定了 1 部具有综合性质的环境保护法律、7 部污染控制法律、1 部清洁生产促进法律、1 部循环经济促进法律、16 部自然资源与生态保护法律、4 部相关法律和国家制定的中长期规划中节能减排的约束性要求。由于我国的环保与资源节约法律主要是规定原则，在绝大多数情况下不能直接对电力企业产业影响，因此需要配套相关法规、标准、规章、相关文件和行政解释来操作。对电力工业污染物控制工作有重要影响的制度和要求详见表 3-19。

表 3-19　我国相关环保法律及其对电力工业污染物控制有重要影响的制度和要求

类别	名称、数量	主要内容或对电力工业有重要影响的制度和要求
综合	宪法、物权法、行政许可法、环境保护法（行政法）	—
污染控制	大气污染防治法、水污染防治法、固体废弃物污染环境防治法、放射性污染防治法、环境噪声污染防治法、环境影响评价法、海洋环境保护法（7 部，均为行政法）	三同时制度；环境影响评价制度；环境设施竣工验收制度；污染物达标排放制度；限期治理制度；排污收费制度；主要污染物年排放总量控制制度；污染物排放申报制度；污染源监测制度等。在大气污染防治法中，对新建、扩建排放二氧化硫的火电厂是否位于“两控区”在实施排放标准和污染物总量控制上有区别要求

续表

类别	名称、数量	主要内容或对电力工业有重要影响的制度和要求
清洁生产	清洁生产促进法（1部，行政法）	清洁生产审核；限期淘汰的生产技术、工艺、设备以及产品的名录；节能、节水、废物再生利用等的产品标志；定期公布污染物超标排放或者污染物排放总量超过规定限额的污染严重企业的名单等
循环经济	循环经济促进法（1部）	行政区域主要污染物排放、建设用地和用水总量控制指标；重点行业能耗、水耗监督管理制度；鼓励、限制和淘汰的技术、工艺、设备、材料和产品名录制度等
自然资源与生态保护	水法、海域使用管理法、农业法（摘录）、渔业法、土地管理法、水土保持法、矿产资源法、森林法、草原法、电力法、煤炭法、可再生能源法、节约能源法、气象法（行政法）、野生动物保护法（行政法）、防沙治沙法（行政法）（16部，其中3部行政法、13部经济法）	生态保护区划定；水资源收费；编报水土保持方案；水资源审批、土地资源审批；可再生能源发电强制并网；节能目标责任评价考核；固定资产投资项目节能评估和审查；落后用能产品淘汰；重点用能单位节能管理、能效标识管理；节能奖励；强制性节能标准等
其他	标准化法（经济法）、城乡规划法（行政法）、刑法（刑法，节录）、文物保护法（行政法，有关环境部分4部）、国家中长期规划中的约束性指标	强制性排放标准和技术标准；特殊环境（区域、条件）下的限制项目建设要求；总量分配及考核；污染环境罪等

我国的大气环境管理是以命令控制型为主，辅之以经济手段。强制性的环境保护制度主要体现在《环境保护法》《大气污染防治法》国务院有关条例和办法之中，同时，政府主管部门依据法规的原则性规定颁布一系列的强制性规定，如《火电厂大气污染物排放标准》（GB13223—2003）。强制性的环境管理制度主要有环境影响评价、污染物总量控制、排放标准等，经济手段有排污收费和脱硫电价等政策。

尽管我国基本形成了大气污染物控制的法规体系，但实际工作仍以行政命令文件和行政管理手段为主，并呈现行政命令多于法制管理，强制命令多于引导政策，制度之间叠床架屋矛盾交叉的情况，尤其是对火电厂的二氧化硫控制的规定重复交叉较为严重。污染物控制法律法规体系有待进一步调整、污染物排放对全国宏观环境影响的科学分析应进一步加强、污染物控制电价机制有待进一步完善、以排污权交易为重点的市场机制应充分发挥作用。

针对火电厂大气污染物控制政策，本书按强制性和引导性分类分析。火电厂大气污染物控制法规政策框架见图3-34。

3.4.1.1 强制性政策

在大气污染物控制政策中，为解决火电厂大气污染问题，制定了多项强制性政策，可集中反映在行政许可和过程控制两个方面。

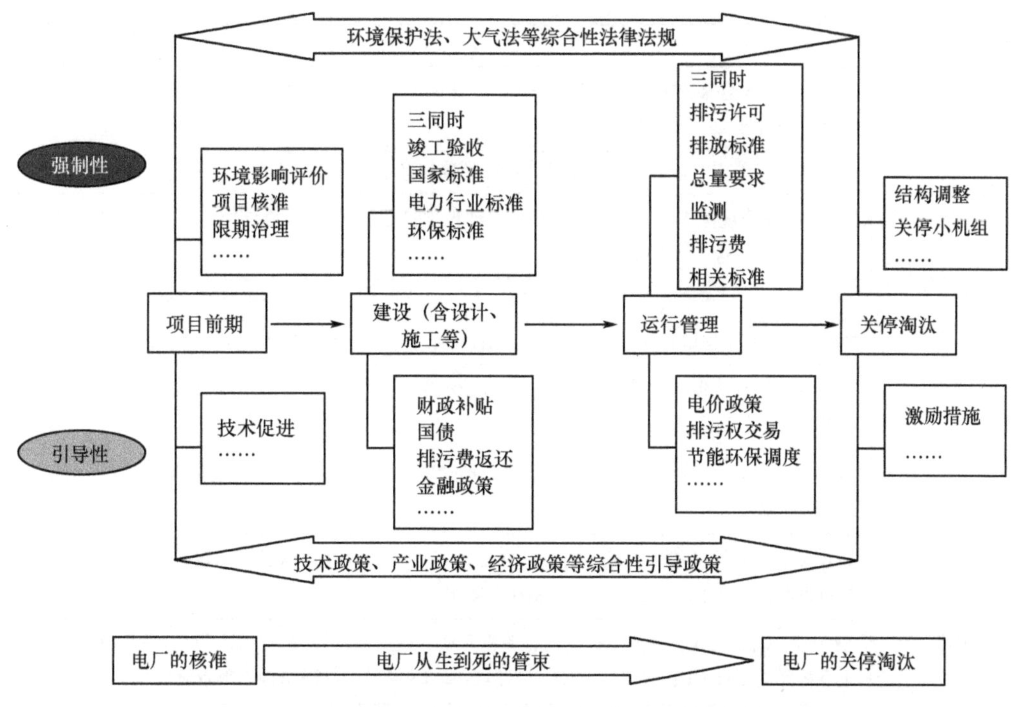

图3-34　火电厂大气污染物控制法规政策框架图示

(1) 行政许可

为从源头上控制大气污染物排放，我国政府采取了行政许可类的相关政策。代表性政策有“三同时”制度、环境评价制度、核准制度、淘汰制度等。

1）“三同时”制度。一切可能对环境造成损害的新建、改建和扩建项目，其环境保护设施必须与主体工程“同时设计、同时施工、同时投产”。

2）环境评价制度。对规划和建设项目实施后可能造成的环境影响进行分析、预测和评估，提出预防或减轻不良环境影响的对策和措施，进行跟踪监测。

3）核准制度。企业投资建设的项目需经过政府投资主管部门的核准。核准制度源于审批制，是计划经济时期政府宏观调控的主要手段。目前，火电厂项目由国家能源局核准。

4）淘汰制度，即产业退出政策，如“上大压小”政策。

火电厂大气污染控制行政许可政策见表3-20。

表3-20　火电厂大气污染控制行政许可政策

政策类型	主要内容
综合性	2011年，《国民经济和社会发展第十二个五年规划纲要》提出了单位国内生产总值能耗降低16%、主要污染物排放总量下降8%~10%的约束性指标
	2011年，《“十二五”节能减排综合性工作方案》明确了电力行业污染控制的目标及具体的要求

续表

政策类型	主要内容
“三同时”制度	1989年，《环境保护法》第二十六条规定，建设项目中防治污染的设施必须与主题工程“同时设计、同时施工、同时投产使用”
	1996年，原电力工业部《电力工业环境保护管理办法》中要求贯彻“三同时”制度
环评制度	1989年，《环境保护法》第十三条规定，建设项目必须编制环境影响报告书，环境影响报告书经批准后，计划部门方可批准建设项目
	2000年，《大气污染防治法》对建设项目大气污染防治的监督管理进行了规范
	2003年，《环境影响评价法》将环境影响评价制度从“项目级”扩展到“规划级”
	2006年，原环境保护总局《环境影响评价公众参与暂行办法》具体规范了建设项目环境影响评价的公众参与途径
	1996年，原电力工业部《电力工业环境保护管理办法》规定，电力建设项目必须执行国家环境影响评价制度
核准制度	2004年，国务院《关于投资体制改革的决定》，企业不使用政府投资建设的项目，一律不再实行审批制，区别不同情况实行核准制和备案制
	2004年，国家发展和改革委员会《企业投资项目核准暂行办法》，对应报项目核准机关核准而未经核准的项目，国土、环境等部门不得办理相关手续，金融机构不得发放贷款
	2004年，《政府核准的投资项目目录》规定，火电厂项目由国务院投资主管部门核准
淘汰制度	1989年，《环境保护法》第二十九条规定，对造成环境严重污染的企事业单位，限期治理
	2000年，《大气污染防治法》第十九条规定，国家对严重污染大气环境的落后生产工艺和严重污染大气环境的落后设备实行淘汰制度
	2005年，国务院出台《促进产业结构调整暂行规定》，将投资项目分为鼓励、允许、限值和淘汰4类
	2005年，《产业结构调整指导目录》将大电网覆盖范围内、服役期满的单机容量在10万kW以下火电机组，单机容量5万kW及以下常规小火电机组列入淘汰类项目
	2007年，国务院《关于加快关停小火电机组若干意见》再次对淘汰小火电进行部署

（2）过程控制

行政许可类政策主要属于预防性质，过程控制政策是保证火电厂大气污染物排放能够满足要求的手段。火电厂大气污染物控制政策由《大气污染防治法》规范，主要有总量控制、排污许可、排放标准、监测4个方面的内容。

总量控制是根据大气使用功能要求及自净能力，对火电厂烟气排放的污染物总量控制的管理方法。排污许可制度是作为总量控制制度的配套措施使用的，总量控制和达标排放是环保部门发放排污许可证的基本依据。为保障污染物的有效控制，要求火电厂安装在线连续监测系统（CEMS）。而电厂污染物控制装置的运行过程也成为环境保护主管部门额外的管辖对象，如要求火电厂对脱硫烟气旁路进行铅封。

火电厂大气污染过程控制政策见表3-21。

表 3-21　火电厂大气污染过程控制政策

政策类型	主要内容
总量控制	2000 年，《大气污染防治法》第三条规定，国家采取措施，有计划地控制或者逐步削减各地方主要大气污染物的排放总量
	2006 年，国务院《“十一五”期间全国主要污染物排放总量控制计划》对电力行业二氧化硫排放总量实行单利管理
	2010 年，国务院办公厅转发的环境保护部等部门关于推进大气污染联防联控工作，改善区域空气质量的指导意见（国办发［2010］33 号）中指出：加强氮氧化物污染减排。建立氮氧化物排放总量控制制度。重点区域内的火电厂应在“十二五”期间全部安装脱硝设施
排污许可	2000 年，《大气污染防治法》第十五条规定，大气污染物总量控制区内有关地方人民政府依照国务院规定的条件和程序，核定企业事业单位的主要大气污染物排放总量，核发主要大气污染物排放许可证
排放标准	2000 年，《大气污染防治法》规定，向大气排放污染物的，其污染物排放浓度不得超过国家和地方规定的排放标准；新建、扩建排放二氧化硫的电厂，超过规定的污染物排放标准或者总量指标的，必须建设配套脱硫装置
	《火电厂大气污染物排放标准》（GB13233—2011）规定了火电厂烟尘、二氧化硫、氮氧化物、汞的强制性排放浓度，成为世界上最严的国家火电厂大气污染物排放标准
监测	2000 年，《大气污染防治法》第二十二条规定，国务院环境保护行政主管部门建立大气污染监测制度，组织监测网络，制定统一的监测方法
	《火电厂大气污染物排放标准》（GB13223—2003）中制定了火电厂大气污染物的采样方法、分析方法，并明确规定了安装 GEMS 的要求
旁路问题	2010 年，环境保护部《关于火电企业脱硫设施旁路烟道挡板实施铅封的通知》要求电厂对旁路挡板进行铅封

3.4.1.2　引导性政策

引导性政策作为强制性政策的补充，加强了火电厂大气污染物的控制工作。引导性政策主要有经济政策及技术政策。

（1）经济政策

我国出台了一系列有利于污染物控制的经济政策，充分发挥市场机制作用，有效运用价格、收费、税收、财政、金融等经济杠杆，使企业节能减排更有自觉性和主动性，促进了环境保护工作。在经济政策的推动下，“十一五”期间燃煤电厂烟气脱硫装置快速建设，电力行业排放二氧化硫总量明显下降。目前，有关燃煤电厂经济政策主要有：排污收费、价格政策（电价补贴）、财政政策、税收政策、金融政策等。燃煤电厂相关经济政策见表 3-22。

表 3-22　燃煤电厂相关经济政策

政策类型	主要政策内容
排污收费	《大气污染防治法》第十四条规定，国家实行按照向大气排放污染物的种类和数量征收排污费的制度
	2003 年，国务院发布《排污费征收使用管理条例》，对排污收费制度进行了规范；其中装机容量 30 万 kW 以上的机组由省级人民政府环境保护行政主管部门核定
	2003 年，财政部印发《排污费资金收缴使用管理办法》，将排污费资金按 1∶9 的比例进行分配，10% 作为中央预算收入，90% 作为地方预算收入
	2003 年，国家发展和改革委员会印发《排污费征收标准管理办法》，火电厂废气排污费按排放污染物的种类、数量以污染当量计算征收，每一污染当量征收标准为 0.6 元人民币
	2007，国务院下发《节能减排综合性工作方案》，提高排污单位排污费征收标准，将 SO_2 排污费由目前每千克 0.63 元人民币分三年提高到每千克 1.26 元人民币
价格政策	2004 年，《国家发展和改革委员会关于疏导华北、南方、华中、华东、东北电网电价矛盾有关问题的通知》（发改价格［2004］1036 \ 1037 \ 1038 \ 1039 \ 1124 号）规定，“对于新投产的安装了脱硫设施的机组，上网电价每千瓦增加 0.015 元人民币。”
	2007 年，《燃煤发电机组脱硫电价及脱硫设施运行管理办法》对采取脱硫措施的火电机组的上网电价采取脱硫加价政策，每千瓦时加价 1.5 分人民币
	2009 年，国家发展和改革委员会对部分地区燃煤电厂的脱硫电价进行了调整
	2011 年，国家发展和改革委员会对部分地区燃煤电厂进行脱硝电价试点
财政补贴	2004 年，《国家发展改革委关于下达 2004 年现役火电厂脱硫设施建设项目国家预算内专项资金（国债）投资计划（第一批）的通知》（发改投资［2004］2896 号）下达 2004 年第一批现役火电厂（16 家燃煤电厂）脱硫设施建设项目国债投资计划 3.443 亿元人民币
	2005 年，《国家发展改革委关于下达 2005 年第二批环境和资源综合利用项目中央预算内专项资金（国债）投资计划的通知》（发改投资［2005］1199 号）下达第二批环境和资源综合利用项目（3 家燃煤电厂）中央预算内专项资金 7810 万元人民币（拨款 5470 万元人民币、转贷 2340 万元人民币）
	2005 年，《国家发展改革委关于下达 2005 年第五批环境和资源综合利用项目中央预算内专项资金（国债）投资计划的通知》（发改投资［2005］2074 号）下达第五批环境和资源综合利用项目（10 家燃煤电厂）中央预算内专项资金 1.7834 亿元人民币、地方预算内专项资金 0.1930 亿元人民币
	2006 年，财政部颁布《中央环境保护专项资金项目申报指南（2006～2010 年）》，将燃煤电厂脱硫技术改造项目作为区域环境安全保障项目列入支持重点。专项资金支持二氧化硫削减量大且列入《全国酸雨和二氧化硫污染防治“十一五”规划》的脱硫项目；列入《燃煤电厂氮氧化物治理规划》的脱硝项目；具有自主知识产权的燃煤电厂脱硫脱硝项目
	2007 年，《中央财政主要污染物减排专项资金管理暂行办法》增设“主要污染物减排专项资金”，加强污染指标、监测和考核三大体系能力建设

续表

政策类型	主要政策内容
税收政策	2008 年，《中华人民共和国企业所得税法》第二十七条就规定，企业从事符合条件的环境保护、节能节水项目的所得，可以免征、减征企业所得税。实行节能环保项目减免企业所得税及节能环保专用设备投资抵免企业所得税政策
	2008 年，《财政部 国家税务总局关于执行环境保护专用设备企业所得税优惠目录节能节水专用设备企业所得税优惠目录和安全生产专用设备企业所得税优惠目录有关问题的通知》（财税［2008］48 号）中，对列入《环境保护专用设备企业所得税优惠目录》的专用设备可抵免企业所得税。列入《环境保护专用设备企业所得税优惠目录》（2008 年版）的大气污染防治设备主要有湿法脱硫专用喷嘴、除雾器、袋式除尘器及监测仪器仪表等
	2009 年，《财政部 国家税务总局 国家发展改革委关于公布环境保护节能节水项目企业所得税优惠目录（试行）的通知》（财税［2009］166 号）将“燃煤电厂烟气脱硫技术改造项目”列入《环境保护、节能节水项目企业所得税优惠目录（试行）》之中
	1997 年，《国务院关于调整进口设备税收政策的通知》（国发［1997］37 号）规定“对符合《外商投资产业指导目录》鼓励类和限制乙类，并转让技术的外商投资项目，在投资总额内进口的自用设备，免征关税和进口环节增值税。” 国家发展和改革委和商务部颁布《外商投资产业指导目录（2007 年修订）》
金融政策	2007 年，相关部门发布了《关于改进和加强节能环保领域金融服务工作的指导意见》《节能减排授信工作指导意见》
	2008 年，财政部印发《中央国有资本经营预算节能减排资金管理暂行办法》，燃煤电厂（包括企业自备电厂）二氧化硫治理项目，按不超过项目投资额的 20% 注入资本金
排污权交易	2005 年，国务院《关于落实科学发展观加强环境保护决定》第二十四条“运用市场机制推进污染治理”中提出：“有条件的地区和单位可实行二氧化硫等排污交易。”

（2）技术政策

为促进火电行业大气污染物的减排及相关控制技术的进步，国家相关部门对部分污染物出台了专门的技术政策进行引导，代表性的技术政策有《燃煤二氧化硫排放污染防治技术政策》（环发［2002］26 号）、《火电厂氮氧化物防治技术政策》（环发［2010］10 号）。技术政策明确了污染物防治技术路线、应用范围、运行和监督管理措施。

（3）产业政策

由于火电厂烟气治理投资巨大，国家有关部门为推动产业发展，制定了火电厂烟气治理产业化相关政策。产业化是指通过技术引进、消化吸收和技术创新等途径，依据国内市场促进烟气治理技术由技术到产品再到产业的发展，其目标是提高烟气治理设备的国产化、降低投资、提高可靠性等。代表性产业政策有：2000 年原国家经贸委颁布的《火电厂烟气脱硫关键技术与设备国产化规划要点（2000—2010 年）》；2005 年国家发展和改革委员会的《关于印发加快火电厂烟气脱硫产业化发展的若干意见的通知》。

3.4.2 国外燃煤发电环保法规政策分析

3.4.2.1 美国

(1) 排放标准

美国火电厂大气污染物排放标准分为两种。第一种是由美国环保署制定的适用于标准颁布后开始建造或改建污染源的《新固定源国家排放标准》(NSPS),并规定:当某一企业有多个污染源,当某一污染源新建或改建后,则该企业的所有污染源都要按照NSPS的要求管理;第二种,各州可按国家环保署的有关规定,自行制定对现有污染源管理的排放标准。美国首个新污染源排放标准于1971年制定,分别于1978年、1997年、2011年修订。美国国会通过这项标准时,重点关注的是新建、扩建、改建的燃煤电厂,没有过于强调现役电厂。

(2) 相关政策

美国于1970年颁布了《清洁空气法》,并在此基础上制定了《新固定源国家排放标准》,1990年通过的《清洁大气法案》修正案要求美国环保署制定并在全国范围内执行酸雨计划,并将大型电厂的SO_2、NO_x排放控制纳入到该计划中。其中,该修正案主要目的是控制火电厂SO_2排放(对NO_x起到了宏观指导作用),并制定具体的削减目标。超过规定排放标准的污染源,其超标排放量将被处以每吨2000美元的罚款,超额达标的污染源能获得排放信用,以供将来使用或用于交易,并建了污染物排放交易系统。

为了进一步防止NO_x作为主要成分或者前驱物引发的酸雨污染、地面臭氧污染以及细颗粒物污染,美国环保署相继发布了1995年的酸雨NO_x减排计划、1999年的臭氧运输委员会NO_x预算计划、2004年的NO_x州实施计划和NO_x配额交易计划。这些措施的实施,使得美国的火电NO_x排放量持续减少,其火电NO_x排放量在1996年和2003年获得了大幅度的削减。

为了解决近地面O_3问题,美国东北部各州制定并参与了臭氧输送委员会(Ozone Transport Commission,OTC)计划,通过在各成员州削减大型固定点源的NO_x排放减少该区域内的臭氧污染。2003年,该计划被一个在更大范围内实施的NO_x州际执行计划(NO_x SIP Call)取代。这两个计划都引入了排污许可证交易制度,并获得了成功。2005年,EPA颁布了《州际清洁空气法案》(Clean Air Interstate Rule,CAIR),该法案旨在通过同时削减SO_2和NO_x帮助各州的近地面O_3和细颗粒物达到大气环境质量标准。

3.4.2.2 欧盟

(1) 排放标准

1988年,欧盟颁布了关于大型燃烧企业大气污染物(主要为烟尘、SO_2、NO_x)排放限值的第一个导则88/609/EEC,此后于2001年修改为2001/80/EEC。2001/80/EEC

采用了新老电厂区别对待的原则。对2002年11月27日后获得许可证的企业进行了更严格的限制；对1987年7月1日后、2002年11月27日前获得许可证的企业仍执行88/609/EEC指令中规定的限值。

（2）相关政策

欧洲更多依赖于传统的命令型手段控制火电厂大气污染物排放。一方面，欧盟制定各类排放源的排放标准以实现对单个排放源的控制；另一方面，则通过其成员国签订各类国际公约和协议来控制国家层面的排放总量。

在欧洲，为解决SO_2、NO_x及其二次污染物的长距离输送问题，欧盟各成员国通过签署各类国际公约，提交国家削减计划等方式来达到控制酸雨区域污染的目标。欧盟于1979年签署了长距离大气污染公约，1999年签署的《控制酸沉降，富营养化和臭氧协议》制定了各签署国到2010年的SO_2、NO_x排放限制目标。欧盟还于1997年通过了一项酸雨防治战略，旨在同时解决欧盟范围内的酸沉降、富营养化以及近地面O_3问题。由于SO_2、NO_x、VOC和NH_3是这三类二次污染问题的前体物，因此该战略通过制定这四项污染物的全欧盟排放总量目标来解决这些问题。欧洲的酸雨政策从一开始就将酸沉降、富营养化和O_3问题纳入同一个控制体系，采取同一套控制政策。多目标的污染控制政策可以有效地避免多个单目标控制政策之间的冲突，并且更易于执行。除了上述政策外，欧盟还制定了《大型火力发电厂最佳可行性技术》（BAT）参考文件，作为行业发展的指导性技术文件。

3.4.2.3 日本

（1）排放标准

日本《大气污染控制法》经多次修改，最新修订时间为1995年。该法规定了火电厂燃煤电厂污染物排放标准，其中，烟尘、NO_x排放标准采用浓度限制方式，SO_2标准采用K值法控制。此外，日本各都道府县都可以制定更为严格的标准。

（2）相关政策

日本控制大气污染的历程与我国相似，即第一阶段控制烟尘，第二阶段控制SO_2，第三阶段控制NO_x。1962年日本制定了第一部大气污染控制法规《烟煤排放控制》，之后又经过多次修订，在1970年修改的《大气污染控制法》中就建立了罚款制度，规定如果企业违反排放标准，将判处6个月以下的徒刑或者10万日元以下的罚金。1995年日本以第70号法律、第75号法律重新修订了日本《大气污染控制法》，使得总量控制制度得到了长足的发展。

公害防止协议是日本非常具有特色的管理污染物排放的一项措施。日本《大气污染防治法》规定，地方政府可以与污染产生者签订公害协议，确定防治污染的措施和发生污染事故时的应急对策，可以规定比国家排放控制要求和排放标准更严格的排放控制要求和排放标准。据此，有些地方条例规定，公害防止协议可以规定比国家和地方排放控制要求和排放标准更严格的排放控制要求和排放标准，规定污染产生者必须采用最新的污染防治技术，规定地方政府对企业事业防治污染活动进行资助，规定企业对污染的区域防治承担义务等。协议的形式包括协定、协议书、合同、备忘录、意向书等。

公害防止协议是基于控制区域污染、防止新污染、依靠地方的智慧和调动地方积极性而产生的新的行政控制手段，是为保护环境和每个居民的环境权而对企业的经济自由施加限制，具有调整区域居民环境权与企业经济自由相互关系的规范性质和作用。

尽管这种协议的法律性质和法律效力尚不明确且颇有争议，在具体运用上特别是内容、缔结程序和公开、公众参与的规范性方面尚有未解决的问题，但事实上却广泛采用，其与法律和地方条例并列成为第三种防治污染的强有力的行政控制手段。

3.4.3 比较与评价

尽管我国基本形成了大气污染物控制的法规体系，但实际工作仍以行政命令文件和行政管理手段为主，并呈现“行政命令多于法制管理，强制命令多于引导政策，二氧化硫的规定多于其他污染物”的特点。

3.4.3.1 污染物控制法律法规体系有待进一步完善

对火电厂污染物排放，政府的各级环保部门、综合经济管理部门、电力监管部门、价格部门、甚至电网企业都有对发电企业实施管理的“依据”。涉及对火电厂SO_2控制的法规、规章、文件、规范、标准，仅国家和部委层面颁布的就近百个，不仅对SO_2的控制有浓度、排放速率、总量、脱硫效率的要求，而且有环境评价、排污收费、限期治理、排污申报、清洁生产审核、指标考核等诸多要求。但出台的相关法规间、法规与行政要求间、政策间的协调性、一致性、操作性及其配套性仍有待进一步完善。以目前出台的政策为例，《国务院关于印发“十二五”节能减排综合性工作方案的通知》（国发［2011］26号）提出的“单机容量30万kW及以上燃煤机组全部加装脱硝设施”与《火电厂大气污染物排放标准》（GB13223—2011）实际要求的“基本上所有燃煤机组全部脱硝”明显不符。

就火电厂大气污染物控制种类而言，现有法规政策对二氧化硫规定的多，对氮氧化物规定的少。在《关于推进大气污染联防联控工作改善区域空气质量的指导意见》和《火电厂氮氧化物防治技术政策》颁布前，国家层面对火电厂氮氧化物排放控制仅有原则性要求的规定。虽然上述两项政策将推动火电厂烟气脱硝工程的大规模开展，但总体而言，相关法律法规尚处于起步阶段，相关配套措施、技术规范等并未颁布和完善。

3.4.3.2 污染物排放对全国宏观环境影响的科学分析不足

控制污染物的目的是满足环境质量（包括酸沉降）要求，而非总量减少。从环境质量需求的角度，不考虑其他源的排放，仅给出全国电力二氧化硫排放总量是不科学的，也是不现实的。目前，我国环境质量不断改善，但污染物排放量（除二氧化硫外）仍呈上升趋势，说明污染物排放量与环境影响呈非线性关系。

“十一五”期间，电力二氧化硫控制以总量为主要控制指标，排放标准基本无作用。目前，《火电厂大气污染物排放标准》（GB13223—2011）与GB13223—2003标准相比，二氧化硫、氮氧化物、烟尘排放浓度限值等均进行了全面调整，约有80%的现役机组将进行不同程度的技术改造，甚至刚刚建造完的污染物控制装置也必须进行改造。排放标准限值全面达到发达国家（美国、欧洲等）先进水平。在严格的排放标准下，实施总量控制缺乏实际意义，如果总量比标准严格，标准则丧失了意义；如果标准限值比总量指标严，则设定总量也就没有了意义，且增加了行政成本。如果制定的排放标准超出国家（电力行业）的承受能力，超出现行技术能力的范畴，则会影响电力工业发展。

以火电厂氮氧化物控制为例，根据目前正在制定中的《节能减排规划（2011 ~ 2015）》，全国氮氧化物排放量由2010年的2273.6万t降至2015年的2046.2万t，削减227.4万t。规划分配给电力行业的任务是由2010年的1055万t降至750万t，削减305万t，削减29%，即其他行业不需要控制氮氧化物，且可以大幅度增长。而电力氮氧化物排放占全国氮氧化物排放总量的1/3左右，仅靠电力行业减少氮氧化物的排放总量对城市环境质量的改善作用不大。

3.4.3.3　污染物控制电价有待进一步完善

根据国家发展和改革委员会《上网电价管理暂行办法》（发改价格［2005］514号）第七条“独立发电企业的上网电价，由政府价格主管部门根据发电项目经济寿命周期，按照合理补偿成本、合理确定收益和依法计入税金的原则核定”，火电厂烟气治理（包括除尘、脱硫、脱硝等）应作为煤电转化的一个基本生产环节纳入电力生产体系，烟气治理成本也应作为发电成本的一个会计科目纳入电力成本核算体系。

2004年以来，国家出台了每千瓦时上网电价提高1.5分的脱硫电价政策，对于提高发电企业安装脱硫设施的积极性、减少二氧化硫排放起到了明显的作用。但在脱硫电价执行过程中仍然存在一些问题。例如，部分已安装脱硫设施的电厂的脱硫电价补偿不能及时到位，1.5分/(kW·h）的脱硫电价难以解决高硫煤机组脱硫、老电厂脱硫技改、30万kW以下小机组以及供热机组脱硫的成本。尽管2009年价格主管部门提高了部分地区（如重庆、贵州）燃煤机组的脱硫加价标准，但范围较小，并没有覆盖所有高脱硫成本的地区及燃煤发电机组。

目前，脱硫成本已纳入电价范畴，脱硝电价在试点过程中，环境治理成本尚未合理完全反映在电价体系上。尤其是《火电厂大气污染物排放标准》修订后，大大提高了环保设施运行成本。

3.4.3.4　市场机制没有充分发挥作用

就火电厂大气污染物控制的方式（手段）而言，强制性的要求多，激励性的政策少，尤其是市场手段少。在美国已成功实施的二氧化硫、氮氧化物排放权交易制度被公认为是有效、经济控制大气污染物排放的市场手段。但从目前我国电力行业的实施情况看，电力行业排污权交易仅涉及二氧化硫，且二氧化硫排污权交易还存在法规、交易平台、排放权分配、部门及地方政府间协调等一些障碍，需要配套明确可操作的规定才能实施，目前利用排污权交易控制电力二氧化硫的排放已经没有空间。

“十二五”期间，我国将重点对电力氮氧化物实施控制，烟气脱硝将成为主要的控制手段。氮氧化物也成为“十二五”唯一可作为电力行业排污权交易的实施对象（《国务院关于印发“十二五”节能减排综合性工作方案的通知》也为排污交易留有一定总量)。相关部门应以二氧化硫排污权交易和控制方式为鉴（“十一五”时期也为二氧化硫排污交易留有空间，但没有利用)，抓住目前修订相关法律法规、标准的有利时机，给排污权一定空间并制定相关办法，推动排污权交易在电力行业的应用。

3.5 污染物控制技术路线及政策建议

3.5.1 电力行业燃煤污染排放预测及减排成本分析

3.5.1.1 现有技术、标准、政策下的排放预测及减排成本分析

截至目前，我国电力行业污染物，如烟尘、二氧化硫、废水、固体废弃物等控制已经普遍采用世界上最佳可行技术，氮氧化物最佳可行技术，即烟气脱硝装置将在“十二五”期间大规模建设。2011 年 9 月，《火电厂大气污染物排放标准》（GB13223—2011）修订颁布，该标准已经成为世界上最严格的标准，现役机组污染物排放限值要求远远严于其他国家。根据《中华人民共和国行政许可法》要求，如果标准修改后涉及改变企业行政许可的事项，应配套补偿企业的方案。但由于目前与标准配套的经济政策尚未有效落实，再加上火电行业普遍亏损、部分标准限值超出了目前的技术水平等因素，电力企业尚不能满足排放标准的要求。根据现阶段污染控制的最佳可用技术、现有的排放标准、现有的污染控制及综合利用的技术管理政策，目标年污染物排放量（包括废气、废水、废渣）见表 3-23。

表 3-23　2020 ~ 2050 年火电厂污染物排放情况

项目		2020 年	2030 年	2050 年
火电发电量/(万亿 kW·h)		5.86	7.08	7.9
废气	烟尘/万 t	90	80	60
	二氧化硫/万 t	700	650	500
	氮氧化物/万 t	600	550	450
	汞及其化合物/t	100	90	80
废水排放量/亿 t		8	7	4
固体废弃物	脱硫石膏产生量	0.97	1.25	1.5
	脱硫石膏利用量	0.78	1.1	1.4
	粉煤灰产生量	7.1	8.8	10.4
	粉煤灰利用量	5	6.6	9.1

虽然电力结构调整（提高非化石能源比例、上大压小等)、洗选煤、低能耗点燃等措施能够减少污染物排放，但由于上述措施主要以节能为主，污染物控制成本无法单列。且本书污染物排放预测已经考虑发电结构调整、供电煤耗降低等因素，故污染物控制成本仅包括烟气治理成本。2020 ~ 2050 年污染物控制成本如图 3-35 所示。

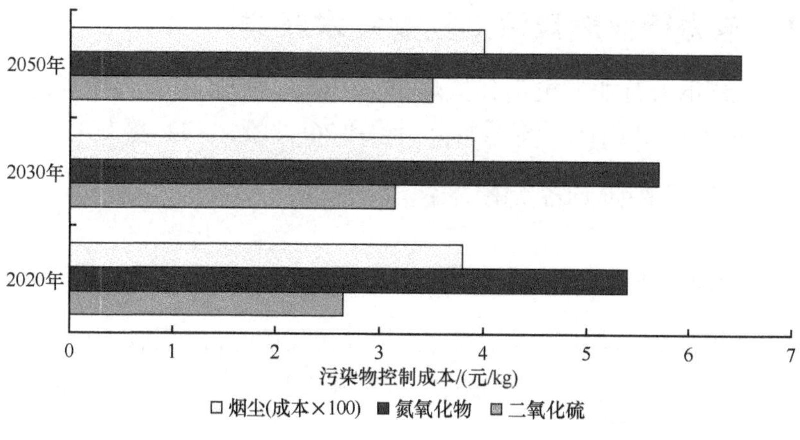

图 3-35　2020～2050 年电力污染物控制成本

3.5.1.2　目标年污染物排放量约束下减排成本分析

要达到表 3-24 中电力行业污染物的控制目标，必须将电力结构调整、煤炭的高效清洁利用、污染物协同控制等密切结合起来，即首先降低煤电发电比例、降低煤电供电煤耗，大幅度降低污染物的产生；然后再通过高效的污染物控制措施削减污染物的排放。但由此带来的减排成本将大幅度提高，减排成本如图 3-36 所示。

表 3-24　我国分阶段电力行业主要污染物排放控制目标　（单位：万 t）

污染物	2020 年	2030 年	2050 年
二氧化硫	700	500	450
氮氧化物	600	400	300
烟尘	250	200	150

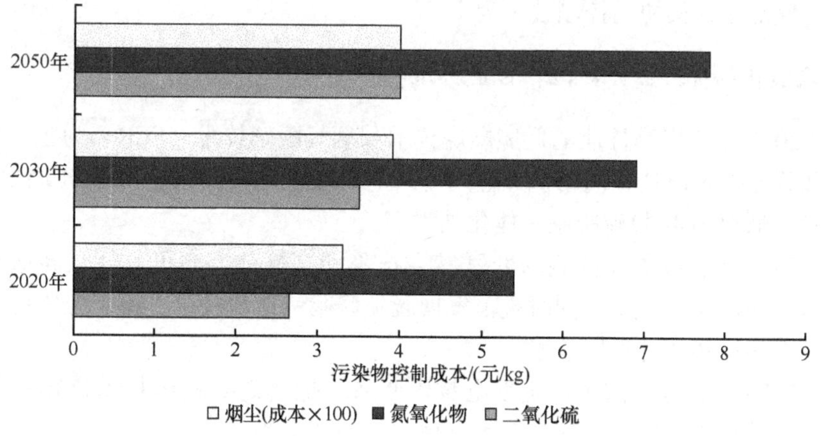

图 3-36　目标值下 2020～2050 年电力污染物控制成本

3.5.2 电力行业燃煤污染控制技术路线

2010 年，全国电力行业发电消耗原煤 15.90 亿 t，按照电力行业规划预测，2020 年、2030 年、2050 年发电消耗原煤量将分别达到 26.23 亿 t、32.48 亿 t、38.36 亿 t。

3.5.2.1 污染物协同控制技术路线

(1) 烟尘 (3.2.1.6 以此为准)

2012~2020 年，以当前处于国际领先水平并持续改进现有电除尘技术（如极配方式改进、烟气调质、移动电极、高频电源、湿法除尘等）为主，同时规范发展袋式除尘技术和电袋复合式除尘技术。

2021~2030 年，以更高性能的电除尘技术（如绕流式、气流改向式、膜式、湿式电除尘器等）和改进的袋式除尘技术、电袋复合式除尘技术相结合为主，同时快速发展烟尘凝聚、超细粉尘捕集技术。

2031~2050 年，以高性能电除尘技术、烟尘凝聚、超细粉尘捕集技术为主，逐步淘汰落后的工艺技术。

(2) 二氧化硫 [3.2.2.4 (2) 以此为准]

2012~2020 年，以当前我国广泛应用的、持续改进的传统脱硫技术（如石灰石—石膏湿法）为主，同时大力发展并在条件适合地区广泛应用资源化脱硫技术（如氨法脱硫、有机胺脱硫、活性焦脱硫等）。

2021~2030 年，以高性能、高可靠性、高适用性、高经济性的脱硫技术为主，同时规范发展资源化脱硫技术，推广应用可行的新型脱硫技术及多污染物协同控制技术。

2031~2050 年，随着整体煤气化联合循环发电、700℃超（超）临界燃煤发电技术、纯氧燃烧技术的应用，逐步淘汰传统技术装备，二氧化硫的控制将以资源化、高性能、高经济性的多污染协同控制技术为主。

(3) 氮氧化物 [3.2.3.4 (2) 以此为准]

2012~2020 年，以高性能的低氮燃烧技术和烟气脱硝技术（SCR）为主，现役机组进行低氮和脱硝技术改造，同时试点应用可行的脱硫脱硝一体化技术（如湿法脱硫脱硝一体化技术、低温 SCR 脱硫脱硝一体化技术等）。

2021~2030 年，以更高性能的低氮燃烧技术和高性能、高可靠性、高适用性、高经济性的烟气脱硝技术为主，同时规范发展脱硫脱硝一体化技术，试点应用可行的新型脱硝技术及多污染物协同控制技术。

2031~2050 年，逐步淘汰传统发电技术装备，配套高效发电技术进行氮氧化物控制，氮氧化物的控制将以资源化的多污染协同控制技术为主。

3.5.2.2 废物资源化技术路线

2012~2020 年，以大宗粉煤灰和脱硫石膏利用为主，推广示范大掺量粉煤灰混凝土路面材料技术，高铝粉煤灰大规模生产氧化铝联产其他化工、建材产品成套技术，粉煤灰冶炼硅铝合金技术，余热余压烘干、煅烧脱硫石膏技术，利用脱硫石膏改良土壤等。

2021～2030年，以大宗粉煤灰和脱硫石膏高附加值利用为主，示范粉煤灰分离提取炭粉、玻璃微珠等有价组分和高附加值产品技术，脱硫石膏用于超高强α石膏粉、石膏晶须、预铸式玻璃纤维增强石膏成型品、高档模具石膏粉等高附加值产品生产技术。推动废物资源化利用产业链延伸，逐步形成区域循环经济。

2031～2050年，以大宗粉煤灰和脱硫石膏高附加值利用为主，推广粉煤灰分离提取碳粉、玻璃微珠等有价组分技术，脱硫石膏用于石膏晶须等高附加值产品生产技术。

3.5.3 政策建议

3.5.3.1 完善法规

根据科学发展观及国家节能减排总体要求，不断加强法律法规建设，加快推动《中华人民共和国能源法》出台，加紧《中华人民共和国电力法》修订工作，适时修订《中华人民共和国环境保护法》《中华人民共和国大气污染防治法》，出台应对气候变化专项法规。根据实际情况，对已颁布的《火电厂大气污染物排放标准》进行评估。建议将节能减排的理念、指标、制度以及行业监管职责等通过法制化的形式予以确定。应逐步淡化或改变以行政要求为主的强制性节能减排的推进方式，建立法律推进的长效机制。加快完善环境目标制定的科学决策系统，建立科学的目标评估系统。

3.5.3.2 理顺体制

理顺电力行业节能减排管理体制，形成立法、行政、监督有机统一、协调有序的整体。一是切实落实电力行业节能减排的政府管理职能和各方职责，完善执法体系，恢复和完善行业监测、监督体系，加强依法监督和管理。二是进一步发挥行业自律作用，加强电力行业自律管理，明确行业协会在节能减排工作中的作用和职责。

3.5.3.3 加强规划协调

建议加快转变电力发展方式、提高电力发展质量，坚持适度超前的原则，强化电力规划、环保规划、节能规划的相互协调，建立科学的电力规划管理机制。

3.5.3.4 推进市场手段，促进节能减排

1）继续完善脱硫电价补偿机制和除尘改造补偿机制。对供热电厂的供热部分，老电厂、硫分高的电厂以及由于客观条件导致脱硫成本高的特殊电厂（如煤质很差的坑口电厂）继续合理补偿脱硫电价，满足成本要求。进一步明确脱硫电价核定标准和支付办法，从根本上解决部分电厂脱硫电价不落实的问题。同时，对于标准修改引起电厂进行除尘改造的成本也需要进行补偿。

2）出台鼓励火电厂烟气脱硝的经济政策。一是要综合运用各种经济手段推进火电厂的氮氧化物控制工作，以最小的成本换取最大的环境效益，如排污权交易政策；二是

要使脱硝的环境保护成本真正传导到电价中去，鼓励企业建设好、运行好脱硝装置；三是收取的氮氧化物排污费要全部用于氮氧化物的治理，尤其是用于老电厂氮氧化物技术改造；四是对一时不能实现国产化的设备及材料要有免税或减税措施。

3.5.3.5 推动燃煤电厂多种污染物协同控制

在技术层面，充分利用同一污染物控制技术对不同污染物的协同去除作用，加强燃料质量控制，优化控制流程和工艺，加强过程控制与管理，协调不同污染物控制技术以发挥最佳降低污染物的排放效果。

3.5.3.6 加强关键技术研发

加大对燃煤电厂污染物控制技术研发的财政预算，加强产业共性关键技术研究专项资金对污染物控制技术的支持力度。研究开发更高性能的电除尘技术（如绕流式、气流改向式、膜式、湿式电除尘器等）、资源化脱硫脱硝技术、多污染物协同控制技术等关键技术。

第 4 章 煤炭化工行业中长期污染控制和净化技术

煤炭化工的范围很广，通常按其历史分为传统煤炭化工和现代煤炭化工，前者主要是炼焦、电石和小规模气化合成氨，后者以大规模煤气化为龙头，合成甲醇、油或天然气、甲醇制烯烃、二甲醚和乙二醇以及直接液化制油等，是煤炭清洁高效利用的重要方向。多年来，我国传统煤炭化工的规模已居世界首位，以炼焦为例，2011 年焦炭产量 4.1 亿 t，约占煤炭化工用煤总量的 85%。我国能源结构特点和需求大大促进了现代煤炭化工的技术进步和产业化发展，但由于存在技术、经济、环境和市场风险以及煤炭供需矛盾，目前主要工艺，如煤制油和煤制烯烃尚处于工业示范阶段，应积极有序地推进。由于炼焦的规模大，工艺过程先天不足，加之技术相对落后，所以一向属于重污染行业，与现代煤炭化工行业相比，它对我国环境的影响要严重得多。经过 10 多年的行业整顿、强化管理和技术进步，我国炼焦行业高污染的形象已在较大程度上得到改观，但由于主管部门和地区间的差异以及有些企业的历史欠账太多，炼焦的污染控制和治理仍需高度重视。

炼焦工业的主要污染物是成分复杂的重污染废水，含多种难降解芳香族化合物以及含氮、含硫化合物等，2009 年焦化废水排放量 2 亿 Nm^3，占全国工业废水总排放量的 0.99%；其次是废气，有固定排放的也有无组织排放的，2009 年其排放量占全国工业废气排放总量的 2.98%。

4.1 国内煤炭化工行业（主要是炼焦）现有的技术、政策研究

4.1.1 炼焦行业现有规模、主要技术及发展趋势

4.1.1.1 现有规模

随着世界经济的增长，国内外钢铁市场的日趋升温，钢材的生产量和需求量也急剧上升。我国是世界钢铁和焦炭生产大国，为了有力地支持钢铁工业的高速增长，近年来我国焦炭行业得到了快速发展，焦炭产量创历史最高水平。表 4-1 为近几年我国生铁与焦炭产量。由表 4-1 可以看出，近些年我国炼焦的规模逐年上升，2011 年上半年焦炭产量 2.1 亿 t，同比增加 11.7%，全年焦炭产量约 4.28 亿 t。生产 4.28 亿 t 焦炭约需 5.5 亿 t 洗精煤，如果再加上高炉喷吹和烧结用的 1 亿多吨精煤，那就是 6.5 亿 t 洗精煤，需动用的原煤为 9 亿 t 左右。据各方面预测，我国焦炭产量已达到或接近顶峰，今后将缓慢回落。原因有：①钢铁工业规模已经达到顶峰，增幅有限，以后将逐步下降；②随着冶金技术的进步，焦炭用量逐步减少；③焦煤资源有限，年进口量已接近 5000 万 t，

价格上涨；④环境保护政策越来越严，生产成本增加，不少企业出现亏损。我国（2009年）各大区焦炭产量见表4-2，可见焦炭主要集中在华北，山西是第一大省，其次是河北和山东。焦炭是炼铁、炼钢的主要原料；表4-3为钢铁生产总能耗分配，焦化位居第二，而炼铁中的耗能主要又是焦炭提供的，所以炼焦技术与钢铁生产关系密切。

表4-1　我国近几年生铁与焦炭产量　　（单位：万t）

项目	2005年	2006年	2007年	2008年	2009年	2010年	2011年
生铁	34 375	41 245	47 652	47 067	54 375	—	32 458（1~6月）
焦炭	25 411	29 768	33 553	32 757	35 500	38 700	42 779

表4-2　我国（2009年）各大区焦炭产量　　（单位：亿t）

地区	华北	东北	华东	中南	西南	西北
产量	1.48	0.83	0.68	0.41	0.36	0.20

表4-3　钢铁生产总能耗分配　　（单位:%）

工序	烧结	球团	焦化	炼铁	转炉	电炉	轧钢	动力
比例	7.4	1.2	15.5	49.4	5.9	3.6	9.6	7.5

2005~2009年我国累计取缔土焦（改良焦）、淘汰落后小（老）机焦和小半焦（兰炭）产能总计达1.46亿t，其中小（老）机焦9014万t，土焦和小半焦5590万t；同期累计新建焦炉产能1.45亿t，其中≥5.5m捣固焦炉和≥6m顶装焦炉8663万t，占60%。2010年，新建投产焦炉57座，产能3371万t，其中主要是≥5.5m捣固焦炉和≥6m顶装焦炉48座，产能3020万t，这一年淘汰关停落后产能2760万t。我国土焦（改良焦）产量2004年占全国焦炭产量17%，2008年只剩下0.76%，至今已基本全部取缔，解决了数百亿立方米焦炉煤气放散的资源浪费和严重的环境污染问题，也节约了大量的优质炼焦煤资源。20世纪90年代的炼焦第一大省山西，人们形容是“村村点火，处处冒烟”，生态环境受到相当严重的破坏，如今这种状况已不复存在。2011年全国淘汰落后小焦炉产能的目标任务数为1975.5万t。

规模以上焦化企业2004年有1406家，2009年已减少到842家，减少40%，年产焦炭≥100万t企业2005年48家，2009年增加到68家。至2010年，我国先后有257家企业获得《焦化行业准入条件》，总产能2.91亿t，其中常规机焦炉235家，占机焦炉总产能的70%，热回收焦化企业22家，占热回收焦炉总产能的37%。2010年全国焦炭产量38 757万t，同比增长9.13%，占全球焦炭总量的61.6%左右。其中钢铁联合企业焦化厂焦炭占总产量的37%；其他独立焦化企业焦炭产量占总产量的63%。产品分布：传统冶金焦36 700万t，机械铸造焦600万t，半焦（兰炭）1400万t，累计进口炼焦煤4727万t。目前，我国现存的焦炉炉型有常规机焦炉、热回收焦炉、半焦（兰炭）炉。其中，90.21%的焦炭由常规机焦炉生产，6.12%左右由热回收炼焦炉生产，3.67%由半焦炉生产。

与西方工业大国不同，我国炼钢的原料主要是生铁，所以焦炭的消耗量大。2009年用于钢铁冶炼的焦炭2.72亿t，占焦炭消费总量的85%。全国用于炼焦的原煤，加上高炉喷吹和烧结用煤，在9亿t以上，占全国煤产量的25%。所以，钢铁工业是仅次于火力发电用煤的第二大用户。

经过改革开放30年，特别是近10年的发展，我国焦化行业已基本形成了以常规机焦炉生产高炉用冶金焦，以热回收炉生产机械铸造用焦和以立式炉加工低变质煤生产电石、铁合金、化肥化工用焦，以及生产超高功率石墨电极用针状焦的世界上最完整的焦化工业体系。过去焦化行业高能耗、高污染的形象在很大程度上得到改观。

(1) 大型焦炉炼焦技术

大型焦炉炼焦技术采用的焦炉炭化室容积大，可单独调节加热温度和升温速度，使整个焦饼温度更趋均匀，保证焦炭质量。由于炭化室容积大幅度增加，满足焦炭产量要求所需炉孔数成倍减少，排放源减少，出焦加煤次数减少，因此污染物泄漏和排放量也随之减少，适合大型企业采用。

增加炭化室容积，在生产同等规模的焦炭量的情况下，可以大大减少出炉次数，减少阵发性的污染，改善炼焦生产环境；焦炉大型化的本身又能提高焦炭质量，并有利于提高焦炉的自动化水平，降低能耗，适应高炉大型化对焦炭质量及其稳定性的要求；焦炉大型化可以显著提高劳动生产率，降低生产成本，提高焦化产品的竞争能力。

一般情况下，6m焦炉的焦炭比4.3m焦炉的焦炭M40提高1~2个百分点，比M10降低0.2个百分点左右。目前，为满足各种规模焦化厂的需要，我国已开发出6.98m顶装焦炉，已先后在鞍钢鲅鱼圈、邯钢、本钢和攀钢投产或施工建设。引进的7.63m超大容积焦炉已相继在兖矿焦化、太钢、马钢、武钢、首钢京唐和沙钢建成投产。我国自行开发的5.5m捣固焦炉，已在曲靖投产，并在金马、旭阳、日照、神华二期和宝丰施工建设。

(2) 捣固炼焦技术

捣固炼焦技术是一种可根据焦炭的不同用途，配入较多的高挥发分煤及弱黏结性煤，在装煤推焦车的煤箱内用捣固机将已配好的煤捣实后，从焦炉机侧推入炭化室内进行高温干馏的炼焦技术。采用程序控制、薄层给料、多锤固定连续捣固机捣固煤饼的技术，是捣固炼焦工艺的重要技术之一，已在我国得到推广应用。捣固煤饼的堆积密度比顶装煤高，故相同生产规模的焦炉，捣固焦炉可以减少炭化室的孔数或炭化室容积，具有减少出焦次数、减少机械磨损、降低劳动强度、改善操作环境和减少废气无组织排放的优点，适合焦煤资源不丰富的地区采用。

(3) 干法熄焦技术

干法熄焦是采用惰性气体熄灭赤热焦炭的熄焦方法，是一项成熟和先进的工艺，具有节能、提高焦炭质量和环保三大优点。采用干熄焦技术，可以降低强黏结型的焦、肥煤配比，有利于保护资源、降低炼焦成本。高炉使用干熄焦炭，可降低高炉焦比，有利于高炉炉况顺利进行和提高高炉的生产能力。2009年和2010年新建干熄焦装置37套，累计共有106套，重点大中型钢铁企业焦炭干熄焦率已接近90%。我国已成为世界上使用干熄焦技术最多的国家，世界最大规模干熄焦装置的成功运行标志着我国已进入世界干熄焦技术强国行列。2010 年炼焦工序能耗下降 17.4kgce/t 焦，水循环二次利用率达 96.06%，吨焦新水下降 0.17Nm^3/t 焦。

(4) 连续炼焦技术

采用直立式连续层状炼焦装置，煤从炉顶冷态装入后，由炉顶液压缸驱动下行，在隔绝空气的条件下经快速加热、干馏、干熄焦、排焦等过程，生成的焦炭由炉底冷态排出。干馏过程产生的煤气一部分回炉加热使用，其余供下游产品生产使用；空气经热交换器预热后，经斜道进入立火道与煤气混合燃烧，燃烧后的高温废气经燃烧室顶部的废气水平通道排出，余热送回发电厂回收。直立式连续层状炼焦装置能够对不同炼焦阶段的加热过程和煤料移动速度进行控制，工艺和生产过程可全盘机械化和自动化，本技术将装煤、炼焦、出焦、熄焦集合到一个装置内完成，可以减少大气污染，适合煤制气企业采用。

(5) 热回收炼焦技术

不同于普通焦炉，它不回收化学副产物，只回收多余的热量，一般是焦-电联产。热回收焦炉有冷装冷出和热装热出两大类。热装热出又分为卧式和立式两种。冷装冷出热回收焦炉，机械化水平相对较低，间歇式生产，个别工作岗位工人劳动强度大。卧式热回收焦炉炭化室宽度大，容积大，可生产大块铸造焦，多利用无烟煤和弱黏结性煤、余热利用率、降低污染物排放等方面有较大优势。立式热回收焦炉在减少焦炉占地、减少炼焦煤烧损、降低投资和实施干法熄焦等方面有较大优势。

4.1.1.2 发展趋势

我国炼焦行业的发展趋势主要体现在如下几个方面。

1）进一步完善焦炉大型化进程与技术。炭化室加宽加高、提高单孔炭化室产焦量是焦炉的发展方向。我国炭化室高为 6m 的焦炉已经成熟，引进建设炭化室高 7.63m 的焦炉业已投产，原鞍山焦化耐火材料设计研究总院（简称鞍山焦耐院）正在开发炭化室高 6.5m 的顶装焦炉和炭化室高 5m 的捣固焦炉。相对焦炭产能而言，今后 3～5 年内，中国还需要建设一定数量的炭化室高度为 6m、6.5m、7.63m 的顶装焦炉和炭化室高度为 4.3m、5m 的捣固焦炉，以取代目前由小焦炉所占领的市场份额，提高焦炉的整体大型化水平。

2）加快发展捣固技术。同技术先进国家相比，我国捣固焦炉发展较慢，主要原因是捣固技术落后，捣固机锤头少，质量轻，捣固锤加煤布料和游动均由手工操作。此外捣固频率低、自动化程度差等致使捣固焦炉大型化进展缓慢。虽然这几年有了明显进步，但是我国优质炼焦煤所占比例不大，分布也不合理，尤其东北、华东两地区气煤资源丰富，焦煤和肥煤短缺。而这两个地区又是我国重要的钢铁基地，炼焦能力占全国 50% 以上，因此为提高焦炭产量，这两个地区尤其应大力发展捣固炼焦工艺。另外，我国现有炼焦能力中，顶装炉超过 97%，限制了气煤配入量。因此为使我国炼焦炉构成与国内炼焦煤资源相适应，立足国内资源提高冶金焦质量，必须改变目前单一的炼焦炉结构。“发展捣固焦炉，调整炼焦炉构成”已成共识，国内已到了必须优先发展捣固焦炉的程度。目前，化学工业第二设计院、西安重机厂、大连重机厂、鞍山焦耐院等单位进行了新型捣固机试验研究，虽然取得一定成果，但与国外相比仍存在一定差距。因此，国内要实现捣固焦炉大型化，有必要引进国外先进的设备或引进捣固机械的软件。

3）积极研发新型炼焦技术。目前中国煤炭探明储量已超过1万亿t。在全国煤炭储量中，烟煤占总储量的3/4左右，其中气煤、1/3焦煤、肥煤、焦煤、瘦煤等炼焦用煤占烟煤储量的50%左右。在炼焦煤中，以气煤和1/3焦煤的比例最大，约占炼焦煤资源的50%，焦煤占炼焦煤资源的近20%，瘦煤占炼焦煤资源的近15%，肥煤和气肥煤的储量在炼焦煤中的比例最少，约占10%。因此，必须积极开发煤种适应强、环境污染小、焦炭质量高的炼焦新技术，以及综合利用捣固炼焦、选择性粉碎、配型煤、煤调湿、干熄焦等能扩大弱黏结煤配比的生产工艺和设施。太原理工大学提出的连续炼焦也是值得继续探讨的课题。

4）积极完善焦炉配套建设。国家发展与改革委员会大力倡导新建、扩建焦炉中同步建设干熄焦装置。根据钢铁生产大高炉的需求，提高我国干熄焦炭能力将会有非常大的空间。

5）我国焦化企业在环保方面欠账太多，今后在建设新焦炉的同时，必须加强焦化企业的环保工作。

6）焦炉自动化与管理自动化系统也是焦化工作的重要发展方向。

另外，不用高炉炼铁也就是不用焦炭的铁矿石直接还原炼铁技术正在发展中，值得重视。

4.1.2　炼焦行业的主要污染源控制和净化技术

2009年炼焦化学工业废水排放总量为2.07亿t，占全国废水总排放量的0.99%；COD排放量占全国工业总排放量的1.26%；NH_3-N排放量占全国工业总排放量的3.25%。

同年，炼焦工业废气排放量为1.3×10^4亿Nm^3，占全国工业废气排放总量的2.98%；SO_2排放量占全国工业行业总排放量的0.77%；NO_x排放量占全国排放量的0.64%。焦化生产过程中排放的苯并［α］芘、氰化物等有毒有害物质，对人体健康危害严重。

炼焦行业是污染大户。至今，我国仍然有少数焦化企业没有同步建设装煤和推焦除尘装置、污水处理装置，甚至没有完整的煤气净化车间，因此造成对环境的严重污染。就炼焦炉而言，炼焦所需能源主要来自加热煤气，占90%左右；热量出方中焦炭约占38%，其次为各类产品带出热量，占30%~35%；燃烧废气和炉体热损失合计占20%~30%，节能潜力很大。

从水资源消耗的角度，湿法熄焦每吨红焦需1.4~1.6t的水，散发到大气中的污染水约0.5m^3/t焦。过程冷却水消耗最大的是上升管喷洒剩余氨水，其次为煤气由70℃冷却到25℃左右的初冷水。另外，在废水处理过程中，为满足现有工艺对脱除氨、氮的要求，需补充大量的新水以稀释高浓度的废水。尽管不同生产规模和工艺差别较大，但补充循环水用量2.0~6.0t/t焦。经处理后的外排水为0.5~3.0t/t焦。蒸汽消耗主要在蒸氨系统、精苯加工、焦油加工以及管道保温等，现焦化水平平均50~400kg/t焦。

因此，就总体水平而言，我国炼焦行业仍属于污染严重的产业，减排的任务重，潜力大。

4.1.2.1 主要污染源和分类

焦化厂一般由备煤车间、炼焦车间、回收车间、焦油加工车间、苯加工车间、脱硫车间和废水处理车间组成。焦化工艺的有害物排放源多、排放物种类多、毒性大，对环境污染相当严重，污染物及污染源主要有以下几个。

(1) 炼焦废气

a. 废气来源

根据炼焦流程可以看出，焦化生产排放的废气主要来自于备煤、炼焦、化工产品回收和精制车间。焦化废气来源于煤的干馏、结焦等化学加工转化过程中产生的烟尘、煤尘、飞灰；结焦过程中泄漏的粗煤气，其中主要污染物有苯并［α］芘等苯系物和酚、氰、硫氧化物等；焦炉加热用煤气燃烧生成的 SO_2、NO_x、CO_2 等；出焦时灼热的焦炭与空气接触骤然生成的 CO、CO_2、NO_2 等。主要的废气源是焦炉加热产生的燃烧废气和湿法熄焦废气。

焦炉加热产生的废气数量很大，自用焦炉气占产生煤气的 40%～45%，以 4 亿 t 焦计算，消耗的焦炉煤气为 740 亿 m^3，产生的烟气高达 4440 亿 m^3。由于回炉用煤气不脱硫或仅初步脱硫，所以所含硫化氢较高，导致烟气中 SO_x 高，是主要的硫排放源；同时因燃烧温度高，故 NO_x 也高。目前焦炉烟气净化问题尚未提到议事日程，值得关注。

b. 废气的危害性

炼焦气体污染物具有排污环节多、强度大、种类繁杂、毒性大的特点。焦化废气中的粉尘及烟尘在微风的气候条件下会扩散到空气当中，随风飘散，造成较远距离的空气污染，使企业周围的空气质量恶化，损害居住区人们的健康。而苯可溶物（BSO）、BaP 是严重的致癌物质，导致焦炉工人肺癌的发病率较高。在一些污染严重的地区，空气中苯的含量是国家标准规定限值的 3 倍，轻则导致人们头晕、恶心，重则导致呼吸困难。因此废气的污染治理是炼焦污染控制的重点。

(2) 焦化废水

焦化废水是指煤制焦、煤气净化及焦化产品回收等过程中产生的废水。焦化废水与钢铁工业其他工序废水不同，含有大量成分复杂、有毒有害、难降解的有机物，是钢铁行业废水治理的难点之一。焦化废水是在煤的高温干馏、煤气净化以及化工产品精制过程中所产生的废水。

焦化厂的废水产生量及成分随采用的生产工艺和化学产品精制加工的深度不同而异，废水的 COD（化学耗氧量）较高，从炼焦原料煤角度分析，原煤中含有 C、H、N、O、S 等元素。焦化废水由煤的高温干馏、煤气净化和化工产品精制过程产生。干馏过程发生化学反应，产生含 C、H、N、O、S 的有机物和无机物，废水成分复杂，并随着原煤组分和炼焦工艺而变化，含有数十种有机化合物和大量无机物。有机化合物有酚，芳香族化合物，含氮、硫、氧的杂环化合物等。无机物主要是氨盐、硫氰化物、硫化物、氰化物等。总之，焦化废水污染严重，处理难度大。

a. 焦化废水的来源与分类

1）剩余氨水。炼焦煤中的水在炼焦过程中挥发逸出以及煤料受热裂解析出水，这些水蒸气随荒煤气一起从焦炉引出，经初冷凝器冷却形成冷凝水，称为剩余氨水。剩余氨水含有高浓度的氨、酚、氰、硫化物及油类，这是焦化工艺需治理的主要废水之一。

2）含酚、氰的煤气终冷水，蒸汽冷凝分离水。煤气终冷的直接冷却水、粗苯加工的直接蒸汽冷凝分离水、精苯加工过程的直接蒸汽冷凝分离水、洗涤水，车间地坪或设备清洗水等与前述剩余氨水一起统称为酚氰废水。这种废水含有一定浓度的酚、氰和硫化物，水量尽管不如剩余氨水量大，但成分复杂，是炼焦工艺中有代表性的废水。

3）古马隆聚酯水洗废液。这种废水是生产精加工化学品过程中的洗涤废水，水量较小，且仅在少数生产古马隆产品的焦化厂中存在，一般呈白色乳化状态，除含酚、油类物质外，还因聚合反应所用催化剂不同而含有其他产物。

b. 危害及防治难点

焦化废水中含有机物多，大分子物质多。有机物中有酚类、苯类、有机氮类（吡啶、苯胺、喹啉、咔唑、吲哚等）以及多环芳烃等；无机物中含量比较高的有 NH_3-N、SCN^-、Cl^-、S_2^-、CN^-、$S_2O_3^{2-}$。废水中 COD 浓度高，可生化性差，BOD_5/COD 一般为 28%～32%，属较难生化处理废水。焦化废水中含 NH_3-N、TN 较高，不增设脱氮处理，难以达到规定的排放要求。

焦化废水的大量排放，不但对环境造成严重污染，同时也直接威胁到人类的健康。焦化废水主要含有机物，绝大多数有机物具有生物可降解性，能消耗水中溶解氧，影响水生动物的生存，甚至使水质严重恶化；污水中的其他物质，如油、悬浮物、氰化物等对水体与鱼类也都有危害，含氮化合物能导致水体富营养化。污废水中含有的酚类化合物是原型质毒物，可通过皮肤、黏膜的接触吸入和经口服而侵入人体内部，使人体细胞失去活力；低级酚还能引起皮肤过敏，长期饮用含酚污水会引起头晕、贫血以及各种神经系统病症。用未经处理的焦化污水直接灌溉农田，会使农作物减产和枯死；污水中的油类物质堵塞土壤孔隙，使土壤含盐量高，土壤盐碱化。

（3）固体废弃物

炼焦生产是一个流程长并有多次加工的生产工艺，其间会产生多种固态、半固态及流态的废弃物，如煤尘、焦油渣、酸焦油、洗油再生器残渣、黑萘、吹苯残渣及残液、黄血盐残铁渣、焦化水处理剩余污泥、酚和精制残渣以及脱硫残渣等，其中焦油渣、各类化产残渣及焦化水处理剩余污泥等危险废弃物是需要重点处置的焦化固体废弃物。

（4）噪声

焦化工艺产生的噪声为机械的撞击、摩擦、转动等运动而引起的机械噪声，以及气流的起伏运动或气动力引起的空气动力性噪声，主要噪声源有煤粉碎机、除尘风机、鼓风机、通风机组、干熄焦循环风机和干熄焦锅炉的安全阀排气装置等。一般情况下，在采取噪声控制措施前，各主要噪声源源强均大于 85dB（A）。煤化工企业的噪声污染问题不很严重，一般不会对城市或周边居民产生影响。但局部的高噪声设备比较多，如果处理不当，会对操作工人造成危害，也会在厂区内形成高噪声环境，长期下去，会影响职工的健康。因此，对噪声的控制也是不容忽视的问题。

4.1.2.2 焦化行业现存环境问题

大型钢铁企业焦化厂基本都采用大型焦炉或捣固焦炉，采用完善的除尘措施基本可控制烟粉尘排放浓度小于30mg/Nm^3，酚氰废水治理后达标回用不外排。但中小型钢铁企业焦化厂以及一些大型钢铁企业的老焦炉针对一些阵发性污染源，如装煤、推焦等的部分配套除尘措施尚不完善，无组织烟气排放量大，酚氰废水治理后仍不达标。其中一些钢铁企业目前已将无组织烟气和酚氰废水治理纳入改造计划中，但针对废气中NO_x治理尚未采取任何措施。另外，尽管大型钢铁企业焦化厂都做到了酚氰废水治理后达标回用不外排，但以多环芳烃为主的难降解物尚未引起足够重视。

4.1.2.3 焦化污染治理技术

焦化行业的污染治理主要集中在4个过程中：煤炭预处理过程、炼焦过程、熄焦过程、煤气净化过程。

(1) 煤炭预处理过程

这一过程涉及煤场粉尘的清除和煤炭预处理过程。其中煤炭预处理对粉尘含量、后续操作中硫化物的含量、焦炭的质量都有重要的影响。

a. 煤场扬尘煤处理系统粉尘治理

煤场扬尘主要是风吹煤堆以及精煤装卸过程中产生的扬尘。可采取的措施有：堆取料机械化减少装卸扬尘，半地下煤库储煤、露天储煤场四周设置挡风抑尘网墙；煤库或煤场设置喷洒水装置（包括管道喷洒或机上堆料时喷洒），对煤堆进行不定时洒水，以增加其表面湿度；植树绿化阻尘。例如，露天料厂使用多孔板波纹式组合防风网墙，通过风速可降低80%，可在周边300～3000m范围内抑制粉尘达85%以上。

煤处理系统粉尘主要产生于煤的破碎转运过程。煤预粉碎机室和煤粉碎机室均采用布袋除尘方式，煤转运站、煤粉碎机室、运煤通廊等均设计为封闭式结构，并在主要扬尘场所设洒水抑尘设施，以防止煤尘逸散。

b. 优化配煤

所谓优化配煤就是运用焦炭质量预测方程，在多种煤参加配比炼焦且满足一定的焦炭质量的前提下，筛选出一组成本最低的炼焦用煤及配比。显而易见，采用优化配煤技术可以在焦炭质量一定的条件下降低炼焦用煤成本，或者在炼焦用煤成本一定的条件下，提高焦炭质量。中冶焦耐工程技术有限公司（以下简称中冶焦耐）已研制出将煤场管理系统、焦炭质量预测系统、配煤优化系统紧密架构一体的优化配煤技术。该技术已成功地运用在天津天铁炼焦化工有限公司并稳定运行了一年多，使优质焦煤的配用量由原来的20%下降到10%，使每吨入炉煤成本下降25.7元，其经济效益和社会效益巨大。日本已确立使用钙含量高达3%～8%的煤，生产高强度、高反应性的焦炭，从而降低高炉的还原剂比。

c. 煤调湿

煤调湿是将炼焦煤料在装炉前除掉一部分水分，保持装炉煤水分稳定且相对较低，一般为6%左右。这项技术因其具有显著的节能、环保和经济效益以及提高焦炭质量等优势而受到普遍重视，在日本已得到迅速发展。一种以干熄焦发电机抽出的背压蒸汽为热源，在多管回转式干燥机内，蒸汽与湿煤间接换热；另一种煤调湿技术采用流化床，用焦炉烟道气与湿煤直接换热。

采用煤调湿工艺可将煤水分稳定在6%左右，使焦炉生产能力提高3%~10%，装炉煤散密度提高4%~7%。目前，宝钢和太钢以蒸汽为热源、采用多管回转干燥机，济钢以焦炉烟道气为热源、采用流化床的煤调湿装置都在设计施工；中冶焦耐已完成以焦炉烟道气为热源、既能调湿又能风选的煤调湿中试试验，即将进行工业装置试验。

d. 煤预成型技术

煤预成型技术（DAPS）是将配合好的入炉煤（湿煤）送入流化床干燥分级机，将其水分由9%降至1.8%。然后，用旋风分离方式将粒径<0.3mm的微粉分出，微粉入辊压成型机，压成小球状，再和干燥后的大粒煤混合，加入焦炉炼焦。将发尘性高的微粉煤在干燥状态下压实为球状后入炉，既可以提高焦炭强度，又可以使发尘性得到抑制。

e. 选择粉碎

选择粉碎工艺根据炼焦煤料中煤种和岩相组成在硬度上的差异，按不同粉碎度要求，将粉碎和筛分（或风力分离）结合在一起，使煤料粒度更加均匀，既能消除大颗粒又防止过细粉碎，并使惰性组分达到适当细度。该工艺能够提高煤的结焦性和减少焦炭裂纹。

由于煤粒分离方法上的差异，选择粉碎又可分为机械选择粉碎和风力选择粉碎。风力选择粉碎不仅在生产能力、投资、能耗、运行等方面显著优于机械选择粉碎，而且除了可以像机械筛分那样将大颗粒煤分离出外，还可以把密度大的惰性组分和灰分高的煤分离出来，使之粉碎得更细，从而消除或减少裂纹中心，提高焦炭强度。

f. 配添加物

所谓配添加物就是在装炉煤中配入适量的黏结剂和抗裂剂等非煤添加物，以改善其结焦性的一种炼焦煤准备技术措施。配黏结剂工艺适用于低流动度的弱黏结性煤料，有改善焦炭机械强度和焦炭反应性的功效；配抗裂剂工艺适用于高流动度的高挥发性煤料，可增大焦炭块度、提高焦炭机械强度、改善焦炭气孔结构。日本研究含有金属铁的焦炭，借助于金属铁的催化作用，可以大大提高焦炭的反应性，从而使高炉热保存带温度降低100℃，高炉还原剂比降至300kg/t。

（2）炼焦过程

a. 焦炉炉体逸散废气控制技术

装煤孔盖采用新型密封结构，提高其密封性，装煤后采用特制泥浆密封炉盖与盖座之间的缝隙；上升管盖、桥管承插口采用水封装置；上升管根部采用耐火编织绳填塞、特制泥浆封闭；炉门采用弹簧刀边炉门、厚炉门框、大保护板，有效防止炉门泄漏。

b. 焦炉装煤系统废气治理技术

目前，国内装煤烟尘治理基本采用机械除尘法，主要包括炉顶消烟除尘技术、炉顶消烟除尘结合地面站技术、大型地面站除尘技术、夏尔克侧吸管集气技术。

1）炉顶消烟除尘技术。除尘装置全部设于装煤车上，将装煤产生烟气吸至燃烧室点火焚烧，燃烧尾气经洗涤器除尘、气液分离后，通过排气筒排入大气。该设备构造简单，耗能较少，且不占用土地，但净化能力受限制，运行时装煤孔周围逸散烟气的吸收效果不理想，外排废气中含有大量水汽和烟尘，外排烟尘浓度在100mg/Nm^{3}以上；而且较难合理控制煤气和空气吸入比例，使装煤烟气无法适时燃烧，出现阵发性冒黑烟现象。

2）炉顶消烟除尘结合地面站技术。装煤时，启动风机，将装煤烟气抽吸至车上设置的燃烧室内，点火燃烧去除烟气中所含的可燃烧成分后，进入车上设置的预除尘器中，在此进一步经水喷淋洗涤降温，然后送至地面除尘系统。地面除尘装置又分为湿式洗涤除尘和袋式干法除尘两种方式。

该装置与炉顶消烟除尘装置存在同样问题，首先引入空气量与荒煤气抽吸量的比例不好控制，装煤车内发生“放炮”的概率较高，导致装煤车损坏而影响操作；其次受炉体负荷限制，炉顶除尘装置不宜过重，要保证足够的风机能力、燃烧室直径及洗涤器容量较为困难，影响除尘效果；炉顶及地面采用的湿式除尘器相应会有废水产生，需同时配套污水处理装置，带来了二次污染；而地面站袋式除尘装置为防止残留焦油堵塞滤袋，需采用预涂层处理；投资和运行费用高，不易管理，占地面积大。

3）大型地面站除尘技术。装煤车上不设燃烧装置，装煤车行走到待装煤的炭化室定位后，先启动上升管高压氨水系统，打开装煤孔盖，此时装煤车上的排烟管道与固定接口阀接通，同时向地面除尘系统发出电信号，排风机开始高速运行。装煤时烟气自吸气罩吸入，经固定接口阀进入带有预喷涂装置的地面脉冲袋式除尘器净化。一般情况下，大型焦化企业装煤、出焦除尘地面站是各自独立的，但投资高，占地面积大，为节约投资，减少占地，又发展了装煤出焦干式二合一地面站除尘装置，即将装煤、出焦烟气共用一个地面站进行处理。此方法处理效率可达95%以上，运行可靠、稳定，除尘效果好，处理后尘浓度低于30mg/Nm^3，且避免了“放炮”现象，也无废水产生，投资及运行费用低于单独设立装煤地面除尘站。

4）夏尔克侧吸管集气技术。装煤时装煤车伸缩筒与装煤孔气密相连，集气系统利用置于其装煤口上的射流增压侧吸管将炉体内溢出的荒煤气导入相邻的处于成焦后期的炭化室，装煤烟气中的Bap等污染物在高温炉室燃烧分解后进入煤气系统，不外排。该技术结构简单、无需燃烧、不用建地面站、不造成二次污染，具有投资少、运行费用省、净化效率高、集气与装煤连锁等特点，但其对装煤车要求高、投资较大。

c. 焦炉出焦系统废气治理技术

在炼焦生产系统中，推焦外逸的污染物以烟尘为主，约占炼焦生产排污总量的30%，装煤污染排放的50%。焦炉出焦烟尘治理系统主要包括热浮力罩车载式烟尘捕集净化技术、地面站除尘净化技术。

1）热浮力罩车载式烟尘捕集净化技术。热浮力罩是利用推焦过程中排出的高温烟气密度小、有上升浮力的特点设计的，逸散的烟尘进入热浮力罩经二级水洗涤除尘，再经罩顶排入大气；导焦栅顶部、炉门区烟尘则由吸气机抽吸，经水洗涤、旋风分离除尘后经排气筒排入大气。借助上升浮力的原理，较节能，不需另设除尘地面站，设备少，造价及运行操作费用低，但工艺缺点是热浮力罩除尘负荷有限，操作弹性较小，当生焦或水洗涤喷洒压力不足时，喷淋喷嘴常发生堵塞，雾化程度变差时，除尘效率明显下降，一般仅为80%～90%，而且产生的烟气洗涤废水需另行治理。

2）地面站除尘净化技术。出焦时，移动烟罩随拦焦车行走；烟尘通过烟罩顶部进入吸尘干管（可采用翻板对接阀或皮带提升密封小车连接罩方式连接），再经地面布袋除尘系统净化后排入大气；当入口烟气含尘量为5～12g/Nm^{3}时，出口尾气含尘量可降至50mg/Nm^3。目前采用装煤出焦干式二合一地面站除尘装置，处理后烟尘浓度可低于30mg/Nm^3。

（3）熄焦过程

a. 湿法熄焦工艺

常规湿法熄焦工艺过程为：从炭化室推出的红焦经拦焦机的导焦槽落入熄焦车，并由电机车牵引熄焦车至熄焦塔，喷洒熄焦水进行熄焦，经约2min的熄焦后，将已熄焦的焦炭卸至焦台上晾焦，待水汽散发后，由带式输送机将焦炭送往筛储焦工段进行筛分储存。

湿法熄焦工艺简单，投资和占地小，但湿法熄焦浪费红焦大量显热的缺点，既不利于节能，而且在熄焦过程中还会产生夹杂污染物的废气以及含酚、氰、氨氮的废水。湿法熄焦过程中由熄焦塔或熄焦车顶部产生的含尘及挥发性污染物的蒸汽，通过在顶部设置捕雾滴装置（除雾器）以及木栅式（或百叶窗式）折流格子挡板除尘装置净化。净化效率大于80%，排尘浓度可低于70mg/Nm^3。湿法熄焦会产生湿熄废水。常规湿法熄焦技术在我国钢铁企业曾普遍应用，由于存在明显缺点，目前国内钢铁企业新建和技改焦炉仅将其用作备用技术。

b. 稳定熄焦工艺

稳定熄焦是20世纪80年代初开发的一种新型湿法熄焦技术，是通过特殊结构的熄焦车和经过改进的熄焦塔来实现的。装载红焦的熄焦车进入熄焦塔内预定位置不动，顶部喷水管开始喷水，并且在整个熄焦工艺过程中连续进行，在顶部熄焦开始几秒钟后，高置槽内的熄焦水通过注水管注入熄焦车接水管，熄焦水从熄焦车厢斜底的出水口喷入熄焦车内，浸泡红焦而熄焦。

采用稳定熄焦工艺，焦炭快速冷却过程中H_2S和CO等气体的产生量比常规湿法熄焦有所减少；较厚的焦炭层可抑制粉尘逸散；采用喷洒水冷却含粉尘的熄焦水蒸气，可减少焦炭粉尘排放量，适合湿法熄焦改造或做干熄焦备用。

c. 低水分熄焦工艺

低水分熄焦工艺是一种新型熄焦技术，可以替代目前在工业上广泛使用的常规喷洒熄焦方式。在低水分熄焦系统中，水流通过专门设计的喷嘴，经过焦炭固定层后，再经专门设计的凹槽或孔流出，足够大的水压使水流迅速通过焦炭层，到达熄焦车的底板，残余的水流快速流出熄焦车。当高压水流经过焦炭层时，短期内产生大量的蒸汽，瞬间充满整个焦炭层的上部和下部，使焦炭窒息，保证了车厢内的焦炭可以均匀得到冷却，避免了常规湿法熄焦焦炭层厚度不均匀和车厢死角喷不到水，而导致焦炭水分不均匀的现象。

使用低水分熄焦工艺可减少熄焦用水量，因而也减少了熄焦废水产生量，还可有效控制粉尘逸散，此工艺适合湿法熄焦改造或做干熄焦备用。

该工艺焦炭水分波动小，可以使高炉操作均衡稳定，可降低吨焦的运输成本。与干熄焦相比，低水分熄焦投资成本少、见效快，焦炭质量有所改善，但与传统熄焦相比投资略高。该工艺能适用于原有的熄焦塔改造作为备用熄焦技术，经特殊设计的喷嘴可按最适合原有熄焦塔的方式排列，便于更换原有熄焦喷洒管。

d. 干法熄焦工艺

干法熄焦（coke dry quenching，CDQ；简称干熄焦）是采用惰性气体熄灭赤热焦炭的熄焦方法，是一项成熟和先进的工艺，具有节能、提高焦炭质量和环保三大优点。

干法熄焦是利用温度不高的惰性气体（一般为燃烧废气）在干熄炉中与赤热红焦换热，从而冷却红焦。吸收了红焦热量的惰性气体的温度大大升高，可高达900℃，将其送入蒸汽锅炉生产蒸汽。然后，再把经过锅炉被冷却的惰性气体由循环风机鼓入干熄炉冷却红焦。干熄焦锅炉产生的蒸汽或并入厂内蒸汽管网或送去发电。如此往复循环，在实现了清洁熄焦的同时，可回收利用余热。

干熄焦与湿熄焦相比，减少了湿熄焦所需的熄焦水量，又可改善周围环境、清除水汽及有害气体对设备和建筑物的腐蚀。干熄后的焦炭粒度均匀，反应性降低。因此，高炉使用干熄焦炭，可降低高炉焦比，有利于高炉炉况顺行和提高高炉的生产能力，对采用富氧喷吹技术的大型高炉效果更加显著。国际上公认，大型高炉采用干熄焦炭可降低焦比2%，提高高炉生产能力1%；保持同样焦炭质量，采用干熄焦技术，可降低强黏结性的焦、肥煤配比，有利于保护资源、降低炼焦成本。此工艺适合新建焦炉熄焦工艺或大型焦炉湿法熄焦改造。与湿法熄焦相比，干法熄焦存在投资较高及本身能耗较高的缺点。

因此，我国干熄焦装置必须根据生产能力形成系列，进一步大型化和提高装置运行水平，争取实现全部干熄焦化。

(4) 煤气净化过程

a. 煤气净化技术

焦炭干馏过程中产生的焦炉煤气含有 H_2S 和 HCN 等污染物，在后续使用过程中会产生新的污染，因此将焦炉煤气净化，可从源头控制污染物的产生。国内外钢铁行业焦化厂广泛采用湿法脱除 H_2S 和 HCN 的技术。

焦炉煤气净化技术包括湿式吸收法、湿式氧化法两类。湿式吸收法是采用碱吸收煤气中的 H_2S，再用蒸汽解析脱硫液生产硫酸或硫黄，其最大的优点是不产生脱硫废液；湿式氧化法是以碱性溶液为吸收剂，并加入载氧体为催化剂，吸收 H_2S，并将其氧化成单质S的一种方法，其最大优点是脱硫效率较高，流程比较简单。应用比较广泛的湿式吸收法有AS循环洗涤法、真空碳酸盐法、萨尔费班法等；湿式氧化法有改良A. D. A法、TH法、HPF法、栲胶法等。

1）真空碳酸盐法。该技术采用碳酸钠或碳酸钾为碱源，脱硫脱氰效率较高，塔后煤气含 H_2S 和 HCN 可分别降至 300mg/Nm^3 和 150mg/Nm^3 以下，脱硫产品质量好。碳酸钠廉价易得，用量也少；工艺流程简单，投资相对较低；生产过程中不产生废液，无二次污染，适合大型焦化企业采用。但脱硫装置在煤气净化末端，不能缓解煤气净化系统的设备和管道腐蚀。若以处理煤气规模为 7 万 Nm^3/h 计算，基建费用约为 5800 万元，运行成本约为 1600 万元/a。

攀钢焦化厂采用真空碳酸盐法净化焦炉煤气，处理煤气量为 17.4 万 Nm^3/h，碱源采用碳酸钾，并在脱硫塔上段加入一定碱液（NaOH）、H_2S 和 HCN 酸性气体用接触法生产硫酸，净化后煤气中 H_2S 和 HCN 可分别达到 $200mg/Nm^3$ 和 $100mg/Nm^3$ 以下。

2）萨尔费班法。萨尔费班法以单乙醇胺水溶液直接吸收煤气中的 H_2S 和 HCN，吸收富液在解析塔用蒸汽进行解吸，解吸后的贫液返回使用，蒸出的酸性气体可生产硫黄或硫酸产品。

该工艺利用弱碱性单乙醇胺做吸收剂，不需要催化剂，但单乙醇胺价格比较高，消耗量大，脱硫成本比较高。该方法脱硫脱氰效率较高，当煤气塔前 H_2S 含量 $\leqslant 6g/Nm^3$ 时，塔后 H_2S 可达 $200mg/Nm^3$；塔前含 HCN $\leqslant 2g/Nm^3$ 时，塔后可达 $100mg/Nm^3$。除脱除无机硫外，还能脱除有机硫，脱硫效率为 97%，脱氰效率为 93%，不会产生二次污染，适合大型焦化企业采用。

该工艺存在的主要问题是该法只能配置在粗苯装置后面，不能缓解煤气净化系统的设备和管道腐蚀，而且配置的脱硫液再生和后续制酸工艺流程复杂，MEA 随煤气携带量大，导致 MEA 消耗量大，蒸汽耗量大，影响经济效益。若以处理规模为 10.5 万 Nm^3/h 计算，基建费用约为 7300 万元，运行成本约为 2100 万元/a。处理每立方米煤气成本约为 0.0265 元，操作费用约 0.0178 元。

3）改良 A. D. A 法。改良 A. D. A 法是以碳酸钠为碱源，以钒作为脱硫的基本催化剂，蒽醌二磺酸钠（A. D. A）作为还原态钒的再生载氧体，适量添加酒石酸钾钠组成脱硫液。改良 A. D. A 法脱硫与原来 A. D. A 不同之处在于脱硫液中添加了酒石酸钾钠及偏钒酸钠。该工艺废液处理采用了蒸发、结晶法，可制取粗制 $Na_2S_2O_3$ 及 NaSCN。

该工艺脱硫脱氰效率高，脱硫后煤气含硫化氢可降到 $20mg/Nm^3$，氰化氢可降到 $50mg/Nm^3$，可达到城市煤气标准；但该工艺存在碱消耗量大、硫黄产品质量差且回收率低、管道装置易腐蚀、废液处理流程长且处理复杂、投资运行成本高的缺点。

4）栲胶法。栲胶法也是我国特有的脱硫技术，该法主要有两种：碱性栲胶脱硫（以橡碗栲胶和偏钒酸钠作为催化剂）和氨法栲胶脱硫（以氨代替碱）。栲胶由植物的果皮、叶和干的水淬液熬制而成，主要成分是丹宁，由于来源不同，丹宁组分也不同，但都是由化学结构十分复杂的多羟基芳香烃化合物组成，具有酚式或醌式结构。该工艺脱硫脱氰效率较高，净化后煤气 H_2S 和 HCN 的含量可降至 $200mg/Nm^3$ 以下，栲胶资源丰富，价廉易得，脱硫腐蚀性小，运行费用较低。但该工艺处理煤气量小，栲胶需要熟化预处理，栲胶来源、质量及其配置方法得当与否是决定栲胶法使用效果的主要因素。

b. 煤气净化后废气处理

煤气净化系统向大气环境排放的污染物主要来自化学反应和分离操作的尾气、系统和设备管道的放空、放散与滴漏、燃烧装置的烟囱等，主要有原料中的挥发性气体、尾气中的分解气体、燃烧废气及粉尘颗粒等，含 NH_3、H_2S、HCN、C_6H_6、SO_2、NO_x、CO 及烟尘等成分。对于煤气净化系统产生的污染主要采用先进的工艺流程及设备，从根本上加以控制，并对产生的各类废气采取针对性的治理措施：①确保系统中各类设备、管道的密闭性，防止污染物放散和泄漏；②煤气排送系统的废气送入装有填料的水洗净化塔，废气中的NH_3、H_2S、HCN、CO_2等大部分被水吸收，洗涤水送入废水处理系统；③对含硫酸铵粉尘的热废气可采用旋风除尘器处理或用水洗涤净化；④粗苯蒸馏工段的含苯废气引入脱苯管式炉予以焚烧；⑤加热所用煤气的燃烧废气高空排放；⑥各类储槽逸散治理——在储槽顶压入氮气，可阻止其逸散，储槽的排气管上设活性炭吸附器；⑦焦油、精苯加工过程中分馏装置产生的有机废气、改质沥青产生的沥青烟，采用排气洗涤塔等工艺流程和设备防止污染物逸散。

4.1.2.4 焦化废水处理技术

国内焦化废水处理系统主要采用一级处理和二级处理，采用三级处理的还很少。一级处理是指从高浓度污水中回收利用污染物，其工艺包括氨水脱酚、氨气蒸馏、终冷水脱氰等。二级处理主要是指酚氰污水无害化处理，以活性污泥法为主，还包括强化生物处理技术，如生物铁等。三级深度处理是指生化处理后的水仍不能达到排放标准时，或者要求污水回用时所采用的再次深度净化，其主要工艺有氧化塘法，化学混凝沉淀、过滤法，活性炭吸附法等。

(1) 一级处理

a. 酚的脱除与回收

焦化废水中的酚主要来自剩余氨水，目前多数的焦化厂采用萃取脱酚工艺进行焦化含酚废水预处理，该方法脱酚的效率可高达95%～97%，而且可以回收酚钠盐，有较好的经济效益，对于萃取脱酚工艺来说，萃取剂应能对混合物中各组分有选择性的溶解能力，并且易于回收，通常选用重苯溶剂油或N-503煤油，酚在N-503煤油中的分配系数为8～34，不仅分配系数大，而且混合使用效果好，损耗低，毒性较小，较多采用。

萃取脱酚是一种液-液接触萃取、分离与反萃再生结合的方法，即在含酚废水中加入萃取剂，使酚溶入萃取剂，然后含酚溶剂用碱液反洗，酚以钠盐的形式回收，碱洗后的溶剂循环使用。萃取效果的好坏与所用萃取剂和设备密切相关。通常采用的萃取设备是萃取塔，除油后的含酚废水经冷却器冷却至55～65℃，进入萃取塔上部，萃取剂由循环泵打入萃取塔底部，溶剂油与高浓度的含酚废水在萃取塔中逆流接触，在萃取塔中停留20～30min后，绝大部分酚转移到溶剂油中，溶剂油由萃取塔顶溢流进入碱洗塔与碱接触生成酚盐。溶剂油经碱洗后进入中间油槽，循环使用。这样萃取后将高浓度的含酚废水降到200～300mg/L以下，然后进行生化处理，使其达标排放。其处理流程图如图4-1所示。

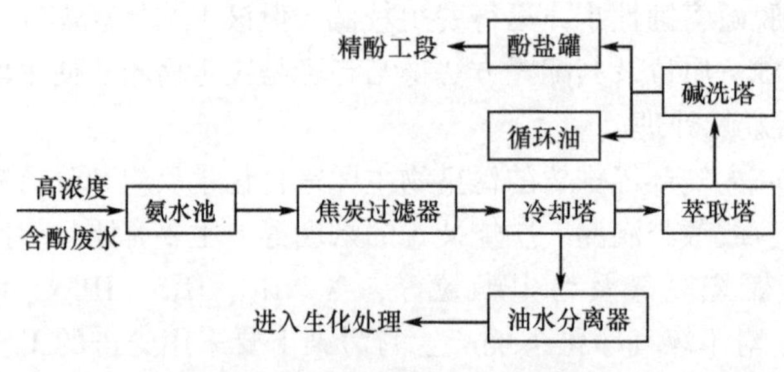

图4-1 萃取脱酚处理工艺流程图

b. 氨的脱除与回收

剩余氨水中不仅含酚浓度高，含氨浓度也很高。脱除氨通常采用蒸氨法，以回收液氨或硫酸铵。含氨废水经预热分解去除 CO_2 和 H_2O 等气体后，从塔顶进入蒸氨塔，塔底直接吹入的蒸汽将废水中的氨蒸出。含氨蒸气由冷凝或硫酸吸收，以回收其中的浓氨水和硫铵。蒸氨也是一个传质过程，氨在蒸气中的分配系数为 13，比酚大得多，所以对挥发酚而言，蒸气中含氨量较大，而且可直接经冷凝回收氨水，蒸氨效率可达 95% 以上。

蒸氨塔可采用较先进的导向浮阀塔。实际操作中，碱液加入量、蒸气消耗量及用于控制氨水蒸气温度的冷却水量均随入口剩余氨水流量及氨氮浓度的变化而不断调整，并通过自动化仪表动态监控各指标，关键是 pH 及塔顶蒸气温度。pH 由碱液加入量控制，要求换热器去蒸馏的废水 pH = 10±0. 5，或蒸馏后废水 pH 为 8 ~ 9；塔顶蒸气温度为 90 ~ 103℃，以满足蒸出的氨水蒸气达到回收要求（20% NH_3）；蒸馏后的废水中 NH_3-N 浓度控制在 280mg/L 以内，以满足生化处理时对进水 NH_3-N 的要求。其处理流程如图 4-2 所示。

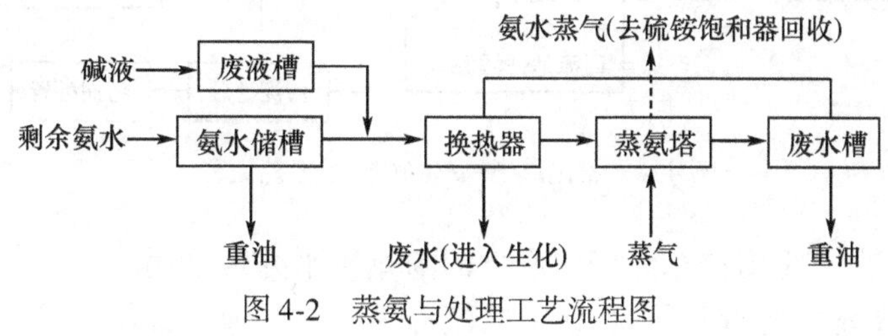

图 4-2　蒸氨与处理工艺流程图

（2）二级处理

a. 生物法

国内外焦化废水的处理技术中，应用最广泛的方法首推生物处理法。生物处理法又包括厌氧处理和好氧处理。在焦化废水处理中应用最广的是 A_2/O 工艺，目前国内焦化厂废水处理中，采用该工艺的有 30 多家。运行结果表明，该工艺运行稳定可靠，COD 及 NH_3-N 的去除率分别在 93% 及 86% 以上，外排水指标基本能够达到 GB13456—92 二级排放标准。

1）活性污泥法。活性污泥法的工艺流程如图 4-3 所示。该方法采用曝气池活性污泥与废水中的有机物充分接触，溶解性的有机物被微生物细胞吸附、降解，最终形成代谢产物（主要是 CO_2、H_2O）；非溶解性有机物先转化为溶解性有机物，然后被代谢和利用。

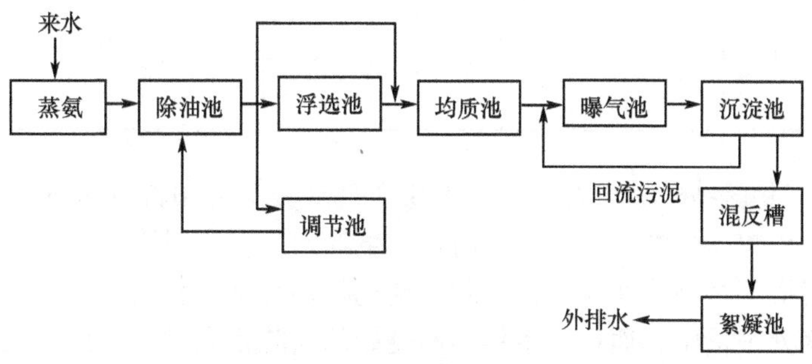

图 4-3　焦化厂活性污泥法废水处理工艺流程

2）A/O 工艺。废水首先进入厌氧池，然后进入好氧池，沉淀上层清液部分回流至厌氧池，污泥则回流至好氧池并发生硝化反应，氨氮被氧化为亚硝酸盐和硝酸盐、氮，同时释放质子 H^+，因而要补充碱以保证溶液的适当 pH 范围。硝化菌为好氧菌，因此必须提供给溶解氧。好氧池若为活性污泥工艺，溶解氧一段为 2 ~ 3mg/L。好氧、厌氧两段微生物互不相混，各自在最佳的环境条件下生长。在厌氧池中，回水中的硝态氮与原水中的有机碳发生硝化反应，硝态氮被还原为氮气，此过程要求溶解氧低于 0.5mg/L。其工艺流程如图 4-4 所示。

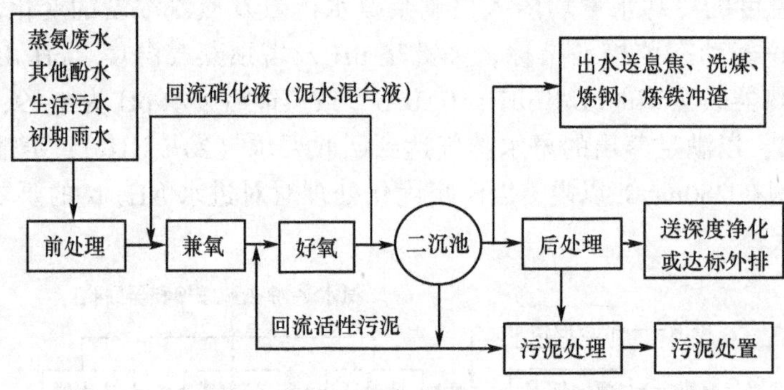

图 4-4 焦化厂 A/O 生物脱氮工艺流程

3）A^2/O^2 工艺。上海浦东煤气厂产生的酚氰废水处理采用 A^2/O^2 工艺流程，第一个“A”是指厌氧池，它取代了 A/O 工艺流程中的均和池，其作用是将难以生物降解的有机物进行水解、酸化，改善废水的可生化性，为后续装置创造条件；第二个“A”是指缺氧池，池内进行反硝化的脱氮反应；“O-O”是指好氧池，池内进行硝化反应。通过此新工艺，在降解废水中氨氮的同时也降解其中的 COD，最终使处理后的废水各项污染指标达标，见表 4-4 和表 4-5。其工艺流程框图如图 4-5 所示。它的处理效果优于其他方法，正在推广中。

表 4-4 浦东煤气厂煤气废水的水质平均浓度

pH	酚/(mg/L)	氰/(mg/L)	硫/(mg/L)	COD/(mg/L)	油/(mg/L)	BOD_5/(mg/L)	氨氮/(mg/L)
8.65	255.8	5.6	5.3	1213	4.80	609	149

表 4-5 浦东煤气厂废水生化处理出水的水质特征

pH	酚/(mg/L)	氰/(mg/L)	硫/(mg/L)	COD/(mg/L)	油/(mg/L)	BOD_5/(mg/L)	氨氮/(mg/L)
7.06	0.1	0.30	0.2	≤100	1.89	3.5	4.5

4）O-A/O（初曝-缺氧/好氧）法。H. S. B 是高分解力菌群（high solution bacteria）的英文缩写，是由 100 余种菌种组成的高效微生物菌群，专门用于污水处理。根据不同的污水水质，对微生物筛选及驯化，针对性地选择多种微生物组成菌群，构成分解链并将其种植在污水处理槽中，通过微生物周而复始的新陈代谢过程，使废水中的有害物得到转化与分解，达到污水处理的目的。该技术在杭钢及攀钢中试成功，证明应用 H. S. B

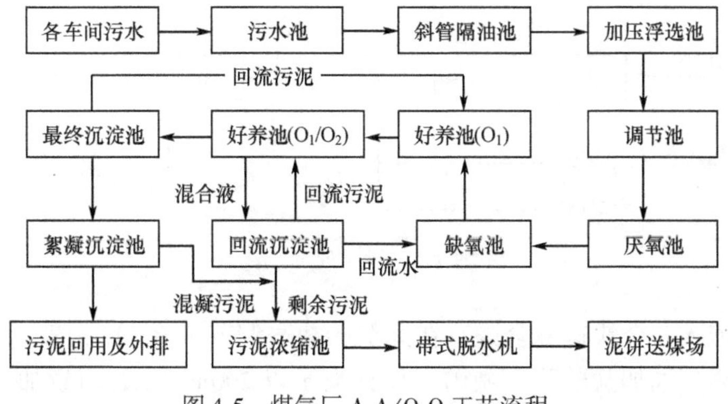

图4-5　煤气厂 A-A/O-O 工艺流程

技术筛选适宜焦化废水处理的微生物菌群已获得成功。

以 O-A/O 流程为核心的环境治理微生物技术是结合固定化细胞技术，采用 O（初曝）-A（缺氧）/O（好氧）工艺，第一个好氧系统采用生物流化床工艺，投加以活性炭为生物载体的高效菌群，在曝气搅拌条件下，促进微生物成膜和代谢，从而实现单位体积内较高的混合液污泥浓度（MLSS）和较好的生物传质性，使来水水质波动对后续 A/O 系统影响降低到最小。

5）SBR 工艺。SBR（sequencing batch reactor）工艺是一种间歇运行的活性污泥法废水处理工艺，兼均化、初沉、生物降解、终沉等功能于一池。运行时，废水分批进入池中，在活性污泥的作用下得到降解净化，沉降后，净化水排出池外。根据 SBR 的运行功能可把整个过程分为进水期、反应期、沉降期、排水期、闲置期，各个运行期在时间上是按序排列的，称为一个运行周期。

陈雪松等进行了采用 SBR 工艺处理焦化废水的实验，实验用废水为杭州钢铁集团公司焦化厂废水，废水经该厂污水处理系统隔油、调节、气浮处理后，作为实验系统的进水，其水质如下：pH 7.0～9.0；COD 750～1450mg/L；NH_3-N 300～650mg/L；酚 100～260mg/L；氰化物 20～45mg/L。

SBR 反应器出水中 COD 浓度为 86.5～192mg/L，COD 的去除效率为 85.3%～92.6%。出水中 NH_3-N 浓度为 3.82～20.1mg/L，NH_3-N 的去除率为 95.8%～99.2%。实验结果证明 SBR 工艺对焦化废水有良好的处理效果。

兖矿国泰化工有限公司采用 SBR 法对含氨氮、COD 及少量氰化物的污水进行处理，其工艺处理路线如图 4-6 所示。该工程选用国际上较为成熟先进的 SBR 生化处理工艺，曝气器采用碟式射流曝气器，使用离心式鼓风机供气。在 SBR 运行的不同阶段进行 BOD 的去除、硝化、反硝化及吸收磷等反应。该工艺在前段增加了 NaOH、甲醇以及磷营养盐的投加，为系统的硝化、反硝化提供了必要的条件。

b. 化学法

1）Fenton 试剂法。Fenton 试剂是由 H_2O_2 和 Fe^{2+}混合得到的一种强氧化剂，由于其能产生氧化能力很强的 OH · 自由基，在处理难生物降解或一般化学氧化难以奏效的有机废水时，具有反应迅速、温度和压力等反应条件缓和且无二次污染等优点。

Fenton 试剂处理焦化废水的工艺流程如图 4-7 所示。废水被储存在一个均化罐中，

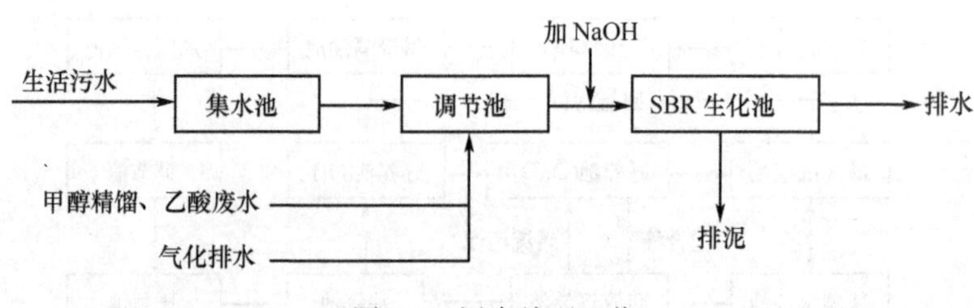

图 4-6　污水处理工艺

然后从均化罐流入一个快速混合罐，在此加入盐酸调节废水 pH 大致为 3.0，由于废水中钙的浓度升高，添加盐酸优于硫酸，亚铁离子以 200mg/L 的剂量加入混合罐。混合好的废水用泵抽到氧化罐，氧化罐中加 1700mg/L 剂量的 H_2O_2，在反应过程绝大多数的有机物被氧化为 CO_2 和 H_2O。

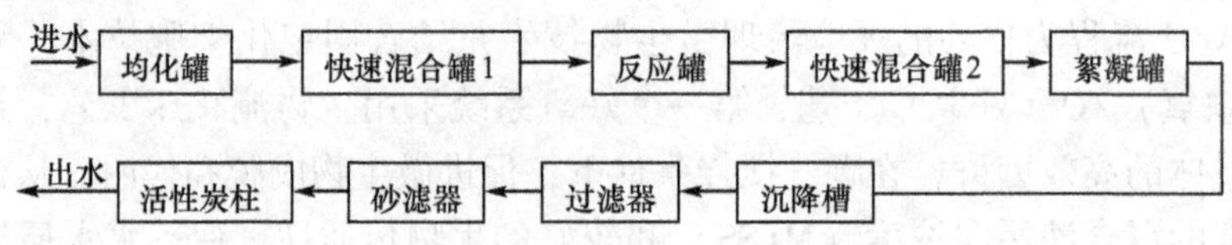

图 4-7　Fenton 试剂法处理焦化废水工艺流程图

2）湿式氧化法。催化湿式氧化技术的研究始于 20 世纪 70 年代，是在 Zimpro 的湿式氧化技术上发展起来的，现在已经成为水处理技术研究的一个热点。Kulkarni 和 Dixit 用间歇式反应釜研究了苯酚的均相催化湿式氧化。催化剂为 Cu^{2+}，氧化剂为 SO_3^{2+}，反应温度为 110℃、氧分压为 0.45MPa 的条件下，20min 内苯酚的降解率能达 100%。日本大阪煤气公司 80 年代开发成功的催化湿式氧化装置，采用自行研制的固体催化剂，在 200～300℃，1.5～9.0MPa 条件下，接触反应 0.12～3.0h，不经稀释一次处理即可将废水中的高浓度的 COD（3000～10 000mg/L）、氨氮等污染物催化氧化成 CO_2、N_2 和 H_2O 等，处理能力达 $60m^3/d$，并已完成了该项目的半工业化试验。

浙江大学化工系的唐受印等（1995）用湿式氧化法降解高浓度苯酚配水，在 1L 高压釜中，反应温度为 150～250℃、氧分压为 0.7～5.0MPa 的条件下，经过 30min 的氧化，对 COD 的去除率为 52.9%～90%，苯酚分解率为 86%～99%，并且有机物去除量与原水浓度成正比。杜鸿章等（1996）利用自制的催化剂，采用催化湿式氧化法处理焦化厂蒸氨、脱酚前浓焦化污水，对 COD 及 NH_3-N 的去除率分别为 99.5% 和 99.9%。

在国外，经过几十年的发展，催化湿式氧化技术已成功用于造纸废水、农药废水、香料废水、焦化废水、染料废水和含氰废水的处理。在国内，目前还很少有工业化的处理设施。

3）电化学氧化法。电化学氧化水处理技术的基本原理是在使污染物在电极上发生氧化还原反应，研究发现，电解过程产生的氯化物/高氯化物，能引起非直接氧化，这种氧化在去除焦化废水中污染物的过程中具有重要作用。Li-choung Chiang 等（1995）采用 PbO_2/Ti 作为电极，对电化学氧化法处理焦化废水进行了研究。结果表明，电解 2h 后，废水中 COD 由 2143mg/L 降到 223mg/L，废水中约为 760mg/L 的 NH_3-N 也被同时去除。研究中发现，电极材料、氧化物浓度、电流密度和 pH 对 COD 的去除率和电化学氧化过程中电流的效率有显著影响。另外，电解过程产生的氯化物/高氯化物，能引起非直接氧化，这种氧化在去除焦化废水中污染物的过程中具有重要作用。

4）光催化氧化法。光催化氧化法是一种新兴的废水处理技术。其氧化机理为：电子-空穴对通过与空气或水中的 O_2 和 H_2O 作用生成 HO·，HO·具有极强的氧化性，可以将废水中的有机物完全降解为无污染的小分子无机物。

刘红和刘潘（2006）采用光催化氧化法处理生化处理后的焦化废水，研究表明：用多相光催化氧化法处理焦化厂二沉池废水是一种有效的处理方法，最佳工艺条件为：质量分数30%的 H_2O_2 投加量为0.5g/L，二氧化钛投加量为200mg/L，光照时间为90min，反应前调pH为3.0。在此反应条件下，焦化废水COD从350.3mg/L降至53.1mg/L，COD的去除率可达84.8%，处理后的出水无色无味，可直接排放或回收利用，不产生二次污染。多相光催化氧化工艺并不适合处理高浓度废水。但通过提高 H_2O_2 的投加量可扩大多相光催化氧化法处理焦化废水的浓度范围，增加 H_2O_2 投加质量浓度至3.0s/L处理稀释3倍后的均和池废水，可使其COD从605.1ms/L降至72.8mg/L，COD的去除率可达88.0%。

（3）深度处理

a. 吸附法

吸附法处理废水是利用多孔性吸附剂吸附废水中的一种或几种溶质，使废水得到净化。常用吸附剂有活性炭、磺化煤、矿渣、硅藻土等。

Vazquez等（2007）选用活性炭深度处理经生物处理的焦化废水，通过废水中苯酚的去除率评价活性炭的深度处理效果。研究表明：平均粒径为0.8mm的活性炭对焦化废水中苯酚的吸附容量为0.35mg/g，而粒径为2.5mm的活性炭的吸附容量可达0.45mg/g。吴声彪等（2004）采用粉末活性炭处理焦化废水，结果表明其对焦化废水COD的去除率可达98.5%。蒋文新等（2007）采用煤质炭、果壳炭和椰壳炭处理焦化厂生化后废水，可使出水COD达到100mg/L以下。

Sun Weiling等（2008）采用粉煤灰对生化处理后焦化废水进行深度处理。研究结果表明：焦化废水COD去除率随粉煤灰颗粒粒度的降低而增加，粒径<0.074mm的粉煤灰用量为0.1g/mL时，焦化废水COD去除率可达45%，色度去除率可达76%。处理后粉煤灰的红外光谱在1400～1420cm处出现新的特征峰，表明粉煤灰表面吸附了焦化废水中的有机污染物。

山西焦化集团有限公司利用锅炉粉煤灰处理来自生化的焦化废水。生化出口废水经过粉煤灰吸附处理后，污染物的平均去除率为54.7%。处理后的出水，除氨氮外，其他污染物均达到国家一级焦化新厂标准，和A/O法相近，投资费用仅为A/O法的一半，由于该方法系统投资费用低，以废治废，具有良好的经济效益和环境效益。

b. 混凝法

混凝法的关键在于混凝剂，常见的混凝剂有铝盐、铁盐、聚铝、聚铁和聚丙烯酰胺等。目前国内焦化厂家一般采用聚合硫酸铁。该法一般用于生化处理出水的深度处理。絮凝沉淀法通过向废水中投加各类絮凝剂，如聚合硫酸铁（PFS）、聚丙烯酰胺（PAM）和氢氧化钙等，使絮凝剂与水中的污染物起化学反应，生成不溶于或难溶于水的化合物，析出沉淀，使废水得到净化，化学沉淀法是处理氨氮较为有效的一种方法。

郑义等采用聚合硫酸铁（PFS）、硫酸铝［$Al_2(SO_4)_3$］、PFS+PAM混凝法分别对生化处理后的焦化废水进行了深度处理，研究了不同混凝剂的处理效果。结果发现聚合硫酸铁在水中经水解生成具有高正电荷的羟基络合物，处理焦化废水时，絮体形成速度快，沉降速度也快，颗粒大且密实，上清液较为清澈。在适宜条件下（pH=5，投加量为50mg/L），废水的色度及COD_{Cr}去除效率分别可达70%和50%。硫酸铝［$Al_2(SO_4)_3 \cdot 18H_2O$］溶于水后，离解出$Al^{3+}$，处理废水pH为6.0~7.0时混凝效果最好。在此pH范围内，硫酸铝的水解产物有大量的羟基聚合物和［$Al(OH)_3$］络合物共存，能发挥出较好的胶体脱稳、电中和、吸附架桥和网捕能力，得到良好的混凝结果。在适宜条件下（pH=6.5，投加量为250mg/L），废水色度及COD_{Cr}去除效率分别可达60%和70%。采用PFS+PAM［组合为混凝剂，在pH=5的条件下，投加量为（40+6）mg/L，此时出水色度为70倍，COD_{Cr}为68mg/L，去除率分别为73.08%、62.22%］。采用PFS+PAM组合为混凝剂，其混凝剂用量少，脱色及除COD_{Cr}效果好，出水色度及COD_{Cr}均能满足《污水综合排放标准》（GB8979—1996）中二级标准的要求，是较为适宜的焦化废水深度处理方法。

c. 烟道气处理法

由冶金工业部建筑研究总院和北京国纬达环保公司合作研制开发的“烟道气处理焦化剩余氨水或全部焦化废水的方法”已获得国家专利。该技术将焦化剩余氨水去除焦油和SS后，输入烟道废气中进行充分的物理化学反应，烟道气的热量使剩余氨水中的水分全部汽化，氨气与烟通气中的SO_2反应生成硫铵。

这项专利技术已在江苏淮钢集团焦化剩余氨水处理工程中获得成功应用。监测结果表明，焦化剩余氨水全部被处理，实现了废水的零排放，又确保了烟道气达标排放，排入大气中的氨、酚类、氰化物等主要污染物占剩余氨水中污染物总量的1.0%~4.7%。

（4）焦化废水处理方法比较

焦化废水不同处理方法的比较见表4-6。

表4-6 各种工艺处理焦化废水的去除效果

处理条件	A/O	A^2/O	O-A-O	SBR	湿式氧化	电化学氧化	光催化氧化
	水量	$50Nm^3/h$					
反应器体积/L	25	25	10	0.4			
进水COD浓度/(mg/L)	2400	2400	1500~3500	1200	6300	270	350
出水COD浓度/(mg/L)	150	100	100	150~200	31.5	60	53.1
COD去除率/%	93	95	93~97	87.5~83.3	99.5	78	84.8
进水氨氮浓度/(mg/L)	100	100	600~800	200~250	3775		
出水氨氮浓度/(mg/L)	20	10	15	<25	3.8		
氨氮去除率/%	75	90	95~98	87.5~90	99.9		
进水酚类浓度/(mg/L)	370	370	600			100	
出水酚类浓度/(mg/L)	10	5	0.5			0	
酚类去除率/%	97	99	100			100	

a. 生物法

在活性污泥法中，大部分采用鼓风曝气的生物吸附再生工艺，少数采用机械加强曝气池。实践表明，虽然活性污泥法可以去除大部分酚和氰，但对 COD 和氨氮的去除效果并不令人满意，出水很难达到排放标准。为改善出水水质，许多国内外焦化厂采用了延时曝气的处理方法。延时曝气虽然可以提高对酚类等易降解物质的去除率，但对于喹啉、异喹啉、吲哚、吡啶、联苯等难降解物的去除效果并不理想。焦化废水中含大量的难降解物质，仅靠提高曝气时间无法达到排放标准。采用强化微生物法，如向曝气池中投加铁盐或活性炭，若投加铁盐虽能提高 COD 去除率，但增加了排泥量，产生污泥处理问题。常规生物处理对氨氮无明显去除作用，无法满足废水排放标准对氨氮的控制要求。

A^2/O 工艺是 A/O 工艺的一种改进工艺。A^2/O 工艺与 A/O 工艺相比，在缺氧池前多了一个厌氧池，目的是起水解酸化作用。复杂的环芳烃类有机物在好氧条件下较难生物降解，通过厌氧酸化处理，可以将其转化为小分子、易生物降解的有机物，提高焦化废水的可生物降解性。当进水 COD 大于 3500mg/L 或 NH_3-N 大于 245mg/L 时，进水需要进行稀释。

由于采用厌氧+缺氧系统，可以提高焦化废水的生物降解性，系统有耐冲击负荷能力强、氮去除率高等优点，可减少污泥量，酚及氰、氨氮、COD 处理效率分别大于 99.8%、97% 和 95%，出水可满足一级排放标准，但存在占地较大、流程长、运行费用较高的缺点。

SBR 工艺集生物降解和脱氮除磷于一体，SBR 池兼均化、沉淀、生物降解、终沉等功能于一体，通过自动控制完成工艺操作，可以方便灵活地进行缺氧-厌氧-好氧的交替运行，不需污泥回流系统。该工艺具有如下特点：①工艺流程简单，调节池容积小或可不设调节池，造价和运行费用低；②反应过程基质浓度梯度大，反应推动力大，具有较高的脱氮除磷效果；③良好的污泥沉降性能，包括反应器中有较高的底物浓度、污泥龄（θ_c）短及比增长速率（μ）大；④对进水水质、水量的波动具有较好的适应性，包括进水期具有储存污水和混合的作用、对高峰污染物浓度持续时间的分割作用、耐有机负荷和有毒物质负荷冲击能力强、运行方式灵活及运行周期间污泥活性的补偿作用。

SBR 反应池生化反应能力强，处理效果好，能有效地防止污泥膨胀，耐冲击负荷能力强，工作稳定性好，但处理量通常不大，不适合大型焦化企业。

生物法具有废水处理量大、处理范围广、运行费用相对较低等优点，改进后的新工艺在一定程度上提高了焦化废水的外排水质，因而也在国内外得到广泛使用。但是生物法对进水污染物含量有严格要求，稀释水用量大，废水的 pH、温度、营养物、有毒物质浓度、进水有机物浓度、溶解氧量等多种因素都会影响到细菌的生长和出水水质，这也就对操作管理提出了较高要求。另外，生化处理设施规模大、停留时间长、投资费用较高等方面的缺点也使人们急切地寻找合适的替代方法。

b. 物理化学法

物理化学处理方法一般是焦化废水深度处理方法。物理化学方法对氨氮等物质的去除率较低，单独使用时很难使焦化废水处理达标排放，必须与其他方法相结合，才能使出水达标。该方法操作简单、管理方便、运行成本相对较低，但处理设施占地面积大，土建投资较大，污染物只是从水中转移到污泥中，没有得到无害化降解，并产生污泥处理问题。深度处理技术对设备要求高，操作复杂，耗能大，目前在工厂中的实际应用很少。

由于焦化废水中的有机物复杂多样，其中酚类、多环芳烃、含氮有机物等难降解的有机物占多数，这些难降解有机物的存在严重影响了后续生化处理的效果。高级氧化技术在废水中产生大量的OH·自由基，OH·自由基能够无选择性地将废水中的有机污染物降解为CO_2和H_2O。

催化湿式氧化技术是在高温、高压条件下，在催化剂作用下，用空气中的氧将溶于水或在水中悬浮的有机物氧化，最终转化为无害物质N_2和CO_2排放。湿式催化氧化法具有适用范围广、氧化速度快、处理效率高、二次污染低、可回收能量和有用物料等优点。催化湿式氧化处理技术和A/O生物脱氮处理技术的综合运行费用与普通生化法相比并没有显著的差异，三者之差最大不超过20%。而且催化湿式氧化法与A/O法相比，有占地面积小的优点。另外，当采用普通生化处理工艺和A/O生物脱氮处理工艺时，由于废水中的COD组分和氨氮浓度均较高，为保证处理工艺的正常运行，废水常要先进行蒸氨等预处理；而催化湿式氧化处理技术则不需要此项操作，从而可大大简化工艺工序。由于催化湿式氧化法处理后的出水污染物浓度低，对环境影响小，对周围的农业、渔业、景观等影响小，具有很好的环境效应。从焦化废水的性质来说，废水浓度高、成分复杂且含有多种常规工艺难以处理的污染物，因此，很适合用催化湿式氧化法来处理。但催化湿式氧化技术对反应设备的材质要求较高，还存在氧化剂的溶出等问题，因而现阶段未能广泛推广。

光催化氧化法利用HO·极强的氧化性，将废水中的有机物完全降解为无污染的小分子无机物。光催化材料具有无损失、无二次污染、可重复利用、对几乎所有的有机污染物都可实现完全降解的优点。因而受到各国学者的普遍重视，是目前环保和材料领域研究的热点。但化学处理方法催化剂和絮凝剂等药剂的价格较高，处理成本高，并且对设备要求严格，设备投资比较大。在国内的焦化废水处理中单独采用化学处理方法的较为少见。

采用吸附法对焦化废水进行深度处理，利用多孔性吸附剂吸附废水中的一种或几种溶质，使废水得到净化。活性炭具有良好的吸附性能和稳定的化学性质，是一种最常用的吸附剂，该法适用于焦化废水的深度处理。由于活性炭再生系统操作难度大，装置运行费用高，在焦化废水处理中未得到推广使用。

针对活性炭吸附法深度处理焦化废水操作成本高的问题，可采用粉煤灰、磺化煤、黏土矿物及其他天然多孔矿物等。以矿物、废渣等为吸附剂深度处理焦化废水具有成本低廉、以废治废的特点。但是，同时存在处理后的出水氨氮未能达标和废渣难处理的缺点。

烟道气处理法以废治废，投资省，占地少，运行费用低，处理效果好，环境效益十分显著，是一项十分值得推广的方法。但此法要求焦化的氨量必须与烟道气所需氨量保持平衡，这就在一定程度上限制了烟道气处理方法的应用范围。

随着我国对环境管理的加强，出水水质不能达标已成为焦化废水处理的一大难题，如何提高出水指标也就成为目前研究的重点。近年来，不断有新的方法和技术用于处理焦化废水，但各有利弊。例如，生物氧化法出水的COD和氨氮浓度较高，不能达到排放标准。吸附法虽能较好地除去COD，但出水中氨氮的浓度偏高，而且存在吸附剂的再生和二次污染的问题。光催化氧化法虽能降解难以生物降解的有机物，但离实际的工业应用仍有较大的距离，若能用太阳光代替紫外光将是巨大的突破。采用厌氧/好氧联合处理焦化废水具有广阔的应用前景。可以预见，利用多种方法联合处理焦化废水是焦化废水处理技术的发展方向。

目前我国对焦化废水的常见处理工艺包括A/O²、A²/O、A/O、A²/O²等。通过对4种工艺的比较，A/O²（厌氧—缺氧—好氧—好氧组合工艺）和A²/O²（缺氧—好氧—好氧组合工艺）对焦化废水中的主要污染物去除效率均高于另外两种工艺，但是投资和运行费用也较高（山西省环境保护厅，2010）。

焦化工程中会产生大量的BaP，其随焦化废水排放，会造成废水中非常高的BaP浓度。使用目前的焦化废水处理工艺，焦化废水经生化、混凝处理，可去除焦化废水中大部分BaP，使其浓度达到2μg/L，但仍不能满足GB8978—1996《污水综合排放标准》第一类污染物最高允许排放浓度要求（0.03μg/L），给水体造成严重污染。即使在此基础上再加一级活性炭吸附，使BaP浓度降至0.05～0.10μg/L，也难以达标排放。

鉴于目前常用的焦化废水处理工艺尚难使BaP稳定达标，因此最有效的BaP排放控制途径是优化煤气净化工艺，设置高效脱硫、脱氰设施；并使用干法地面站、干熄焦工艺等，大幅度减少焦化废水的产生；且处理后的废水回用，尽量做到焦化废水零排放。

4.1.2.5 苯并芘等多环芳烃的污染

苯并芘是典型的致癌物之一，炼焦过程是重要的产生源，鉴于检测和治理的难度大，对我国炼焦行业来说，苯并芘尚未引起足够重视，亟待加强。《纽约时报》2007年12月21日报道，我国邯郸市区的苯并芘浓度，仅次于兰州和太原，比伦敦高100倍。这一情况值得高度重视。

（1）苯并芘等PAH在炼焦过程的排放源

炼焦过程产生的有机污染物苯并芘（BaP）等多环芳烃类物质，具有典型的致癌、致畸、致突变的“三致”作用。据世界卫生组织研究报告，大气中苯并芘含量为2ng/Nm³时，即为诱发癌变的极限含量，而有报道表明有些产焦区苯并芘含量高于极限值60～100倍。

面对持续增加的焦炭消费量，如何解决焦炭生产过程中PAH污染问题也迫在眉睫，据统计，1t焦煤中会产生1kg的烟尘，而烟尘中含有的苯并芘和苯可溶物（BSO）都是强致癌物。所以为了控制这些污染物的排放，必须采用切实可行的措施。

焦化产业的烟尘主要来源于焦炉的装煤、炼焦、出焦和熄焦等过程，据相关资料介绍，装煤烟尘占焦炉总烟尘的40%～45%，出焦烟尘占25%～30%，熄焦烟尘占15%～20%，其余是炉门、炉顶所散发的烟尘。对于焦炉烟尘的治理，一直都是污染物控制的难点，特别是装煤烟尘和出焦烟尘的治理。图4-8为炼焦过程中PAH等污染物来源示意图。

炼焦生产过程中，正常操作条件下，从炉体可能泄漏的部位，到装炉、平煤、集气

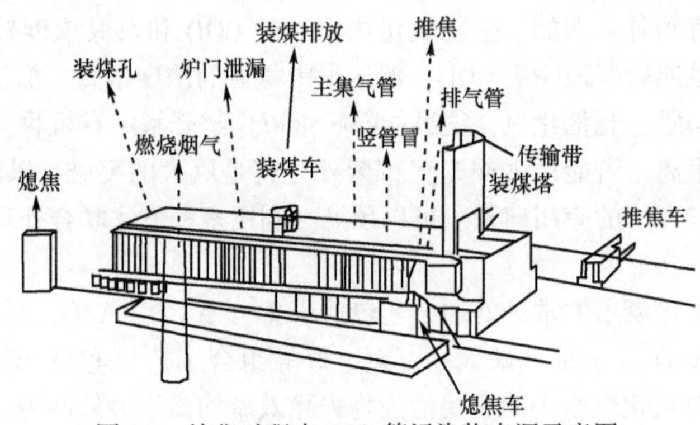

图 4-8 炼焦过程中 PAH 等污染物来源示意图

管清扫、推焦、熄焦等操作过程中放散的污染物最多，因为每个炭化室都有 7 个以上的泄漏点，每座焦炉间歇出焦都是造成 PAH 扩散的根源。以下给出一般焦化厂装煤、出焦时 PAH 的泄漏过程。

1）炭化室装煤时，烟尘主要从装煤孔、平煤孔及上升管等处逸散；每次装煤的时间维持在 3 ~5min，该过程中含 PAH 烟尘的排放量受炉墙温度、装煤速度和煤的挥发分等因素制约。装煤工序中含 PAH 烟尘产生过程包括：煤料装入炭化室的过程置换出大量的热空气，装煤时空气与入炉的细煤粒会发生不完全燃烧反应，排放出含 PAH 的黑烟。

2）推焦过程中，废烟气主要从上升管、拦焦车、熄焦车及炉门等处逸散。出焦含 PAH 废气产生以及排放的过程为：焦炉两侧炉门打开后出焦炉内残余煤气的散发，推焦过程中炉门处以及导焦槽散发的含 PAH 粉尘；熄焦车运输途中焦炭的不完全燃烧产生的含 PAH 烟尘。

3）湿法熄焦时大量水蒸气夹带含有大量 PAH 污染物粉尘上升至高空中。

因所选取工艺装备和操作管理水平的不同，生产过程中，含 PAH 烟尘的产生量在几千克至几十千克每吨装炉煤不等。

通过对 4 座典型焦炉，2 座分别为顶装和捣固的 4. 3m 焦炉，1 座 6m 顶装焦炉以及 1 座 3. 2m 捣固焦炉各不同工序 PAH 排放量的检测，得到其 PAH 排放量多少顺序为装煤烟气 188μg/Nm^3>燃烧室废气 92μg/Nm^3>出焦烟气 65μg/Nm^3>焦炉顶空气 35μg/Nm^3。

（2）苯并芘等 PAH 排放与炉型的关系

通过在实验室对几种不同炉型所用入炉配煤热解过程中释放苯并芘等 PAH 量的分析发现，热解终温相同时，炼焦配煤生成的 PAH 量差别并不太大。但不同炉型炼焦过程实际检测到的 PAH 量差别较大，其中不论是顶装焦炉还是捣固焦炉，在装煤、出焦及焦炉顶部吨煤 PAH 排放量大小顺序为 6m 焦炉<4. 3m 焦炉<3. 8m 焦炉，如出焦时 3. 8m 炉排放 PAH（约 102μg/Nm^3）>4. 3m 炉（约 36μg/Nm^3）>6m 炉约（2. 454μg/Nm^3）。相同容积的炉型在不同焦化厂排放苯并芘等 PAH 的排放量也不相同。例如，相同 4. 3m 炉，x 厂出焦时 PAH 排出量为 18μg/Nm^3，y 厂为 54μg/Nm^3。通过考察发现排放量的差别主要取决于各厂的操作管理和环保措施，如炉体是否严密、各工序的操作水平如何，是否使用先进的除尘系统等。

(3) 降低苯并芘等PAH排放的措施

a. 焦炉大型化

研究表明焦炉大型化是降低苯并芘等PAH排放的重要举措。调查表明7.63m焦炉在我国在建和投产的共15座，主要为山东兖矿2×60孔、太钢2×70孔、武钢2×70孔、马钢2×70孔、首钢曹妃甸4×70孔、沙钢2×70孔、中平能化集团1×70孔。目前世界上单孔最大的为德国TKS Schwelgrn的焦炉，已经达到8.43m炉高，容积达到93m^3，其容积已经是国内常规6m焦炉的2.4倍。所以在我国继续发展大容积焦炉，逐步置换掉小容积焦炉对降低苯并芘等PAH的污染十分有利。

b. 大型捣固炼焦和配型煤炼焦

研究表明主焦煤等碳含量在87%左右中等变质程度煤炼焦过程排放苯并芘等PAH量较其他煤种多。现在大型捣固焦炉的研发成功，对中国的焦化工业和合理利用煤炭资源特别是节约主焦煤资源起到了很好的推动作用。捣固技术扩大了高挥发分中等或弱黏结煤的使用。国内采用捣固炼焦的不少企业，在生产中配入了瘦煤、瘦焦煤，甚至是焦粉或无烟煤，降低了配煤的挥发性，提高了焦炭产率和强度。晋城煤业集团成功地完成了配入50%的无烟煤的捣固炼焦。至2010年年底，我国已有云南曲靖，山东铁雄、泰钢，河南金马和河北旭阳13座5.5m捣固焦炉投产；在建和投产的6.25m捣固焦炉主要有昆钢、莱钢、旭阳和唐山佳华。目前国内投产的捣固焦炉已超过360座，炼焦生产能力接近0.8亿t。每年少用强黏结性煤2400万t左右。在我国宝钢和太原煤气化公司已经部分应用配非炼焦煤的型煤炼焦。这些技术的发展也能起到降低苯并芘等PAH排放的作用。

c. 地面除尘站和消烟除尘车

调查和研究表明地面除尘站和消烟除尘车是降低苯并芘等PAH排放的重要途径。

在推焦前控制排风机的转速由低向高转变，然后开始推焦。无论是捣固还是顶装焦炉出焦时都会有大量含PAH的烟尘放出，因此在拦焦车上设置吸气罩进行收集，通过连接管道送入集尘干管，然后进入蓄热式冷却器冷却并再次将粗尘粒分离出来，最后由袋滤器将细尘粒过滤后排入大气。

出焦结束后，排风机重新转入低速运行，此时打开，冷空气经由旁路阀进入蓄热式冷却器将蓄积的热量带走，为下一次推焦时冷却烟气做好准备。除尘器收集的含PAH粉尘，由刮板输送机运至储灰仓，经加湿处理后由汽车外运，配入炼焦煤中，实现资源的综合利用，不产生二次污染。风机外壳及前后管道设隔声装置，风机的进出口设软连接，风机出口设消声器，控制噪声不超标。地面除尘站的原理很简单，但是对保护环境发挥了十分重要的作用。

消烟除尘车技术是伴随着捣固焦炉的发展出现的新技术，用于治理加煤期间产生的烟尘。其工作原理是在驱动风机的作用下，装煤产生的含PAH烟尘经罩在炉口上的吸口吸入燃烧室进行燃烧，燃烧后的含尘高温烟气经喷淋室喷洒降温后经过文氏管除尘器(由文氏管和除沫器组成)进行气液两相分离后，气体通过风机外排。监测表明该技术能使装煤过程PAH排放明显降低。

（4）焦炉装煤烟尘控制措施

a. 焦炉装煤烟尘的产生

焦炉装煤产生的含 PAH 烟尘主要来源于：①加入到炭化室的煤料置换出炉内的空气；②在炭化室中，细煤粒燃烧而产生的黑烟；③煤料与高温炉壁接触后，产生大量水蒸气和荒煤气，这些气体还会携带出细煤粉；④因炭化室中产生的大量气体来不及进入集气管而从装煤孔溢出。

b. 顶装焦炉装煤烟尘控制措施

1）通过在装煤车上设置集尘系统，回收烟尘后到除尘地面站进行处理，其工艺流程图如图 4-9 所示。

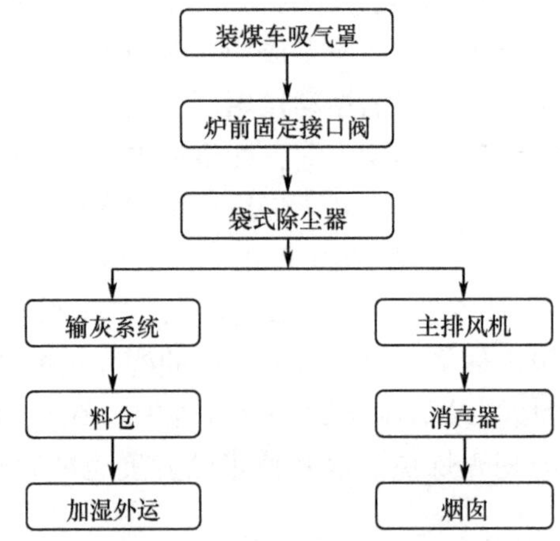

图 4-9　装煤除尘系统工艺流程图

2）提前启动风机，延后关闭风机。从风机启动并达到预定的吸力需要一定的时间，在除尘干管还没到预定吸力的时候，装煤已经开始；当风机停止运转的时候，炉盖还没盖好；这两个方面就会造成前 20s 和后 15s 有较大的黄烟冒出。因此要提前 30s 启动风机和延后 30s 关闭风机。

平煤小煤门安装密封套件并减少平煤次数，同时严格控制粉碎细度及配煤比例。

3）应用装煤车除尘第三导套技术。第三导套技术的工作原理：当装煤车到达预定的加煤口后，第三套筒先从液压油缸的驱动而落下，然后电磁铁把炉盖打开，这样就保证在炉盖打开后，由炉内散发出的烟尘被全部收集。在与加煤口对接的过程中，装煤导套的调心机构能够保证在 20mm 范围内自动调节，这样增大了 4 个装煤导套与加煤口的密封性，减少装煤过程烟尘的散发。煤车开始向炉内装煤时，固定套筒与活动内套筒通过密封刀边插入到密封填料内而实现密封，少量从装煤口和活动内套筒之间冒出的烟尘，经由烟气流通管道进入到除尘系统，被净化处理。装煤过程结束后，活动内套筒首先离开加煤口，此时炭化室内散发出的烟尘由第三套筒收集，直到电磁铁盖上炉盖，加煤口不再散发烟尘后，第三套筒才离开装煤孔，完成整个装煤过程。

导套装置的优点：①导套的悬挂机构的改进，能增加活动内套调节装置，把煤车导套和装煤口的精度控制在±20mm，提高导套和装煤口的密封性能，将大量的烟尘堵在炭化室内，减少烟尘的散发；②在固定内套筒和活动内套筒之间增加密封装置，通过密封刀边与密封填料的密封性减少烟尘的外逸；③增加第三套筒，对取、盖加煤口盖过程中外逸的烟尘进行收集，增大了对含 PAH 烟尘的捕集率。

（5）捣固装煤烟尘控制措施

采用炉顶导烟、机侧大炉门密封、上升管高压氨水喷射法和机侧热浮力罩的除尘系统。

1）焦炉在装煤过程中产生的荒煤气，一部分通过高压氨水产生的吸力经过上升管、桥管进入煤气系统，另一部分通过炭化室顶部的消烟除尘孔经侧导管进入相邻的趋于成焦末期的炭化室，再经过该室高压氨水产生的吸力，进入煤气系统。由于成焦末期炭化室荒煤气的生成量很少，荒煤气便通过该炭化室的通道返回煤气系统。为了确保在装煤饼过程中，机侧尽量密封，在机侧配套大炉门密封装置，将炭化室的通道进行密封。由于焦炉顶端的最后两孔炭化室导烟受到限制，新建的焦炉可增加荒煤气集气管通道进行回收。

机侧热浮力罩主要是利用在加煤过程中，机侧口散发出的烟尘自身有向上的浮力而设置的集气罩，安装在炉门的上方。在两个炉柱之间，罩子一般从两个上升管的缝隙穿出，形成一排对接口。在消烟除尘车上接出吸尘管，形成对接口。当装煤时，车上对接口与热浮力罩对接。依靠增加的浮力罩风机或依靠消烟除尘车主风机把机侧在装煤时从炉门上方冒出的烟尘进行收集。

2）炉推焦烟尘的产生及控制措施。表面积大、温度高的红焦，与空气接触后会收缩产生裂缝，并在空气中氧化燃烧，引起周围空气的强烈对流，从而产生大量含 PAH、达数百摄氏度、可形成数十米的烟柱，严重污染环境。此时粉尘发生量为 0.4 ~ 3.7kg/t 焦。

焦炉推焦烟尘控制措施如下：①通过在拦焦车上设置集尘系统，回收烟尘后到除尘地面站进行处理。②出焦时产生的大量阵发性高温含 PAH 烟气，在焦炭热浮力及风机的作用下进入到拦焦车上的大型集尘罩，然后通过接口翻板阀等设备使烟气进入集尘干管，送入地面站进行除尘处理。③在导焦栅上方及移门旋转机构上方各设一集尘罩，配有除尘风机，用于摘门、移门、清理、导焦栅进入炉门时除尘使用，确保出焦操作中烟尘不外逸。

3）装煤出焦“二合一”除尘系统。同一座焦炉或同一个串序的炉组中，由于焦炉的装煤和出焦操作时间是错开的，所以利用这一特点，开发了装煤、出焦“二合一”除尘系统，这样可以节省投资、占地面积和运行费用。其工艺流程图如图 4-10 所示。

（6）炼焦和熄焦过程的烟尘控制措施

1）设置焦炉顶自动吸尘清扫车。清扫装置可以设在装煤车上，也可以独立设置。可以吸收炉面上的煤粉，防止其扬尘或在炉面上燃烧。

2）采用干法熄焦。湿法熄焦由于水蒸气的产生会带出一部分污染物，而且还损失很多热量，因此采用干法熄焦是控制熄焦烟尘最有效的方法，它是一种在密闭系统中利用惰性气体来降低赤热焦炭温度的方法。

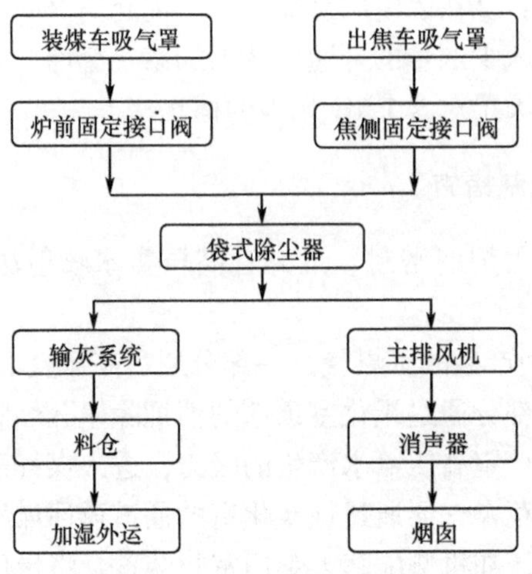

图 4-10 出焦“二合一”除尘系统工艺流程

3）采用高压水自动清扫炉门装置，提高炉门的密封性。目前焦炉所用的敲打刀边炉门和弹性炉门经过长期工作后，炉门处会出现焦油和焦炭结垢，使炉门的密封性降低，炉门处跑烟、冒火等现象，造成环境污染，因此使用高压水自动清扫炉门装置，实现焦炉炉门处焦油和焦炭结垢的自动清扫，可解决此类问题。

4.1.3 防止煤化工过热和淘汰落后煤化工产能的政策分析

1）炼焦结构调整的基本思路是按照国家三部委 1997 年 367 号文和国家经贸委 1999 年 14 号令的要求，坚决取缔土法炼焦（含改良焦）工艺设备，逐步关停工艺落后、污染严重的小型机焦炉，鼓励建设大型机焦炉和大型焦炭生产基地，用以代替土焦炉和小型机焦炉，提高焦化行业的整体装备水平，制止重复建设炭化室高度低于 4m（含 4m）的焦炉，见表 4-7。

表 4-7 针对我国炼焦行业的主要市场准入和落后产能淘汰政策

政策类型	年份	政策内容	政策发布部门
准入政策	1999	新建项目不得使用土焦炉和改良焦炉	国家经济贸易委员会
准入政策	2004	不得新建炭化室高度小于 4.3m 的焦炉	国家发展和改革委员会
准入政策	2008	不得新建炭化室高度小于 5.5m 的焦炉	国家工业和信息化部
淘汰政策	2007	淘汰 175 个小型机械化焦炉和 464 个土焦炉/改良焦炉，产能合计 3300 万 t	国家发展和改革委员会
淘汰政策	2008	淘汰 216 个小型机械化焦炉和 125 个土焦炉/改良焦炉，产能合计 3700 万 t	国家发展和改革委员会
淘汰政策	2009	淘汰 284 个小型机械化焦炉和 18 个土焦炉/改良焦炉，产能合计 1900 万 t	国家发展和改革委员会

2）为了进一步规范行业发展，提高整体水平，2005 年国家发展和改革委员会制定发布了《焦化行业准入条件》，对炼焦企业的工艺、技术、装备、规模、能源、资源消

耗、排放控制和综合利用等方面提出了更高的标准要求，提高了新建项目的准入门槛。例如，新建炼焦企业焦炉炭化室高度由2.6m提高到4.3m，年产能力必须达到60万t以上，煤气和化学副产物必须全部回收和加工利用，具备废水生化处理设施等，这些工艺装备指标和运营参数属于国内行业先进水品。《焦化行业准入条件》为有关部门对炼焦建设项目进行投资管理、环境评价、土地审批、信贷融资、电力供应等审核或备案提供了依据。在当年国家发布的《产业结构调整指导目录》中明确，淘汰炭化室高度小于4.3m的小机焦炉。

3）工业和信息化部新发布的2008年修订的《焦化行业准入条件》，从2009年1月1日开始实施。新的《焦化行业准入条件》进一步提高了准入门槛和更严格的清洁环保要求，如新建焦炉的炭化室高度必须是≥5.5m捣固焦炉和≥6m的顶装焦炉。同时，还将以生产铸造焦为主的现有热回收焦炉和半焦（兰炭）炉纳入《焦化行业准入条件》公告管理，以规范其发展。另外，还推介了如煤调湿、配型煤炼焦、捣固炼焦、干熄焦、导热油换热、苯加氢精制、焦炉煤气制甲醇、焦化废水深度处理等一批先进适用技术，鼓励企业推广采用等，以促进整个焦化行业的产业结构优化升级和可持续发展。

4）根据《中华人民共和国节约能源法》要求，为加强重点用能行业节能管理，2008年，国家发布并实施涉及钢铁、焦炭、有色、建材、化工等行业的22项国家强制性能耗限额标准，规定了产品（装置）强制性能耗限额值、准入值和先进值指标。能耗限额标准的发布实施，为强化现有和新建生产能力节能管理、实施能耗准入和淘汰落后产能工作提供了依据。

5）2010年8月5日，工业和信息化部对2010年炼铁、炼钢、焦炭、铁合金、电石、电解铝、铜冶炼、铅冶炼、水泥、玻璃、造纸、乙醇、味精、柠檬酸、制革、印染和化纤等18个工业行业淘汰落后产能企业名单予以公告。这18个工业行业2010年淘汰落后产能共涉及企业2087家，其中包括焦炭192家，焦炭产能2586.5万t，涉及全国14个省（自治区）。工业和信息化部要求有关方面要采取有效措施，确保列入名单企业的落后产能在2010年9月底前关停。

6）2010年9月14日，工业和信息化部发布工业产业［2010］第199号公告，对76家符合《焦化行业准入条件》（第五批）企业进行了公告。这些企业包括：采用常规机焦炉焦炭生产企业54家（其中7家企业为新增产能）、采用热回收焦炉焦炭生产企业22家；此次同时予以公告的还有镇江焦化煤气集团有限公司等4家由于企业改制等原因名称变更企业。至此，获得行业准入公告的焦化企业已达256家，焦炭产能达2.94亿t。

7）2010年10月11日，工业和信息化部为贯彻落实《国务院关于进一步加强淘汰落后产能工作的通知》（国发［2010］7号）精神，促进焦化行业结构调整，进一步做好焦化行业淘汰落后产能和准入管理工作，发出《关于进一步做好焦化行业淘汰落后产能和准入企业监督检查工作的通知》（工信厅产业［2010］199号）。该通知关于淘汰落后产能工作提出，各地要对本地区焦化行业发展情况进行调查研究，全面摸清行业基本情况，总结“十一五”期间焦化行业结构调整情况，并结合本地区发展实际，研究提出2011年淘汰落后产能目标任务以及“十二五”期间焦化行业结构调整、淘汰落后产能的思路、措施和目标，填写《焦化生产企业基本情况调查汇总表》。工业和信息化部《关于进一步做好焦化行业准入公告管理工作有关问题的通知》（产业［2009］79号文）在提高焦化企业准入门槛的同时明确指出，2010年是受理2008年年底以前依照国家有关程序审批或备案建设的炭化室高度≥4.3m、生产能力60万t/a以上常规机焦炉以及热回收焦炉企业准入公告申请的最后一年。

8）2011年3月23日，国家发展和改革委员会针对部分地区仍在盲目发展煤化工、煤炭供需矛盾紧张的现状，下发了《关于规范煤化工产业有序发展的通知》（发改产业［2011］635号）（以下简称《通知》），要求各地区在国家相关规划出台之前，暂停审批单纯扩大产能的焦炭、电石项目；禁止建设年产50万t及以下煤经甲醇制烯烃项目、年产100万t以下煤制甲醇和年产100万t及以下煤制二甲醚项目。《通知》指出，应高度重视煤化工盲目发展带来的四大问题：一是加大产业风险；二是加剧煤炭供需矛盾；三是增加节能减排工作难度；四是引发区域水资源供需失衡。《通知》要求，各地要进一步贯彻落实国发［2009］38号文件精神，加大对贯彻落实情况的督促检查，加强对煤化工产业发展的宏观调控和引导：一是严格产业准入政策；二是加强项目审批管理；三是强化要素资源配置；四是落实行政问责制。《通知》说，国家发展和改革委员会、国家能源局正在组织编制《煤炭深加工示范项目规划》和《煤化工产业政策》，经批准后将尽快组织实施。其政策取向包括以下6个方面：一是贯彻落实科学发展观和党的十七届五中全会精神，按照“十二五”规划纲要的要求，统筹国内外两种资源，在科学发展石油化工的同时，合理开发和利用好宝贵的煤炭资源，走高效率、低排放、清洁加工转化利用的现代煤化工发展之路，按照可持续发展的循环经济理念，统筹规划、合理布局，科学引导产业有序发展，使我国现代煤化工技术走在世界前沿；二是加强煤化工产业规划与国民经济社会发展总体规划及相关产业规划衔接，认真落实总体规划对产业发展在节能减排等方面的要求，积极推动煤化工与煤炭、电力、石油化工等产业协调发展，努力做好煤炭供需平衡；三是煤炭净调入地区要严格控制煤化工产业，煤炭净调出地区要科学规划、有序发展，做好总量控制；四是提高转换效率；五是严格产业准入标准，确保项目科学、高效率、高效益；六是示范项目的实施主要是为了探索和开发出科学高效的煤化工技术，培育具有知识产权和竞争能力的市场主体。

4.2 国外炼焦行业现有技术、政策

过去的炼焦大国，如俄罗斯、美国、日本和德国等一方面淘汰老焦炉，另一方面基本不再新建焦炉，故其焦炭生产规模已大大缩小，炼焦行业被列为限制发展的行业。在技术研发方面，除德国外其他国家对炼焦技术的研发工作基本上已中断。总体来说，德国的炼焦技术长期处于世界领先地位，已有1个多世纪。所以，炼焦行业与其他行业不同，中国通过引进和自主研发，在炼焦技术方面已达到世界先进水平，部分甚至处于领先地位。我国新建顶装焦炉炭化室高7.63m，与德国的最大焦炉（8.4m高），仅一步之遥，先进合理的捣固炼焦技术在我国得到推广，其规模世界第一，炉高6m的大型捣固焦炉技术已经掌握和260t/h的最大处理量的干熄焦装置已在我国投入运行，标志着我国已在这一方面进入国际领先行列。

在焦化污染控制和治理方面，与德国相比还有不小差距，如有利于减少污染排放的

单点压力调节技术、低 NO_x 燃烧技术、低排放的熄焦技术和废水深度净化技术等还需加强研发或技术引进。

4.3 国内外煤炭化工污染控制与净化技术及相关政策的比较

我国煤制合成氨、煤制甲醇和煤制电石的规模都是世界第一，总用煤量约 1 亿 t/a，总体来说其污染情况好于炼焦，但也存在不少问题。这一部分详情请见第八课题的报告。

关于煤气净化工艺的比较，可见表 4-8 和表 4-9，国内外焦炉煤气净化技术指标见表 4-10。

表 4-8 几种煤气净化工艺的主要技术经济指标

脱硫方法	规模 /(10^4 Nm^3/h)	脱硫率 /%	脱氰率 /%	碱源	基建费用 /万元	运行费用 /(万元/a)
FRC 法	3	99.7	93.0	NH_3	6800	882
TH 法	3	98.3	93.0	NH_3	8200	1270
HPE 法	3	99.3	80.0	NH_3	2300	530
A. D. A 法	3	99.7	96.63	$NaCO_3$	2300	610
AS 法	3	95.0	90.0	NH_3	3000	750
Sulfiban 法	10.5	97.0	93.0	MEA	7300	2100

表 4-9 几种煤气净化工艺脱硫脱氰效果比较

脱硫方法	焦炉煤气净化前		焦炉煤气净化后		脱除率/%	
	ρ (H_2S) /(g/Nm^3)	ρ (HCN) /(g/Nm^3)	ρ (H_2S) /(g/Nm^3)	ρ (HCN) /(g/Nm^3)	H_2S	HCN
Streford 法	6	1	0.002	0.002	>99	>99
TH 法	5 ~ 15	1.0 ~ 1.5	<0.2	<0.15	96 ~ 98	85 ~ 90
FRC 法	6	1.5 ~ 2.0	0.02	0.1 ~ 0.15	>99	93 ~ 95
Sulfiban 法	6 ~ 10	<2	0.2	<0.15	97 ~ 98	83 ~ 93
Vacuum Carbonate 法	7.8 ~ 11.9	1.4	0.25 ~ 0.6	<0.02	94 ~ 97	>97
AS 法	6 ~ 8	0.5 ~ 1.5	0.2 ~ 0.5	0.05 ~ 0.15	92 ~ 97	80 ~ 93

表 4-10 国内外焦炉煤气净化技术指标 （单位：g/Nm^3）

厂名	H_2S	HCN	NH_3	萘	焦油	苯类
日本大分厂	0.5	0.5	0.1	0.3	0.05	4 ~ 6
美国 Amoco	0.5	0.5	0.5	0.2	0.05	4 ~ 6
宝钢一期	0.02	0.06	0.01 ~ 0.05	0.01 ~ 0.08	0.01 ~ 0.05	1 ~ 2
宝钢二期	0.1	0.1	0.05	0.19	0.01 ~ 0.05	3 ~ 4
天津煤气二厂	0.02	0.01 ~ 0.02	0.03 ~ 0.01	0.2 ~ 0.3	0.05	2 ~ 4

我国目前用于炼焦行业大气污染物控制的排放标准为《炼焦炉大气污染物排放标准》，颁布于1996年，标准编号为GB16171—1996，缺项执行《大气污染物综合排放标准》（GB16297—1996）和《恶臭污染物排放标准》GB14554—93。GB16171—1996中区分了机械化焦炉和非机械化焦炉，针对现有焦炉和新建焦炉分别提出了不同的排放限值。近年来，我国的非机械化焦炉基本上全部被淘汰，因此仅有关于机械化焦炉的排放标准仍然适用；此外，标准针对GB3095—1996《环境空气质量标准》中所规定的不同环境空气质量功能区给出了不同的排放限值，并规定一类区（自然保护区、风景名胜区和其他需要特殊保护的地区）内不得新建、扩建项目，随着一类区中炼焦企业的逐步淘汰，目前仅有针对二类区（城镇规划中确定的居住区、商业交通居民混合区、文化区、一般工业区和农村地区）和三类区（特定工业区）的排放限值仍然适用。GB16171—1996中针对大气污染物的排放限值列于表4-11和表4-12。

表4-11　现有机械化炼焦炉大气污染物排放标准

标准级别	一级			二级			三级		
污染物	颗粒物	苯可溶物	苯并（α）芘	颗粒物	苯可溶物	苯并（α）芘	颗粒物	苯可溶物	苯并（α）芘
排放标准值	1.0	0.25	0.0010	3.5	0.80	0.0040	5.0	1.20	0.0050

表4-12　新建机械化炼焦炉大气污染物排放标准

标准级别	二级			三级		
污染物	颗粒物	苯可溶物	苯并（α）芘	颗粒物	苯可溶物	苯并（α）芘
排放标准值	2.5	0.60	0.0025	0.80	0.0040	

我国目前用于炼焦行业水污染物控制的排放标准为《钢铁工业水污染物排放标准》，颁布于1992年，标准编号为GB13456—92，缺项执行《污水综合排放标准》（GB8978—96）。GB13456—92中针对不同的出水要求，提出了不同的排放限值，见表4-13。

表4-13　GB13456—92中炼焦行业水污染物最高允许排放浓度（单位：mg/L）

分级	pH	悬浮物	挥发酚	氰化物	COD_{Cr}	石油类	氨氮
一级	6~9	70	0.5	0.5	100	8	15
二级	6~9	150	0.5	0.5	150	10	25
三级	6~9	400	2.0	1.0	500	30	40

对于焦化废水中常见污染物（COD、挥发酚、氰化物、硫化物、石油类、氨氮等）的处理，目前常见处理工艺包括A/O^2、A^2/O、A/O、A^2/O^2等。总体而言，这几种处理工艺能够使大部分水污染物的浓度降低到GB13456—92要求的水平。然而，在GB13456—92中未对炼焦过程的特征污染物苯并［α］芘排放浓度提出限定值，使得炼焦过程的污水处理不能有效降低苯并［α］芘造成的环境风险，难以满足环境管理要

求。针对这一现状，我国在修订的炼焦工业的水污染物排放标准中，一方面调整了焦化废水常见污染物的排放限值；另一方面增加了对苯并［α］芘排放浓度的最高限值。此标准已于 2010 年征集意见，有望在近期内完成并颁布实施。

除了排放标准外，我国还通过其他政策和规范对炼焦过程的水污染物控制提出了要求。其中，2008 年修订的《焦化行业的准入条件》中规定，常规机焦炉企业应按照设计规范配套建设含酚氰生产污水二级生化处理设施、回用系统及生产污水事故储槽（池）；半焦（兰炭）生产的企业氨水循环水池、焦油分离池应建在地面以上。生产污水应配套建设污水焚烧处理或蒸氨、脱酚、脱氰生化等有效处理设施，并按照设计规范配套建设生产污水事故储槽（池），生产废水严禁外排等相关要求。

此外，我国 2003 年通过并开始实施炼焦行业的清洁生产标准，对水污染物的处理提出了鼓励性要求（国家环境保护总局，2003）。该标准提出，处理后的酚氰废水尽可能回用，剩余废水可以达标外排；熄焦水闭路循环，均不外排。此外，还对 COD_{Cr}、氨氮、氰化物、挥发酚和硫化物等提出了以吨焦炭为单位的排放量指标。

总之，目前炼焦行业大气污染物排放标准执行《炼焦炉大气污染物排放标准》；水污染物排放执行《钢铁工业水污染物排放标准》。主要问题：炼焦炉型技术改进，现行标准适用范围不适用；炼焦技术和污染治理水平进步，现行标准未涵盖生产全过程；污染物控制项目缺失等。国家环保部和国家质量检验检疫监督局从 2004 年起就着手编制新的《炼焦工业污染物排放标准》，可能于近期公布。该标准采用的大气污染物控制因子有颗粒物、SO_2、氮氧化物、苯、BaP、H_2S、NH_3、酚类、非甲烷总烃、氰化氢和苯可溶物共 11 项；与现行标准比较增加了氮氧化物、H_2S、NH_3、酚类、非甲烷总烃、氰化氢及苯 7 项。采用的废水污染物控制因子有 pH、SS、COD_{Cr}、氨氮、BOD_5、总氮、总磷、石油类、挥发酚、硫化物、苯、总氰化物、BaP、多环芳烃共 14 项，与《钢铁工业水污染物排放标准》（焦化工艺）比较增加了 BaP、多环芳烃、石油类、苯、硫化物、BOD_5、总氮、总磷 8 项。

4.4　污染物控制技术路线及政策建议

如前所述，我国焦炭产量已达到 4.28 亿 t/a，由于钢铁生产已出现供大于求、我国优质炼焦煤资源紧缺（年进口接近 5000 万 t）、原料煤价格上涨而焦炭价格下降、生产成本上升部分企业已出现亏损等原因，其增长趋势已趋缓，峰值在 4.3 亿 t/a 左右。关于 2020 年、2030 年和 2050 年的产量预测，未见权威数据发表。估计 2020 年前为 3.5 亿 ~4.3 亿 t/a，2030 年前为 3.0 亿 ~3.5 亿 t/a，2050 年前为 2.5 亿 ~3.0 亿 t/a。

西方主要工业大国的炼钢原料主要是废钢，与我们主要用生铁不同。他们的焦炭产量早已在 20 世纪 60 ~80 年代达到各自的峰值，以后一直处于逐渐下降中，目前只有千万吨级/年的规模。根据经济和技术的发展规律，我国的炼焦工业也是如此。所以，随着炼焦规模的缩小、绿色焦化技术的推广和末端处理技术的进步，因炼焦而产生的污染将处于不断改善之中。

第5章 工业锅炉、炉窑中长期煤炭利用污染控制和净化技术

5.1 中国燃煤工业锅炉和炉窑污染物控制技术

5.1.1 工业锅炉和炉窑的行业现状

5.1.1.1 工业锅炉概况

工业锅炉是广泛应用于工厂动力、建筑采暖、人民生活等各个方面重要的热能动力设备。工业锅炉按类型可分为层燃锅炉，循环流化床锅炉，燃油、燃气锅炉，垃圾焚烧锅炉和水煤浆锅炉，按用途主要分为工业用蒸汽锅炉、采暖热水锅炉、民用生活锅炉、自备/热电联产锅炉、特殊用途锅炉和余热锅炉。我国工业锅炉行业发展具有如下特点。

1）保有量大，分布广泛。我国是当今世界上工业锅炉生产和使用最多的国家，工业锅炉总台数保有量大，增长缓慢，如图5-1所示。到2010年，我国在用工业锅炉总数达60.12万台。全国31个省（自治区、直辖市）均有工业锅炉分布，其中江苏、浙江、河北、辽宁、山东等东部经济较发达地区的总保有量较大，而西藏、青海、宁夏和海南等经济欠发达地区的保有量较小。在我国北方地区的工业锅炉中，用于采暖的锅炉占相当大的比例。

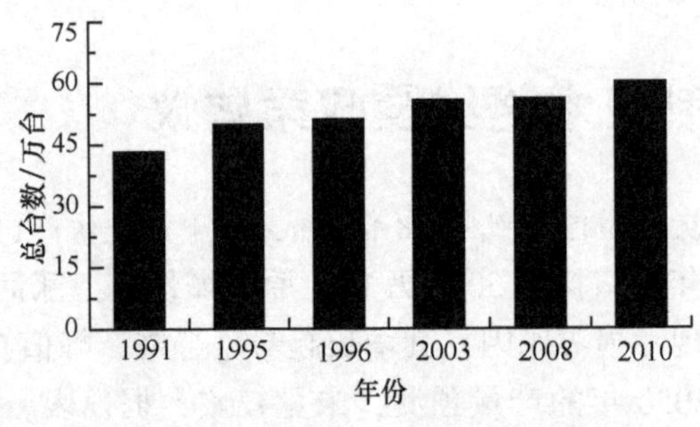

图5-1 典型年份我国工业锅炉总台数

2）总蒸发量增长较快，如图5-2所示。2011年，我国工业锅炉总蒸吨①数为41.3万蒸吨，近三年年平均增长率超过20%。

3）以燃煤工业锅炉为主。2009年65家受统计企业生产的燃煤工业锅炉占工业锅炉总台数的60.24%、总蒸吨数的57.88%；燃油、燃气锅炉占工业锅炉总台数的

① 1蒸吨（T/h）=0.7MW。

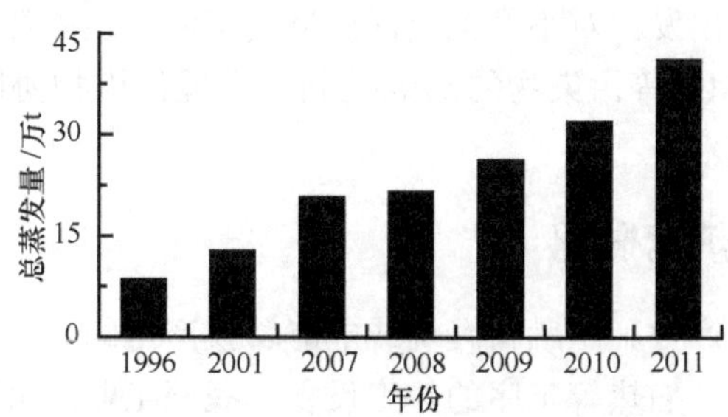

图 5-2 典型年份工业锅炉总蒸发量

27.9%、总蒸吨数的 16.65%；生物质锅炉占工业锅炉总台数的 1.8%、总蒸吨数的 7.34%；余热锅炉占工业锅炉总台数的 7.58%、总蒸吨数的 16.0%。工业锅炉的主要燃烧方式是链条炉排，链条炉排锅炉占工业锅炉总台数的 42.95%、总蒸吨数的 47.57%（工业锅炉行业发展现状及“十二五”规划分析，2011）。

据有关部门统计，2008 年，我国工业锅炉年耗煤量约 6.39 亿 t，占全国年耗煤总量的 23%，工业锅炉燃煤产生的二氧化硫排放量为 519 万 t，占全国总排放量的 23.6%（表 5-1）。据中国环保产业协会调研测算，2008 年全国燃煤工业锅炉排放大气烟尘量约 375.2 万 t，占全国烟尘排放总量的 41.6%，排放氮氧化物接近 200 万 t，仅次于火电和机动车行业，位居全国第三（国家环境保护“十二五”规划研究编制课题研究报告，2011）。

表 5-1 2008 年我国燃煤量和二氧化硫排放量分类测算表

项目		耗煤量		二氧化硫排放量	
		耗煤量/亿 t	百分比/%	排放量/万 t	百分比/%
全国		27.37	100	2203	100
其中	火电行业	14.64	53.5	1050	47.7
	工业系统	5.21	19.1	488	22.1
	工业锅炉	6.39	23.3	519	23.6
	民用	1.13	4.1	146	6.6

注：①本表摘自国家环保部《燃煤二氧化硫排放污染防治技术政策（修订征求意见稿）》编制说明。

②表中工业系统中≥6000kW 的发电机组或热电联产机组相关数据包含在火电行业数值中，工业系统 <6000kW 机组数据包含在工业锅炉行业中。

5.1.1.2 工业锅炉发展趋势

在可预见的将来，煤炭将继续作为我国的主要燃料，燃煤锅炉将继续占工业锅炉主导地位，并向大容量发展。

从工艺角度出发，针对锅炉本体结构优化、炉内流动、传热强化、运行控制技术、燃烧设备等方面进行创新，开发适应工业锅炉负荷变化、煤种与煤质多变的节能新技术和智能化新型高效节能产品。随着我国节能减排、可再生能源利用等政策的推行，工业锅炉的产品结构、燃烧方式也将发生不同程度的变化，流化床锅炉、生物质锅炉、余热锅炉等都将得到较快发展。

从污染物减排角度出发，对小型工业锅炉将实施清洁能源替代，对大型工业锅炉将重点实施烟尘、SO_2、NO_x 等污染物的高效控制，实现污染物协同脱除技术以及副产物资源回收的关键技术创新。

5.1.1.3 工业炉窑概况

工业炉窑是工业生产中利用燃料燃烧或电能转换产生的热量，将物料或工件进行冶炼、焙烧、烧结、熔化、加热等工序的热工设备。我国工业炉窑数量大、品种多，广泛分布于水泥、钢铁、有色、玻璃、陶瓷等行业，主要包括钢铁烧结机、水泥炉窑、有色金属冶炼炉窑、玻璃窑炉等。根据2008年煤炭消费的测算，我国燃煤工业炉窑生产工艺中全年的煤耗量约为5.2亿t，占全国燃煤消耗量的19.1%。燃煤工业炉窑排放二氧化硫约488万t，占全国燃煤二氧化硫排放量的22.1%。有色冶炼行业中，镁、钛、铜、镍、钴等冶炼工业与钢铁工业相比，其燃煤消耗规模很小，约占燃煤工业炉窑总耗煤的5%；而在建材行业中，玻璃窑炉的主要燃料是重油和天然气。因此，本书重点关注钢铁烧结机和建材水泥炉窑。

钢铁工业是我国国民经济的支柱产业，2010年全国粗钢产量为6.26亿t，2011年为6.955亿t，较2010年增长11.1%，占全球比例达45.5%。近年来我国钢铁工业技术装备水平大幅度提高。“十一五”期间，重点统计钢铁企业1000Nm^3及以上高炉生产能力所占比例由48.3%提高到60.9%，100t及以上炼钢转炉生产能力所占比例由44.9%提高到56.7%。“十一五”期间，我国重点统计钢铁企业吨钢综合能耗为605kg标准煤，吨钢耗新水量4.1Nm^3，吨钢二氧化硫排放量1.63kg。钢铁企业排放废气中典型污染物主要包括烟（粉）尘、SO_2、二噁英等。环保部2008年环境统计年报显示，钢铁行业烟尘和粉尘排放量分别为63.7万t和99.4万t，分别占工业排放量的9.5%和17%，SO_2排放量175.2万t，占工业排放量的8.8%，均位居各工业行业的前三位。大气二噁英排放量为1673.4g TEQ，占全国大气二噁英排放量的33%，居行业第一位（中华人民共和国履行《关于持久性有机污染物的斯德哥尔摩公约》国家实施计划，2004年统计数据）。另外钢铁烧结机烟气还排放氟化物［主要为氟化氢（HF）］、重金属（铅排放浓度可达70mg/Nm^3、汞排放浓度为15～54μg/Nm^3）。近年来，我国钢铁行业的二氧化硫治理开始得到重视。据统计，截至2011年年底，钢铁行业共建成烧结机烟气脱硫装置317台/套，占全部烧结机台数的25.6%，脱硫烧结机总面积47 295.8m^2，占全部烧结机总面积的36.3%。

我国国民经济快速发展，建材工业保持高速增长。2011年，水泥产量为20.63亿t，比上年增长16.12%。2000年以来，我国先进的新型干法水泥生产线迅猛发展，2011年年底，新型干法生产线数量达到1439条，比2010年增加166条，2011年水泥熟料产量达12.8亿t。我国建材行业的先进工艺得到应用，目前已全面掌握了大型新型干法水泥、大型浮法玻璃、大型玻璃纤维池窑拉丝等先进生产技术，并具备了成套装备的制造能力。2011年，我国平板玻璃产量7.4亿重量箱，建筑陶瓷产量87亿m^2，卫生陶瓷产量达2亿件，年均分别增长15.8%、14.86%和18.6%。

5.1.1.4 工业炉窑行业发展趋势

在国家政策和行业标准的推动下，未来我国工业炉窑行业逐渐向高效、清洁的生产方式转变，进一步淘汰高耗能高污染的落后生产工艺，逐步普及大型、高效和清洁的新型生产技术。

根据钢铁工业“十二五”规划，钢铁行业未来要淘汰90m^{2}以下烧结机、400Nm^{3}及以下高炉、30t及以下转炉和电炉、炭化室高度小于4.3m（捣固焦炉3.8m）常规机焦炉、6300kV·A及以下铁合金矿热电炉、3000kV·A以下铁合金半封闭直流电炉和精炼电炉。污染物控制方面，要推进钢铁烧结机高效脱硫技术和多种污染物协同控制技术。

根据工业节能“十二五”规划和水泥工业“十二五”规划，未来水泥行业要进一步淘汰落后的水泥生产技术，全面发展新型干法技术，发展余热发电窑、预分解窑及预热器窑。污染物控制方面将重点推动适合于各行业窑炉二氧化硫、氮氧化物等的高效控制技术和多种污染物协同控制技术。

5.1.2　工业锅炉和炉窑污染物控制技术

5.1.2.1　烟尘控制技术

目前，烟尘控制技术主要有电除尘、布袋除尘、湿式除尘、机械式除尘等，广泛应用于工业锅炉和工业炉窑行业。

我国燃煤工业锅炉烟尘的治理始于20世纪70年代，经历了机械除尘、湿式除尘、静电除尘和布袋除尘技术的发展历程。目前机械除尘和湿式除尘在部分小型燃煤锅炉和10t/h及以上燃煤锅炉上仍有应用。随着环保要求的不断提高，相当一部分工业锅炉已升级成先进的静电和布袋除尘器。

相比较而言，我国工业炉窑行业的烟尘治理技术要先进于工业锅炉行业。在钢铁行业，烟尘控制技术以静电除尘技术为主，兼有落后的多管除尘器。前者普及率达到80%左右，除尘效率可达99.9%以上，粉尘排放浓度在100mg/Nm^{3}以下。后者的使用比例达15%左右，由于该除尘技术不适合处理机头含烟尘废气，除尘效率低，很难胜任环保要求。在建材水泥行业，静电除尘和布袋除尘技术已经得到普及，新型干法窑已全部采用静电除尘和布袋除尘装备，分别占90%和10%。静电除尘器使用量约占全国的30%，是仅次于电力行业的第二大用户，平均排放浓度为87.6mg/Nm^3，其中有20%的电除尘器排放浓度在50mg/Nm^{3}以下；布袋除尘器平均排放浓度为62.4mg/Nm^3，其中有40%的布袋除尘器排放浓度在50mg/Nm^{3}以下。

5.1.2.2　SO_2控制技术

我国燃煤工业锅炉烟气脱硫起步较早，但发展缓慢。20世纪80年代末90年代初，由于我国大气SO_2污染及酸雨污染日趋严重，许多部门着手研究及开发燃煤工业锅炉烟气脱硫技术。到90年代后期，我国研究与开发的烟气脱硫技术多达十几种。

燃煤锅炉二氧化硫的治理按燃烧过程来分可分为：燃烧前脱硫、燃烧中脱硫和燃烧后烟气脱硫三种。燃烧前脱硫技术以物理洗选煤技术为主，在我国得到大规模推广应用。燃烧中脱硫技术包括燃用固硫型煤、炉内喷钙加尾部增湿活化脱硫和循环流化床技术（CFB）等。固硫型煤是向煤粉中加入黏结剂和固硫剂，加压制成具有一定形状的块状燃料，固硫率可达40%~60%，减少烟尘排放量60%，节约煤炭15%~27%。炉内喷钙加尾部增湿活化脱硫技术具有工艺简单、投资费用低、脱硫效率高的特点，并已在贵阳、上海等地的20t/h及以下工业锅炉上得到应用，尤其适宜中小型燃用中低硫煤的锅炉应用。循环流化床脱硫是通过向炉膛加入脱硫剂石灰石，与燃料一起流化、燃烧来进行脱硫，脱硫率可达85%，炉温控制在850~950℃可同时降低NO_x的浓度。

目前燃煤工业锅炉采用较多的是燃烧后的烟气湿法和半干法脱硫技术，包括半干法、石灰石—石膏法、双碱法、氧化镁法、氨法等。

1）半干法。代表技术是循环流化床半干法烟气脱硫技术。该技术工艺流程为：原烟气在反应器中降温增湿后，烟气中的SO_2与吸收剂反应生成亚硫酸钙和硫酸钙，反应后的烟气再通过布袋除尘器后排放。经过反应、干燥的循环灰经除尘器分离后再输送给脱硫塔，循环倍率可达到100倍以上。该技术工程投资低，脱硫运行维护成本低，工程所占场地小，是国内拥有自主知识产权并成功运行的脱硫技术，可达到国家最新的《火电厂大气污染物排放标准》。该技术在浙江某热电厂35t/h锅炉上得到应用，在入口SO_2为1813mg/Nm^{3}时脱除效率达到93%。

2）石灰石—石膏法。该技术用石灰或石灰石浆液吸收烟气中的二氧化硫，反应生成硫酸钙（石膏），净化后的烟气可达标排放。工业锅炉的吨位比较小，脱硫工艺一般采用自然氧化法，脱硫生成物与灰渣一起抛弃，由于系统不完善，因此易发生管道及设备结垢堵塞现象。石灰石—石膏法烟气脱硫在大机组中占有优势，80%的燃煤电厂采用该方法脱硫。

3）双碱法。该技术先用Na_2CO_3或NaOH溶液进行脱硫，然后再用$Ca(OH)_2$或$CaCO_3$对吸收液进行再生，脱硫效率为80%~85%。目前，我国一小部分工业锅炉采用双碱法技术脱硫，但由于该技术在实际运行过程中存在碱耗量大、石膏品质低、吸收塔内壁及管道容易结垢和堵塞等问题，将逐渐被淘汰。

4）氧化镁法。该技术是在近年来随着烟气脱硫技术不断发展和完善的过程中出现的一种新型烟气脱硫工艺。此外，氨法脱硫由于具有资源回收利用的优势，在工业锅炉行业也有应用，如某热电厂35t/h工业锅炉利用该技术进行脱硫，处理烟气量77 000Nm^3/h，年脱硫能力9702t，年副产硫酸铵20 020t，年节约硫黄4410t。

我国工业炉窑行业的烟气脱硫主要集中在钢铁行业。我国自20世纪末开始重视烧结烟气SO_2污染问题，目前国内各钢铁企业采用的烧结烟气脱硫技术主要以半干法和氨法为主。

半干法技术的工艺流程与上述燃煤工业锅炉的半干法技术类似，目前该技术在某钢铁公司2×90m^{2}烧结机等项目上得到了应用。

氨法是用氨水或液氨吸收烟气中的二氧化硫，生成亚硫酸（氢）铵。氨法系统脱硫效率大于95%，副产物可以是硫酸铵或亚硫酸铵，作为化工原料，达到资源化回收利用的效果。目前该技术在某钢铁集团2×230m^{2}烧结机等项目上得到了应用，系统SO_2排放浓度≤50mg/Nm^3，脱硫效率≥95%。

5.1.2.3 NO_x控制技术

目前降低氮氧化物排放的技术可以分为低NO_x燃烧技术和烟气脱硝技术两大类。

低NO_x燃烧技术主要有分级燃烧、低氧燃烧、烟气再循环等。分级燃烧是目前使用

最为普遍的低 NO_x 燃烧技术之一，一般可使 NO_x 排放量降低30%～40%；低氧燃烧是最为简单经济的降低 NO_x 排放的方法，可以降低 NO_x 15%～20%，而且锅炉排烟热损失减少，对提高锅炉热效率有利；烟气再循环，能因炉膛火焰温度降低而减少燃料型NO、热力型NO的生成量，一般能降低 NO_x 25%～35%。

烟气脱硝技术可分为选择性非催化还原法（SNCR）和选择性催化还原法（SCR），还原剂一般为氨、氨水或尿素等。SNCR法是在没有催化剂作用下，向900～1100℃炉膛中喷入还原剂，还原剂迅速与烟气中 NO_x 反应还原成 N_2 和 H_2O。该法投资低，脱硝效率30%～60%；SCR法是在催化剂作用下，向温度为280～420℃的烟气中喷入氨。将 NO_x 还原成 N_2 和 H_2O，可以将烟气中的 NO_x 排放浓度降至较低水平，脱硝效率大于80%。

目前，我国已有部分燃煤工业锅炉采用SNCR和SCR技术控制氮氧化物排放，如国内某公司2×35t/h链条炉通过SNCR脱硝改造使 NO_x 排放降到200mg/Nm^{3}以下。

我国工业炉窑行业氮氧化物的控制工作还没有正式开展，尚处于示范应用阶段。全国仅少数几家安装脱硝装置，如国内某集团浮法七线玻璃窑炉安装SCR脱硝装置后，在入口 NO_x 浓度大于2000mg/Nm^{3}时脱硝效率不小于85%。水泥行业由于烟气体积及温度波动大，烟气含尘量高，且烟尘中碱土金属等含量高，不能完全照搬燃煤电厂脱硝技术。若使用SCR技术，易导致催化剂失活。我国在2011年投入了第一个5000t/d新型干法水泥生产线综合脱硝工程，主要包括空气分级燃烧技术改造和SCR改造，该项目脱硝效果稳定在60%左右，烟囱中氮氧化物排放浓度为200～300mg/Nm^{3}的水平。

5.1.2.4 污染物控制新技术

（1）除尘新技术

在除尘技术方面，国内电除尘行业加大了对新技术的研发力度，高频电源、智能控制、烟气调质、移动电极、电凝并、机电多复式双区、烟道凝聚器等一批先进实用的新技术不但为电除尘器实现低排放创造了更好的条件，还不同程度地提高了产品的技术经济性。移动电极和电凝并等新技术对 $PM_{2.5}$ 超细颗粒的捕集效率有明显提高，可以适应日趋严格的环保要求。

电袋复合式除尘器前级电场预吸收烟气中70%～80%的颗粒物量，后级袋式除尘装置拦截收集烟气中剩余颗粒物，特别是对0.01～1μm的气溶胶粒子有极高的捕集效率，常超过90%。目前开发出的新型高效除尘器主要有“预荷电+布袋”形式、“静电-布袋”并列式和“静电布袋”串联式。在满足高效节能、环保要求的同时，对可吸入颗粒物的控制做出贡献。

湿式静电除尘技术（WESP）与常规静电除尘技术（ESP）类似，所不同的是它可以工作在饱和湿烟气的环境，采用水力连续清灰，不会产生二次烟尘飞扬问题。WESP可实现 SO_3、NH_3、重金属、$PM_{2.5}$ 等多种污染物的联合脱除，对细微颗粒物的脱除效率可达90%以上。

布袋除尘器滤料材料研究方面和后处理方面已经取得诸多成果，能生产耐酸碱、耐高温，抗氧化的各种滤料，延长了滤袋的寿命；可实施涂膜、覆膜、浸渍、烧毛等多项后处理工艺，使之排放浓度达到20mg/Nm^3，并成功示范和商业化应用，从而降低了布袋除尘器的运行成本。

(2) 多种污染协同控制技术

传统的燃煤烟气污染物控制，是一种污染物采取一套烟气脱除装置的控制方式，当需要同时控制多种污染物时，势必导致系统复杂、占地面积大、成本高等问题，而且脱除污染物的副产物也面临着如何有效回收利用的问题。

根据当前及今后燃煤烟气污染控制发展的市场需求，燃煤烟气污染控制技术的发展重点和趋势主要是开发高效新型的多种污染物联合脱除技术和可资源化多种污染物联合脱除技术，并实现工业化示范，逐步推广应用，促进污染减排理论和技术的发展，引领新的经济增长点，实现环境质量改善和大气环保产业发展。

我国烟气污染物联合脱除技术研发虽然起步较晚，但在联合脱硫脱硝方面也取得了很好的进展。其中有代表性的方法有如下几个。

1）基于干法的脱硫脱硝协同控制技术。此技术的原理为：用氧化剂（氧化剂一般为 $NaClO_2$、$KMnO_4$ 或芳香烃类）将烟气中的 NO 氧化为 NO_2，然后与 SO_2 一起被吸收剂脱除。此外还有活性炭（焦）催化氧化还原同时脱硫脱硝工艺。该技术已在 300MW 燃煤发电锅炉和热电联产等工业锅炉得到了产业化应用。

2）基于石灰石石膏法的脱硫脱硝协同控制技术。此技术的原理是利用各种氧化物质将不溶于水的 NO 氧化生成能溶于水的 NO_2，再利用碱性吸收剂在尾部同时吸收 NO_2 和 SO_2，实现联合脱硫脱硝。此类联合脱硫脱硝技术大致可分为添加剂催化氧化法和静电增强氧化法。该技术已在 1000MW 燃煤发电锅炉和热电联产等工业锅炉得到了产业化应用。

3）基于低温等离子体技术的脱硫脱硝协同控制技术。此技术的原理是：利用放电产生低温等离子体，其中的高能电子电离周围气体产生大量的活性自由基（如 O、OH、O_3、HO_2 和 H 等）能够把 NO 氧化成为 NO_2，最后利用碱性吸收剂同时吸收 NO_2 和 SO_2，实现联合脱硫脱硝。目前此技术在实验室试验的基础上，已在 2t/h 小型燃煤锅炉上完成了工程应用试验，脱硝效率为 40% 左右。

我国目前尚未将燃煤工业锅炉、炉窑排放的 Hg 等重金属污染作为重点控制对象。但是，国务院批复的《重金属污染综合防治“十二五”规划》要求：重点区域重点重金属污染物排放量比 2007 年减少 15%，非重点区域重点重金属污染物排放量不超过 2007 年水平。随着社会各方的关注，工业锅炉、炉窑的 Hg 等重金属排放控制技术将得到更快发展。

利用除尘、脱硫、SCR 脱硝等现有大气污染物控制设备协同脱汞是符合我国国情、实现燃煤烟气中 Hg 控制的重要手段。国内有限研究结果表明，我国静电除尘器的平均汞去除效率为 22% 左右，布袋除尘器脱汞效果为 40%～76%，电除尘和湿法脱硫的总脱汞效率约为 63%。通过添加剂促进湿法烟气脱硫系统协同脱汞，可使脱汞效率保持在 80% 以上。此外用于协同脱汞的前置等离子体氧化多脱技术、臭氧喷射多脱技术、电子束多脱技术已进行相应的工程示范或应用。吸附剂喷射强化脱汞技术可进一步提高烟气脱汞效率，高效活性炭、改性飞灰、改性钙基吸收剂的研制已取得了较大进展。溴化活性炭喷射技术已得到广泛探索，结合布袋除尘可以达到 90% 以上的汞捕获率。利用改性的干法脱硫剂提高 Hg 的吸附能力，结合袋式除尘脱汞技术已在 85t/h、145t/h 锅炉上进行了工业试验，烟气中汞去除率达 85% 以上。

5.2　工业锅炉和炉窑国家及行业标准及政策

5.2.1　工业锅炉污染物排放国家及行业标准及政策

我国工业锅炉污染物排放标准编制已经历 5 次，当前最新版本为 GB13271—2001，对污染物控制由 1974 年仅控制烟尘到 1992 年首次提出控制二氧化硫排放，其中燃煤工业锅炉烟尘、二氧化硫排放浓度限值变化见表 5-2。遗憾的是，该标准未提出燃煤工业锅炉氮氧化物和汞的排放标准。一方面是由于各种煤种和锅炉运行条件不同，另一方面则是对行业的要求也不同，再加上年份限制，因此，该标准只是一个最低限度的控制，某个地区或者某个行业的燃煤锅炉有其各自更严格的烟气污染物排放标准。

表 5-2　中国工业锅炉排放标准编制修订历程及简要内容

<table>
<tr><td colspan="2">标准编号</td><td>GBJ4—1973</td><td>GB3841—1983</td><td colspan="2">GB13271—1991</td><td colspan="2">GWPB3—1999</td><td>GB13271—2001</td></tr>
<tr><td colspan="2">标准名称</td><td>工业“三废”排放试行标准</td><td>锅炉烟尘排放标准</td><td colspan="2">锅炉大气污染物排放标准</td><td colspan="2">锅炉大气污染物排放标准</td><td>锅炉大气污染物排放标准</td></tr>
<tr><td colspan="2">发布日期</td><td>1973-11-17</td><td>1983-09-14</td><td colspan="2">1992-05-18</td><td colspan="2">1999-12-03</td><td>2001-11-12</td></tr>
<tr><td colspan="2">实施日期</td><td>1974-01-01</td><td>1984-04-01</td><td colspan="2">1992-08-01</td><td colspan="2">2000-03-01</td><td>2002-01-01</td></tr>
<tr><td colspan="2">主控因子</td><td>烟尘</td><td>烟尘；烟气黑度</td><td colspan="2">烟尘；二氧化硫
烟气黑度</td><td colspan="2">烟尘；二氧化硫；
氮氧化物；烟气黑度</td><td rowspan="10">同 GWPB3—1999，仅改编号</td></tr>
<tr><td rowspan="7">排放标准</td><td rowspan="3">烟尘</td><td rowspan="3">200mg/m^2</td><td rowspan="3">400mg/Nm^3</td><td colspan="2">一类区</td><td colspan="2">一类区</td></tr>
<tr><td>Ⅰ时段</td><td>Ⅱ时段</td><td>Ⅰ时段</td><td>Ⅱ时段</td></tr>
<tr><td>200 mg/Nm^3</td><td>100 mg/Nm^3</td><td>100 mg/Nm^3</td><td>80 mg/Nm^3</td></tr>
<tr><td rowspan="3">二氧化硫</td><td rowspan="3">无</td><td rowspan="3">无</td><td colspan="2">Ⅱ时段</td><td colspan="2">全部区域</td></tr>
<tr><td>燃煤含硫量≤2%</td><td>燃煤含硫量>2%</td><td>Ⅰ时段</td><td>Ⅱ时段</td></tr>
<tr><td>1200 mg/Nm^3</td><td>1800 mg/Nm^3</td><td>1200 mg/Nm^3</td><td>900 mg/Nm^3</td></tr>
<tr><td>烟气黑度</td><td>无</td><td colspan="5">林格曼 1 级</td></tr>
<tr><td colspan="2">过量空气折算系数</td><td>无</td><td>$\alpha=1.8$</td><td colspan="2">初始烟尘排放浓度 $\alpha=1.7$
烟尘排放浓度 $\alpha=1.8$</td><td colspan="2">初始烟尘排放浓度 $\alpha=1.7$
烟尘、二氧化硫排放浓度 $\alpha=1.8$</td></tr>
<tr><td colspan="2">在线连续监测系统</td><td>无</td><td>无</td><td colspan="2">无</td><td colspan="2">20t/h 以上锅炉安装</td></tr>
</table>

注：①GB13271—1991《锅炉大气污染物排放标准》Ⅰ时段：1992 年 8 月 1 日之前安装（包括已立项未安装）的锅炉；Ⅱ时段：1992 年 8 月 1 日起立项新安装或更新的锅炉。

②GB13271—2001《锅炉大气污染物排放标准》Ⅰ时段：2000 年 12 月 31 日前建成使用的锅炉；Ⅱ时段：2001 年 1 月 1 日起建成使用的锅炉（含在Ⅰ时段立项未建成或未运行使用的锅炉和建成使用锅炉中需要扩建、改造的锅炉）。

③标准中的一类区是指 GB3095—1996《环境空气质量标准》中所规定的环境空气质量功能区的分类区域。

除了国家标准，有些地方制定了严于国家标准的地方排放标准，如北京、上海、天津、新疆、石家庄等。部分地区工业锅炉污染物排放限值如图5-3所示。

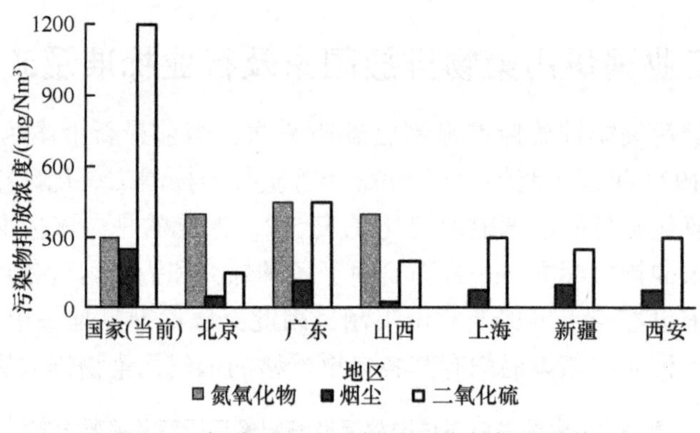

图5-3　部分地区工业锅炉污染物排放限值

北京《锅炉大气污染物排放标准》（DB11/139—2007）于2007年9月1日实施，对新建、改建、扩建锅炉的污染物排放浓度提出了十分严格的排放限值。为履行北京2008年奥运会环保承诺，北京市开展了一系列的治理工作，如中心城区14MW以下的锅炉禁止使用燃煤，中心城区约2800台20t以下燃煤锅炉2007年年底前完成清洁能源改造，全市规划保留的燃煤锅炉全部使用低硫优质煤，并应用脱硫技术和其他节能控污技术。

天津《锅炉大气污染物排放标准》（DB12/151—2003）于2003年实施。该标准将天津划分为A、B两个区域，对锅炉执行不同的标准。A区包括外环线以内建成区、天津经济技术开发区、天津港保税区、天津新技术产业区、自然保护区、风景名胜区、国家地质公园、国家森林公园以及其他需要保护的区域。该区域内禁止新建、扩建、改建燃煤锅炉。自第Ⅱ时段起，A区禁止使用出力小于7MW（含）燃煤锅炉；不允许新建、改建、扩建燃用重油、渣油锅炉，燃用重油、渣油在用锅炉按燃煤执行。B区包括除A区以外的其他区域。该区域不允许新建出力小于7MW（含）燃煤锅炉以及大气污染物排放量与其相当的锅炉。同时，按时段执行标准，对标准生效时在用的锅炉分为第Ⅰ时段和第Ⅱ时段执行标准；新建、改建、扩建的锅炉执行第Ⅱ时段的标准。

上海煤炭消费量与日俱增，煤烟型污染突出，尤其是近年来能源供应紧张造成了对燃料质量的控制要求下降的情况，为了达到2010年上海世博会的环境目标与建设生态型城市、国际化大都市的要求，采取了大气环境重点监管企业在线监控，实施工业大气污染源全面达标排放工程。对大吨位锅炉开展烟气脱硫和高效除尘达标改造，对中小炉窑逐步实施清洁燃烧技术，对超标排放的企业实施限期治理等措施。从2007年9月1日开始实施上海《锅炉大气污染物排放标准》（DB31/387—2007）。标准将上海划分为A、B两个区域，在A区禁止使用燃煤锅炉，对B区使用的燃煤锅炉规定了严于国家标准要求的污染物排放限值，并规定了燃煤锅炉氮氧化物排放限值。

石家庄能源结构以煤为主，近年虽然不断加大对燃煤锅炉的控制和治理力度，但空气中烟尘和二氧化硫的污染依然严重。为此石家庄从2008年1月1日起实施《石家庄市锅炉大气污染物排放标准》。该标准将石家庄市行政管辖区划分为A、B、C三个区，

A 区是各类风景区、森林公园和其他 GB3095 规定的一类区，B 区为市区、所辖县的城区，C 区为除 A 区和 B 区以外的其他区域。同时燃煤锅炉烟尘排放规定了 50～100mg/Nm^3 排放限值，并增加了 14MW（20t/h）以上锅炉的氮氧化物排放限值。

新疆于 2004 年 11 月 15 日颁布实施了新疆《燃煤锅炉大气污染物排放标准》（DB65/2154—2004）。该标准将乌鲁木齐市划分为 A、B 两个区域，A 区为高污染燃料禁燃区，B 区为除 A 区以外的其他区域。高污染燃料是指依据国家环保总局《关于划分高污染燃料的规定》中的原（散）煤、煤矸石、粉煤、燃料油（重油和渣油）、硫含量>0.3% 的蜂窝型煤、硫含量>30mg/Nm^3 的人工煤气等。

5.2.2　工业炉窑污染物排放国家及行业标准及政策

目前国内钢铁工业炉窑仍执行现行的《工业炉窑大气污染物排放标准》（GB9078—1996），其中规定了工业炉窑的烟尘、二氧化硫、汞等多种污染物的排放限值，但总体上要求都是比较宽松的，而且工业炉窑中没有氮氧化物的排放限值指标。部分工业行业污染物排放限值如图 5-4 所示。

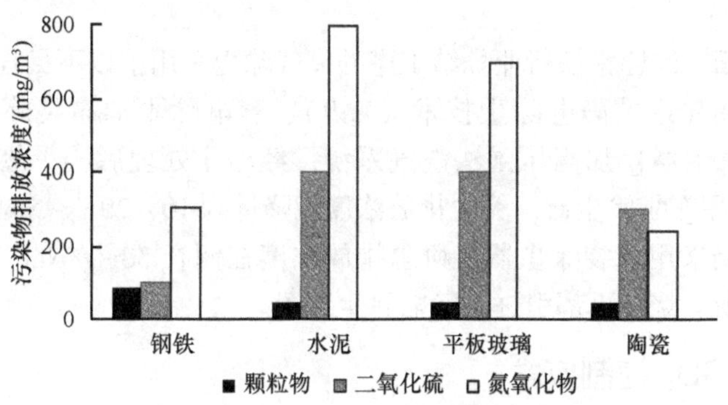

图 5-4　部分工业行业污染物排放浓度限值

《钢铁工业大气污染物排放标准烧结（球团）》（征求意见稿）规定自 2010 年 7 月 1 日起执行新建企业排放限值；《水泥工业大气污染物排放标准》规定了自 2010 年 1 月 1 日起现有生产线各生产设备（设施）排气筒中的颗粒物和气态污染物的最高允许排放浓度及单位产品排放量；《陶瓷工业污染物排放标准》（GB25464—2010）规定自 2010 年 10 月 1 日起执行大气污染物排放限值；《平板玻璃工业大气污染物排放标准》（GB26453—2011）规定自 2011 年 10 月 1 日起执行新建企业大气污染物允许排放限值。

5.3　国外先进技术和政策分析

5.3.1　发达国家先进技术情况

20 世纪六七十年代，发达国家完成了优化城市构成，燃煤工业锅炉及商业锅炉由燃煤改变为燃烧清洁燃料。据报道，美国在 90 年代有工业锅炉 50 多万台，其中燃煤工业锅炉 5.1 万台，占工业锅炉总台数的 10% 。目前美国约有工业锅炉 16.3 万台，绝大多数锅炉以天然气为主要燃料，以工业生产副产物为燃料的锅炉在一些工业生产中用量较多，以煤和油作为原料的较少。燃煤的锅炉仅占5%左右，且运行效率高，为80%～82%。美国的燃煤锅炉主要以层燃炉为主（约有4200台），主要有抛煤机炉和横向给料锅炉，美国对不同类型层燃锅炉的煤质有专门规定，目的是保证燃煤质量与锅炉设计匹配，通过各种污染物减排措施，如采用布袋除尘器、低氮燃烧器、脱硫装置等，保证污染物排放达标。欧洲方面，德国80%的燃煤锅炉都燃烧煤粉，锅炉热效率较高，能达到90%，燃气和燃油锅炉的热效率能达到92%。

5.3.1.1 烟尘控制技术

燃煤工业锅炉方面，美国、日本、德国等发达国家烟尘控制主要采用旋风除尘、湿法除尘、静电除尘和布袋除尘技术，且以后两者为主。

建材水泥行业方面，欧盟主要采用静电除尘和布袋除尘技术。其静电除尘器的使用占85%左右，经电除尘器净化，水泥工业粉尘排放浓度平均为5～15mg/Nm^3（干气体，273K，10% O_2）；布袋除尘器隔离效率可达到99.9%，在设计良好并维护合理的情况下，可达到低于5mg/Nm^3的排放标准（干气体，273K，10% O_2）(European Commission，2009)。

钢铁行业方面，欧盟钢铁行业烧结工序的废气除尘采用了以下最佳适用技术：钢铁行业烧结工序采用先进的静电除尘技术（ESP）、静电除尘加布袋除尘技术、预除尘(如ESP或旋风集尘器）加高压湿法洗气系统，经净化处理后，一般粉尘排放量小于50mg/Nm^3，如使用布袋除尘器，粉尘排放浓度能降低到10～20mg/Nm^3。美国绝大多数烧结厂的粉尘控制采用布袋除尘器，粉尘排放浓度控制在30mg/Nm^3以下。日本在20世纪六七十年代所有烧结机都引进了静电除尘装置。

5.3.1.2 SO_2 控制技术

美国、日本、德国等发达国家燃煤工业锅炉二氧化硫控制主要采用燃烧前煤炭洗选、燃烧中优化控制和燃烧后烟气脱硫装置。烟气后脱硫主要包括半干法、石灰石—石膏法、双碱法等。以双碱法为例，如美国 Firestone Tire 4MW 工业锅炉在燃用含硫量为3%的煤时，二氧化硫脱除效率为90%；Joliet IL 34MW 工业锅炉在燃用含硫量为3.2%的煤时，脱除效率达到90%。

建材水泥行业方面，国外主要采用干法和湿法脱硫工艺。Nielsen 报道的干反应剂喷注法在钙硫比为2.5和4的情况下，脱硫效率可分别达到50%和70%；RMC Pacific 公司报道将熟石灰喷入生料磨时，脱硫效率可达80%；Polysius 公司开发的 PolyDeSO_x 系统的脱硫效率可达到85%；Fuller 公司的 De-SO_x 在Ca/S值为5～6的情况下，脱硫效率可以达到25%～30%；RMC 公司报道 Ca/S 值在3左右，脱硫效率达30%～40%。Fuller 公司的湿法脱硫成套设备一般安装在除尘器后面，并以正压工作；Monsanto Enviro-Chem 公司的 DynaWave 动力波逆向喷射洗涤器也属于此类。单套洗涤器可以实现90%的脱硫效率，如果将两套甚至多套进行联用，脱硫效率甚至可以达到99.9%。RMC 公司采用喷雾干燥脱硫法，脱硫效率可以达到50%～90%；Envirocare 公司利用水泥厂的增湿塔引入脱硫剂，该脱硫剂浆液中悬浮着很多微细 $Ca(OH)_2$ 颗粒（通常在3～10μm)，脱硫效率超过90%。

钢铁行业方面，自 20 世纪 70 年代起，烧结烟气脱硫技术开始逐渐在日本、欧洲部分发达国家进入工业化应用，由于各国政府的环境政策和法律法规的差异，世界各地形成了具有各地域特点的烧结脱硫技术。在日本，早期以石灰石—石膏法和氧化镁法（湿法）为主，近年来建设的烧结烟气脱硫则以活性炭干法为主，而欧洲以循环流化床法为主。德国杜依斯堡钢厂 108m^2 烧结机 1998 年建有旋转喷雾干燥（SDA）干法脱硫工艺，脱硫效率为 90%～97%。美国 Alanco 公司开发了荷电干法，脱硫效率一般为 70%～90%。法国阿尔斯通（ALSTOM）研发并实施 NID 干法烧结烟气脱硫工艺，钙硫比（Ca/S）<1.4，脱硫效率 90% 以上。日本在 70 年代建设的一部分大型烧结厂（如日本钢管的扇岛、福山烧结厂、住友的鹿岛、和歌山烧结厂和新日铁的若松烧结厂等）先后采用了烧结烟气湿式脱硫法（包括石灰石—石膏法、水镁法、硫胺法）和活性炭干式脱硫法，前者脱硫率在 95% 以上。

5.3.1.3　NO_x 控制技术

美国、日本、德国等发达国家燃煤工业锅炉氮氧化物控制主要采用燃烧中和燃烧后技术。燃烧中控制氮氧化物的主要方法有：①减少过量空气系数；②空气分级或燃料分级燃烧；③通过再燃系统将高挥发性燃料喷雾到高 NO_x 区，燃料包括细煤粉、生物质或天然气；④烟气循环减少过量氧气量；⑤再燃和烟气循环结合。燃烧后脱硝技术主要是 SNCR、SCR 以及 SNCR 和 SCR 混合技术。美国目前运行最久的 SNCR 装置是 1988 年建于南加利福尼亚的一台锅炉，其脱除效率为 65%，出口 NO_x 为 90ppm。此外，加利福尼亚州两台 75MW 的煤粉炉采用低氮燃烧器结合 SNCR 技术将出口 NO_x 浓度降到 5ppm。瑞典在一台 39MW 循环流化床锅炉和 80MW 炉排炉上采用 SNCR 技术，NO_x 脱除效率分别达到 70% 和 65%。

在钢铁行业脱硝方面，德国采用废气循环、废气脱氮、选择催化还原等技术加以控制。日本在钢铁烧结机脱硝方面采用的是 SCR 法和活性炭移动层法。

在建材水泥行业脱硝方面，欧洲主要采用 SNCR 水泥窑脱硝技术。按照欧盟 IPPC 指令，SNCR 工艺被认为是目前可用于水泥工业回转窑上的最好技术。2009 年，欧洲有 283 条水泥生产线，其中西欧大部分水泥厂都配备 SNCR 系统，东欧约有 50 家水泥厂配备了 SNCR 系统。在这些工程中还原剂多为浓度 25% 的氨水，NH_3/NO_x 值为 0.5～0.9，脱硝效率为 10%～50%。瑞典的两座干法回转水泥窑在安装 SNCR 装置之后，在 NH_3/NO_x 值为 1.0～1.2 的条件下，脱硝效率达到 80%～85%。在北美洲地区，2006 年之前至少有 9 家水泥窑采用了 SNCR 技术。最早的是 Fuel Tech 公司，该公司发明了 NO_xOUT® 技术，先后在西雅图、南加利福尼亚、艾奥瓦得到应用。此外，SCR 技术也开始在水泥行业得到应用，据美国环保署报道，世界上有若干套水泥 SCR 脱硝系统已有示范工程，如德国 Solnhofen Zementwerkes 水泥厂，年产水泥 55.5 万 t，NO_x 脱除效率达 90% 左右；意大利 Cementeria di Monselice 水泥厂于 2006 年开始运行 SCR 脱硝装置，在 NO_x 入口浓度为 1530mg/Nm^3 时，NO_x 脱除效率可达 95% 左右。此外，还有意大利 Italcementi Sarche di Calavino 水泥厂等。

5.3.1.4　多种污染物协同控制技术

自 20 世纪 70 年代起，西方发达国家在多年烟气 SO_2 排放控制技术研究的基础上，

开始工业烟气中 SO_2 和 NO_x 同时脱除技术的研究。最近 20 年是同时脱硫脱硝技术发展最快的时期，研究开发的新技术达几十种，但其中已实现工业化应用的较少，大部分尚处于中间试验或实验室研究阶段。

目前世界上研究开发的烟气脱硫脱硝技术按脱除机理的不同可分为两大类：联合脱硫脱硝技术（combined SO_2/NO_x removal）和同时脱硫脱硝技术（simultaneous SO_2/NO_x removal）。联合脱硫脱硝技术是指将单独脱硫和脱硝技术进行整合后而形成的一体化技术；同时脱硫脱硝技术是指用一种反应剂在一个过程内将烟气中的 SO_2 和 NO_x 同时脱除的技术。后者典型的工艺有干法和湿法：干式工艺包括碱性喷雾干燥法、固相吸收和再生法、吸收剂喷射法以及等离子体法等；湿式工艺主要是氧化/吸收法和金属螯合物吸收法等。

（1）钙基吸附剂脱硫脱硝法

该法由 ADVACATE（advanced silicate）半干法脱硫技术发展而来，主要是在 $Ca(OH)_2$ 中加入飞灰、氧化剂、盐类，如 $CaSO_3$、NaOH 等添加剂，经水合干燥后制备成高效的吸附剂，可对 SO_2 与 NO_x 进行同时脱除，反应温度通常为 60～125℃。高活性脱附剂的制备要充分考虑物料的配比、添加剂的选择、水合条件等因素的影响。在脱除过程中脱除剂表面特性、反应温度、烟气湿度、烟气 O_2 含量等都是影响脱除率的重要因素。在实验室条件下该法的脱硫率可达 80%，脱硝率一般不超过 50%。

（2）NO_xSO 法

NO_xSO 固相吸收和再生技术是一种干式、脱硫剂可再生、硫资源回收利用的排烟同时脱硫脱硝技术，它适用于中高硫煤火电机组，其工艺流程如下：锅炉排烟经电除尘器除尘后，进入吸收剂流化床，SO_2 和 NO_x 在其中被吸附在高比表面积含 Na_2CO_3 的吸收剂上，净化后的烟气经布袋除尘器除尘后从烟囱排放。吸收剂达到一定的吸收饱和度后，被移至再生器内进行再生。首先，吸收剂被热空气加热而将所吸收的 NO_x 释放出来，富含 NO_x 的热风返回至锅炉燃烧室内进行烟气的再循环。被吸附的 SO_2 在高温下和甲烷反应生成高浓度的 SO_2 和 H_2S 气体，这些气体经过硫转换器而转换成单质硫。元素硫可深加工成液态 SO_2，也可用于生产其他高附加值的副产品。此技术对烟气中二氧化硫的净化率达 90%，氮氧化物的净化率达 70%～90%，但此技术需大量吸附剂，设备庞大，投资大，运行动力消耗也大。

（3）吸收剂喷射工艺

吸收剂喷射法的脱除率主要取决于 SO_2 和 NO_x 比、反应时间、吸收剂粒度等。Hokkaido 电力公司和 Mitsubishi 重工业有限公司联合开发了用一种称为 LILAC（增强活性石灰-飞灰化合物）的吸收剂联合脱除 SO_2/NO_x 的吸收剂管道喷射工艺。在混合箱内将飞灰、消石灰和石膏与 5 倍于总固体重的水混合制得浆液，在处理箱内将制得的浆液在 95℃下搅拌 3～12h。在烟气处理量为 $80m^3/h$，Ca 与 S 物质的量比为 2.7 的条件下，将吸收剂喷射到喷雾干燥塔内能同时脱除 90% SO_2 和 70% NO_x。$N^{18}O$ 和 $^{18}O_2$ 在示踪研究中表明：氧化 SO_2 的主要官能团是吸附在吸收剂表面的 NO^{2-}；NO_x

以 Ca（NO_3）$_2$ 的形式固定，SO_2 的脱除与 NO 的氧化有关，因此 NO_x 脱除随着 SO_2/NO_x 的增加而增加。另外，NO_2 的脱除率随吸收剂中 SiO_2 含量的增加而线性增加。另外，在 SO_2 脱除的最优化条件 Ca/S 为 1.2，烟气中氯根质量含量为 5% 时，LILAC 工艺的脱硫率能达到 95% 。

（4）等离子体法脱硫脱硝

等离子体技术用于工业烟气中 SO_2 和 NO_x 的处理始于 20 世纪 70 年代。迄今为止，日本、美国、德国、意大利、加拿大、波兰等国都进行了大量的研究工作，已建成的烟气处理量为 10 000m^3/h 以上的各类等离子体示范中试装置 14 套。等离子体法工艺流程简单，成本低，投资不及湿法的 70% ，具有较高的脱除效率，在最优化条件下，SO_2 和 NO_x 的脱除率分别能达到 95% 和 90% 以上；副产物可作为农用化肥，实现了硫、氮资源的自然生态循环。但该技术的缺陷是耗电量大（约占电厂发电量的 3% ），产物气溶胶难以收集并易产生 NH_3 二次污染，还存在电子射线污染，若能在产物的有效收集、降低能耗及工艺的安全可靠运行方面取得进展，有可能进行大规模商业化推广。电子束照射法（EBA 法）工艺的特点是能同时脱硫脱硝，脱硫效率高达 90% 以上，脱硝率达 80% 以上，不产生废水和废渣，副产物可以做化肥使用，系统操作方便简单，过程易于控制，运行可靠，无堵塞、腐蚀和泄漏等问题，对负荷的变化适应性强，处理后烟气无需加热可直接排放，占地面积小。脉冲电晕等离子化学（pulse corona induced plasma chemical process，PPCP）法脱硫脱氮工艺是 80 年代以后发展起来的，目前，该技术处于试验阶段，尚有一些问题需进一步研究，如脉冲电晕的空间分布条件优化、低能耗可调窄脉冲电源的研制等问题。

（5）Pahlman 烟气脱硫脱硝技术

美国明尼阿波利斯的 Enviroscrub Technologies 公司采用一种有专利权的无机化合物作吸收剂，一步法干式洗涤可脱除烟气中的硫氧化物并可选择性地同时除去 NO_x，由于无需加入 NH_3，所以其二次污染小，排放尾气完全符合环境标准。该工艺的硝酸盐和硫酸盐可以回收，出售给化肥厂、化工厂或炸药厂。

（6）氯酸氧化工艺

氯酸氧化工艺，又称 Tri - NO_x-NO_xSorb 工艺，采用湿式洗涤系统，在一套设备中同时脱除烟气中的 SO_2/NO_x，并且没有催化剂中毒、失活、催化能力下降等问题的出现。该工艺采用氧化吸收塔和碱式吸收塔两段工艺。氧化吸收塔是采用氧化剂 $HClO_3$ 来氧化 NO 和 SO_2 及有毒金属；碱式吸收塔则作为后续工艺采用 Na_2S 及 NaOH 作为吸收剂，吸收残余的酸性气体，该工艺 NO_x 脱除率达 95% 以上。另外在脱除 NO_x、SO_2 的同时，还可以脱除有毒微量金属元素，并且与利用催化转化原理的技术相比没有催化剂中毒、失活或随使用时间的增加催化能力下降等问题。该工艺主要技术特点有：①对入口烟气浓度的限制范围不严格；②操作温度低，可在常温下进行；③对 SO_2/NO_x 及有毒金属有较高的脱除率。

（7）湿式配合吸收工艺

传统的湿法脱硫工艺可脱除90%以上的SO_2，但由于NO_x在水中的溶解度很低，难以去除。Sada等1986年就发现一些金属螯合物，如Fe（Ⅱ）EDTA可与溶解的NO_x迅速发生反应。Harkness等在1986年和Bonson等在1993年相继开发出用湿式洗涤系统来联合脱除SO_2和NO_x，采用6%氧化镁增强石灰加Fe（Ⅱ）EDTA进行联合脱硫脱硝工艺中试试验，试验得到60%以上的脱硝效率和约99%的脱硫率。湿式FGD加金属螯合物工艺是在碱性或中性溶液中加入亚铁离子形成氨基羟酸亚铁螯合物，如Fe（EDTA）和Fe（NTA）。这类螯合物吸收NO形成亚硝酰亚铁螯合物，配位NO能够和溶解的SO_2和O_2反应生成N_2、N_2O、连二硫酸盐、硫酸盐，各种N-S化合物和三价铁螯合物。该工艺需从吸收液中去除连二硫酸盐、硫酸盐和各种N－S化合物。

湿式配合吸收工艺仍处于试验阶段，影响其工业化的主要障碍是反应过程中螯合物的损失以及金属螯合物再生困难，利用率低。

（8）Combi NO_x 工艺

Combi NO_x工艺是采用碳酸钠、碳酸钙和硫代硫酸钠作为吸收剂的一种新型湿式工艺。其原理的关键反应为：$NO_2+SO_3^{2-}=NO_2^-+SO_3^-$，其中亚碳酸钠的主要作用是提供吸附氮氧化物的亚硫酸根离子；碳酸钙的作用是，一方面吸附二氧化硫，另一方面利用它微溶的性质增加亚硫酸根在吸收液中的浓度，此工艺的吸收产物为硫酸钙和氨基磺酸。该工艺的氮氧化物的脱除率为90%～95%，二氧化硫的脱除率为99%。此工艺的缺点是脱除后的产物为钠和钙的硫酸盐及亚硫酸盐的混合物，这给后续处理阶段脱除产物带来困难。该工艺目前仍处于实验室研究阶段。

5.3.2　发达国家相关政策法规情况

美国国家环保署（EPA）于1971年颁布了连续排放监测（CEM）的要求。1975年开始应用于污染源的监测，对烟气排放量、烟气黑度、SO_2、NO_x、CO_2等进行监测。1990年前，美国的环保排放控制标准比较低，SO_2排放控制标准在1480mg/Nm^3。1990年，美国国会通过了空气净化条例的修正案，提出酸雨治理计划，对火力发电厂粉尘排放及SO_2排放控制提出了要求，并立法制定控制氮氧化物排放的相关标准，将煤中16种微量元素列入189种“有害大气污染物”之中。2005年，EPA发布了《州际清洁空气法案》，该法案旨在通过同时削减SO_2和NO_x，帮助各州的近地面O_3和细颗粒物达到大气环境质量标准。2009年年底，EPA公布了新修订的《二氧化硫空气质量法》，对大气中二氧化硫的小时排放浓度设定了新的国家标准，即50～100μg/(L·h)。

加拿大对污染物排放实行许可证制度，严格限制SO_2、NO_x、PM等污染物排放；对以燃煤发电为主的省份，积极开展需求测管理，发展绿色能源，实行气、电、热联产，发展水电和核电，努力减少燃煤发电的比例；60%～70%的火电厂安装了CEM（连续在线监测）装置。2003年以后新建的火电厂要求采取脱硝措施。新建火电厂必须满足以下排放标准要求：NO_x 0.69g/(kW·h)；PM 0.095g/(kW·h)；SO_2 0.53～4.24g/(kW·h)。

欧盟1996年在综合污染防治（IPPC）指令96/61/CE中提出了建立BAT（best

available techniques）的要求，并起草了 BAT 参考文件，从 1999 年开始用于新建设施，到2002 年欧盟的 BAT 体系已经基本建立，在各行各业建立起的 BAT 参考文件开始发挥作用。

5.4　国内外技术水平差距及政策差异分析

5.4.1　与发达国家技术水平的主要差距分析

从国内外发展比较来看，我国在工业锅炉和炉窑污染物控制技术和装备上落后于发达国家，国外发展的成功经验和先进成熟的技术可为我国所借鉴。同时也可以看到，我国政府长期以来也十分重视工业锅炉和炉窑行业的健康发展，特别是近几年来在污染物控制技术和装备方面也取得了长足的进步，烟尘控制技术和装备日趋完善，重点行业，如水泥行业的大规模脱硫也已经启动，大规模脱硝的规划也在制定中。

国内外烟尘控制技术应用比较见表 5-3。

表 5-3　国内外烟尘控制技术应用情况

行业	国内	国外
工业锅炉	机械、湿法、静电和布袋除尘技术兼有	静电除尘、布袋除尘为主
工业炉窑（钢铁）	80% 采用电除尘器，部分多管除尘器	欧盟采用先进的静电集尘技术（ESP）、静电集尘加布袋除尘器、预除尘（如 ESP 或旋风集尘器）加高压湿法洗气系统。粉尘排放量小于 50mg/Nm^3，布袋除尘器粉尘排放浓度能够达到 10 ~ 20mg/Nm^3。美国主要采用布袋除尘器，粉尘排放浓度能够降到 30mg/Nm^3 以下
工业炉窑（建材水泥）	10% 的新型干法窑采用布袋除尘器、90% 采用静电除尘器*，布袋除尘器平均排放浓度为 62.4mg/Nm^3，静电除尘器平均排放浓度为 87.6mg/Nm^3	静电除尘器、布袋除尘器和混合除尘器，设计的除尘效率高于 99.99%

*数据来自于 40 个新型干法窑样本的除尘器使用。布袋的使用量正日益增多，并出现了“电改袋”的动向。

国内外 SO_2 控制技术应用比较见表 5-4。

表 5-4　国内外 SO_2 控制技术应用

行业	国内	国外
工业锅炉	半干法脱硫和双碱法为主，少数采用石灰石—石膏法、氨法	普遍采用石灰石—石膏法、氨法、半干法脱硫
工业炉窑（钢铁）	石灰石—石膏法、氨法，脱硫率 ≥90%	日本主要采用石灰石—石膏法，脱硫率 ≥95%；欧洲和北美洲两地区、德国、法国主要采用干法脱硫工艺
工业炉窑（建材水泥）	国内少有应用	干反应剂喷注、热生料喷注法、喷雾干燥脱硫法、湿式脱硫法，脱硫率最高可达 85%

国内外 NO_x 控制技术应用比较见表 5-5。

表 5-5 国内外 NO_x 控制技术应用

行业	国内	国外
工业锅炉	少数采用低氮燃烧技术、SNCR 和 SCR 技术	普遍采用低氮燃烧、SNCR 和 SCR 技术
工业炉窑（钢铁）	国内少有案例	德国采用废气循环、废气脱氮、选择催化还原
工业炉窑（建材水泥）	国内少有案例	SNCR 和 SCR 脱硝技术

5.4.2 与发达国家政策的差异

从国家政策上来看，我国工业锅炉和炉窑的相关排放标准也正与国际接轨。

我国钢铁工业烧结（球团）设备自 2010 年 7 月 1 日起执行新建企业排放限值，其中颗粒物 250g/t 烧结矿、SO_2 350g/t 烧结矿、NO_x 800g/t 烧结矿、氟化物 11g/t 烧结矿。与欧盟、英国钢铁行业主要污染物排放限值水平（表 5-6）相比，我国颗粒物排放限值基本持平，NO_x 和氟化物控制相对宽松，而 SO_2 控制更加严格。

表 5-6 国外钢铁行业主要污染物排放值 （单位：g/t 烧结矿）

工序名称	污染物名称	中国	欧盟	英国
烧结	颗粒物	250	155～255	37～410
	SO_2	350	818～1682	800～2000
	NO_x	800	400～645	400～650
	HF	11	1.27～3.18	—

我国水泥工业自 2010 年 1 月 1 日起，现有生产线各生产设备（设施）排气筒中的颗粒物和气态污染物排放限值分别为：SO_2 200mg/Nm^3、NO_x 800mg/Nm^3、颗粒物 50mg/Nm^3、氟化物 5mg/Nm^3。与国外部分国家主要污染物排放限值水平（表 5-7）相比较，其中 SO_2 和 NO_x 排放限值处于中间水平，颗粒物和氟化物排放限值与国外部分国家持平。

表 5-7 国外水泥窑颗粒物、气态污染物排放标准 （单位：mg/Nm^3）

国家（地区）	污染物			
	SO_2	NO_x	颗粒物	氟化物
中国	200	800	50	5
奥地利	200 高含 S 400	500	50	
比利时	1000	1800		5
德国	400*	500*	50	5*
爱尔兰	400 高含 S 700	1300	50	
意大利	600	1800	50	5
卢森堡	100	800	30	5
葡萄牙	400	1300	50	5
瑞典	200	200	50	

续表

国家（地区）	污染物			
	SO_2	NO_x	颗粒物	氟化物
美国	200	900	~70	
欧盟	200~400	200~500		

*20 世纪 90 年代后期实行 Bimschv 排放环保法，SO_2 排放限值 50mg/Nm^3，NO_x 排放限值 200mg/Nm^3，氟化物排放限值 1mg/Nm^3。

5.5　污染物控制技术路线及政策建议

5.5.1　燃煤污染排放预测及减排成本分析

5.5.1.1　基准燃煤量下的排放预测及减排成本分析

基准情景下煤炭消耗测算依据：工业锅炉行业按每年不大于 1% 的速度增长，工业炉窑钢铁行业按照钢铁产量和吨钢煤耗的预测数据计算，工业炉窑建材水泥行业按照水泥产量和煤耗的预测数据进行计算。

工业炉窑中钢铁、水泥等高耗能产品产量参考中国工程院《中国能源中长期（2030，2050）发展战略研究》（2010 年）数据；根据中国统计年鉴中 2003~2008 年中钢铁产量与煤炭消耗的数据可以得到钢铁行业吨钢煤耗的数据；根据国家统计局对水泥行业的统计数据，并考虑新型干法窑所占比例逐步升高的趋势，预测得到目标年单位水泥产品煤炭消耗数据。

基于上述数据进一步测算得到目标年的煤炭消耗量，见表 5-8。可以看出，工业炉窑钢铁行业燃煤消耗在 2020 年之前有小幅增加，之后由于产量下降呈现减少趋势，到 2050 年达 2.05 亿 t，小于基准年的燃煤消耗量。工业炉窑建材水泥行业由于单位产量能源消耗大幅降低，其燃煤消耗量逐年减少，到 2050 年预计为 1.2 亿 t，不到基准年的 50%。

表 5-8　基准情景下目标年煤炭消耗测算　　（单位：亿 t）

项目	2008 年（基准年）	2020 年	2030 年	2050 年
工业锅炉	6.40	7.20	7.80	8.70
工业炉窑（钢铁）	2.41	2.93	2.67	2.05
工业炉窑（建材水泥）	2.48	2.16	1.76	1.20
汇总	11.29	12.29	12.23	11.95

（1）现有技术、标准、政策下的排放预测及减排成本分析

根据相关研究报告和资料（俞进旺等，2008；2008 年全国环境统计公报，2009；中国环境统计年报 2008，2009；中国统计年鉴 2009，2010，2011），获得基准年（2008 年）工业锅炉和炉窑行业污染物排放量数据，见表 5-9。

表 5-9 基准年污染物排放基本数据 （单位：万 t）

类别	工业锅炉	工业炉窑	
		钢铁	建材水泥
烟尘	380	64	160
粉尘	—	—	455
SO_2	520	175	102
NO_x	188	89	161

根据相关的方法确定工业锅炉、钢铁、建材水泥行业的污染物排放因子，并利用基准年污染物排放的统计数据进行核算（姚之茂等，2008），结果见表 5-10。

表 5-10 工业锅炉和炉窑行业相关产污因子测算（基于 2008 年）

［单位：kg/t（吨煤、吨钢或吨水泥）］

参数	工业锅炉行业	工业炉窑行业	
		钢铁	建材水泥
烟尘排放系数	5.94	1.28	1.15
SO_2 排放系数	8.13	3.50	0.74
NO_x 排放系数	2.94	1.78	1.16

根据基准年的污染物排放系数、污染物控制技术及其发展趋势以及相关行业标准和规划，确定目标年的排放系数和排放量（王永红等，2008）。工业锅炉和炉窑行业目标年相关技术实施预测见表 5-11 和表 5-12。

表 5-11 工业锅炉行业目标年相关技术应用预测 （单位：%）

行业	技术	2020 年	2030 年	2050 年
工业锅炉	10 蒸吨以上锅炉比例	60	70	80
	机械/湿法/静电/布袋除尘技术比例	无/无/50/50	无/无/30/70	无/无/10/90
	低硫煤/干法/湿法脱硫技术比例	30/30/25	40/30/35	50/20/30
	低氮燃烧/SNCR/SCR 技术比例	50/15/无	70/20/10	90/30/20
	多种污染物协同脱除技术比例（硫资源可回收的多脱技术比例）	20（10）	30（20）	50（40）

表 5-12 工业炉窑行业目标年相关技术应用预测 （单位：%）

行业	技术	2020 年	2030 年	2050 年
工业炉窑（钢铁）	大型烧结机比例	75	85	90
	100t 及以上炼钢转炉比例	70	80	90
	静电/布袋比例	50/50	20/80	5/95
	干法/湿法脱硫技术比例	30/15/30	30/20/20	15/20/15
	SCR 技术比例	10	20	30
	多种污染物协同脱除技术比例（硫资源可回收的多脱技术比例）	20（10）	30（20）	50（40）

续表

行业	技术	2020 年	2030 年	2050 年
工业炉窑（建材水泥）	新型干法炉窑比例	80	90	100
	静电/布袋除尘技术比例	22/78	5/95	无/100
	干法/湿法脱硫技术比例	15/10	20/20	20/20
	低氮燃烧/SNCR 技术比例	65/35	70/40	75/50
	多种污染物协同脱除技术比例（硫资源可回收的多脱技术比例）	20（10）	30（20）	50（40）

根据表 5-11 和表 5-12 所示的技术应用情况，测算目标年工业锅炉和炉窑行业相关污染物的排放系数，见表 5-13 和表 5-14。

表 5-13　工业锅炉行业相关污染物目标年排放系数测算　（单位：kg/t）

参数	2008 年（基准年）	2020 年	2030 年	2050 年
烟尘排放系数	5.94	2.22	1.11	0.44
SO_2 排放系数	8.13	5.18	3.24	1.30
NO_x 排放系数	2.94	2.35	2.06	1.47

表 5-14　工业炉窑行业相关污染物目标年排放系数测算　（单位：kg/t）

行业	参数	2008 年	2020 年	2030 年	2050 年
工业炉窑（钢铁）	烟尘排放系数	1.28	0.60	0.30	0.15
	SO_2 排放系数	3.50	0.85	0.81	0.81
	NO_x 排放系数	1.78	1.42	1.25	0.89
工业炉窑（建材水泥）	烟尘排放系数	1.15	0.32	0.23	0.18
	SO_2 排放系数	0.74	0.51	0.44	0.37
	NO_x 排放系数	1.16	0.58	0.46	0.35

进一步测算得到工业锅炉和炉窑行业目标年污染物排放量，见表 5-15 和表 5-16。

表 5-15　工业锅炉行业污染物排放量预测　（单位：万 t）

污染物	2008 年	2020 年	2030 年	2050 年
烟尘	379.96	159.98	86.66	38.66
SO_2	520	373.25	252.72	112.75
NO_x	188.16	169.34	160.52	127.89

表 5-16　工业炉窑行业污染物排放量预测　（单位：万 t）

行业	污染物	2008 年	2020 年	2030 年	2050 年
工业炉窑（钢铁）	烟尘	63.77	38.74	18.48	7.45
	SO_2	175.12	54.99	50.08	40.39
	NO_x	89	92.56	77.25	44.5

续表

行业	污染物	2008 年	2020 年	2030 年	2050 年
工业炉窑（建材水泥）	烟尘	160.2	57.71	36.64	21.98
	SO_2	102.02	92.61	70.56	44.1
	NO_x	161.01	104.4	74.24	41.76

以基准年排放系数下的污染物排放量为基准，计算目标年工业炉窑各行业污染物的减排量，见表 5-17 和表 5-18。

表 5-17　目标年工业锅炉污染物减排量（与基准排放系数情形相比）

（单位：万 t）

参数	2020 年	2030 年	2050 年
烟尘排放	267.47	376.42	477.85
SO_2 排放	211.75	381.03	594.12
NO_x 排放	42.34	68.80	127.89

表 5-18　目标年工业炉窑污染物减排量（与基准排放系数情形相比）

（单位：万 t）

参数	行业	2020 年	2030 年	2050 年
烟尘排放	工业炉窑（钢铁）	44.16	60.60	56.32
	工业炉窑（建材水泥）	150.04	148.03	116.52
SO_2 排放	工业炉窑（钢铁）	172.66	167.06	134.72
	工业炉窑（建材水泥）	39.69	47.04	44.10
NO_x 排放	工业炉窑（钢铁）	23.14	33.11	44.50
	工业炉窑（建材水泥）	104.40	111.36	97.44

根据污染物控制技术相关案例经济性分析计算，各种治理措施都给出了每种技术的运行成本的大致范围，运行成本以减排每吨污染物的费用计，见表 5-19。表 5-19 中所列运行成本考虑了污染物控制装备运行所需的水耗、电耗、吸收剂等费用，并考虑了副产物资源回收的收益，但未考虑如下因素：①设备投资费；②设备折旧费；③人工维护费；④工业锅炉中清洁燃料替代所需燃油、燃气或生物质消耗费用。

表 5-19　各种治理措施运行成本取值

行业	污染物	措施	运行成本/（元/t 污染物）
工业锅炉 工业炉窑	烟尘	机械	3 ~ 5
		湿式	5 ~ 6
		静电	8 ~ 10
		布袋	15 ~ 20
		电袋复合式	15 ~ 20

续表

行业	污染物	措施	运行成本/（元/t 污染物）
工业锅炉 工业炉窑	SO_2	低硫煤	—
		半干法	500～1300[a]
		钙基湿法	600～1600[b]
		氨法	400～1000[c]
		多种污染物协同脱除技术	按单种污染物控制成本 90% 计算
	NO_x	低氮技术	—
		SCR	3000～4000
		SNCR	1300～1500

注：a. 考虑到粉煤灰的利用率；

b. 考虑到脱硫石膏的资源回收利用比例；

c. 考虑到硫胺资源回收利用。

根据各污染物控制技术的应用比例、平均成本和新增污染物减排量，计算得到工业锅炉目标年各种新增污染物控制装备的运行成本如图 5-5 所示。

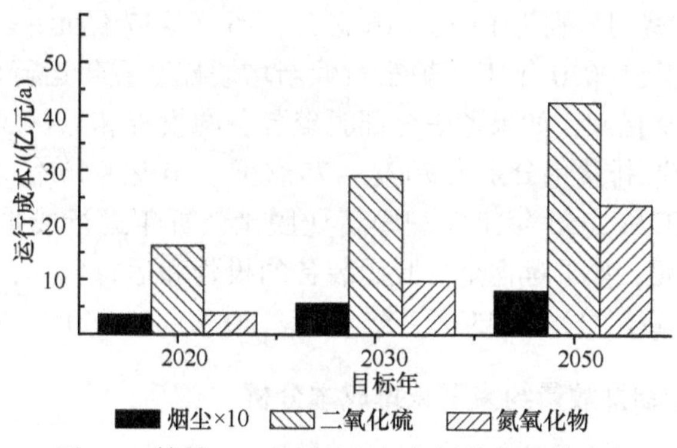

图 5-5　情景 1 工业锅炉目标年污染物减排成本

可以看出，工业锅炉行业烟尘控制运行成本远低于二氧化硫和氮氧化物，由于工业锅炉行业二氧化硫排放基数大，治理力度大，其控制运行成本高于氮氧化物。

2020 年、2030 年和 2050 年工业锅炉行业新增除尘装置年运行成本预计为 0. 36 亿元、0. 57 亿元和 0. 80 亿元，如果考虑全部除尘装备的投资和运行成本，预计目标年工业锅炉行业烟尘减排费用分别为 7 亿～8 亿元、8 亿～9 亿元、9 亿～10 亿元。

2020 年、2030 年和 2050 年工业锅炉行业新增脱硫装置年运行成本预计为 16 亿元、29 亿元和 42 多亿元，如果考虑全部脱硫装备的投资和运行成本，预计目标年工业锅炉行业二氧化硫减排费用分别为 120 亿～130 亿元、160 亿～180 亿元、200 亿～220 亿元。

2020 年、2030 年和 2050 年工业锅炉行业脱硝装置年运行成本预计为 3. 9 亿元、9. 7 亿元和 23. 8 亿元，如果考虑全部脱硝装备的投资和运行成本，预计目标年工业锅炉行业氮氧化物减排费用分别为 10 亿～12 亿元、29 亿～31 亿元、70 亿～75 亿元。

工业炉窑行业（钢铁和建材水泥）目标年各种新增污染物控制装备的运行成本测算如图 5-6 所示。

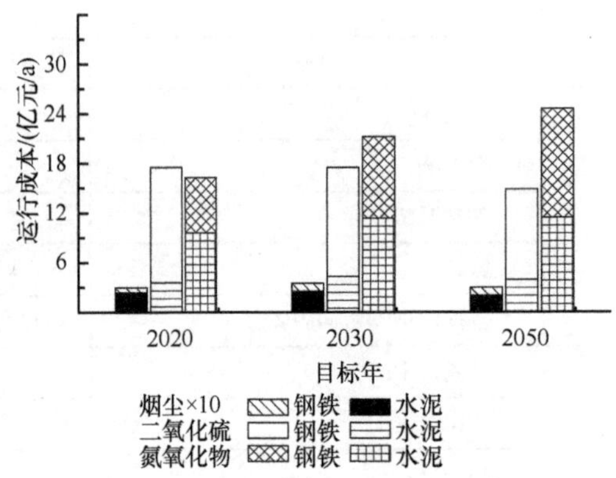

图 5-6 情景 1 工业炉窑目标年污染物减排成本

可以看出，工业炉窑行业烟尘控制运行成本低于二氧化硫和氮氧化物。后两者治理成本相当，其中二氧化硫减排成本主要在钢铁行业，水泥行业氮氧化物治理成本高于钢铁行业。

2020 年、2030 年和 2050 年工业炉窑行业新增除尘装置年运行成本预计为 0.08 亿元、0.35 亿元和 0.30 亿元，如果考虑全部除尘装备的投资和运行成本，预计目标年工业炉窑行业烟尘减排费用分别为 15 亿 ~ 16 亿元、16 亿 ~ 17 亿元、17 亿 ~ 18 亿元。

2020 年、2030 年和 2050 年工业炉窑行业新增脱硫装置年运行成本预计为 17.5 亿元、17.5 亿元和 14.9 亿元，如果考虑全部脱硫装备的投资和运行成本，预计目标年工业炉窑行业二氧化硫减排费用分别为 70 亿 ~ 75 亿元、70 亿 ~ 75 亿元、60 亿 ~ 65 亿元。

2020 年、2030 年和 2050 年工业炉窑行业脱硝装置年运行成本预计为 16.3 亿元、21.2 亿元和 24.6 亿元，如果考虑全部脱硝装备的投资和运行成本，预计目标年工业炉窑行业氮氧化物减排费用分别为 45 亿 ~ 55 亿元、60 亿 ~ 70 亿元、70 亿 ~ 80 亿元。

(2) 目标年污染物排放量约束下减排成本分析

根据基准年的污染物排放数据以及各行业的发展情况初步拟定工业锅炉、钢铁和水泥行业的污染物排放量，见表 5-20 ~ 表 5-22。

表 5-20 我国分阶段燃煤主要污染物排放控制目标 (单位：万 t)

污染物		2020 年	2030 年	2050 年
烟尘	电力	250	200	150
	工业炉窑	200	150	100
	煤化工	15	10	5
SO_2	电力	700	500	450
	工业炉窑	600	450	350
	煤化工	15	10	5
NO_x	电力	600	400	300
	工业炉窑	450	350	200
	煤化工	15	10	5

表 5-21　工业锅炉行业污染物排放量　（单位：万 t）

污染物	2008 年	2020 年	2030 年	2050 年
烟尘	380	100	75	55
SO_2	520	400	300	250
NO_x	188	180	160	100

表 5-22　工业炉窑行业污染物排放量　（单位：万 t）

行业	污染物	2008 年	2020 年	2030 年	2050 年
工业炉窑（钢铁）	烟尘	64	30	25	15
	SO_2	175	120	90	60
	NO_x	89	110	90	50
工业炉窑（建材水泥）	烟尘	160	70	50	30
	SO_2	102	80	60	40
	NO_x	161	160	100	50

根据工业锅炉行业燃煤量、钢铁行业钢铁产量和水泥行业水泥产量的目标年预测数据，计算得到工业锅炉和炉窑行业目标年污染物排放量约束下的排放系数，见表 5-23 和表 5-24。

表 5-23　目标年工业锅炉污染物排放量约束下的排放系数　（单位：kg/t）

污染物排放系数	2008 年（基准年）	2020 年	2030 年	2050 年
烟尘排放系数	5. 94	1. 39	0. 96	0. 63
SO_2 排放系数	8. 13	5. 56	3. 85	2. 87
NO_x 排放系数	2. 94	2. 50	2. 05	1. 15

表 5-24　目标年工业炉窑污染物排放量约束下的排放系数　（单位：kg/t）

污染物排放系数	行业分类	2008 年（基准年）	2020 年	2030 年	2050 年
烟尘排放系数	工业炉窑（钢铁）	1. 28	0. 46	0. 40	0. 30
	工业炉窑（建材水泥）	1. 15	0. 39	0. 31	0. 25
SO_2 排放系数	工业炉窑（钢铁）	3. 50	1. 85	1. 45	1. 20
	工业炉窑（建材水泥）	0. 74	0. 44	0. 38	0. 33
NO_x 排放系数	工业炉窑（钢铁）	1. 78	1. 69	1. 45	1. 00
	工业炉窑（建材水泥）	1. 16	0. 89	0. 63	0. 42

根据排放系数确定目标年所采取的相关控制技术，见表 5-25 和表 5-26。

表 5-25　目标年污染物排放量约束下工业锅炉行业所采取的控制技术（单位:%）

技术	2020 年	2030 年	2050 年
10 蒸吨以上锅炉比例	55	70	80
湿法/静电/布袋除尘技术比例	15/45/40	5/40/55	无/40/60

续表

技术	2020 年	2030 年	2050 年
低硫煤/干法/湿法脱硫技术比例	30/30/20	40/35/25	50/30/20
低氮燃烧/SNCR/SCR 技术比例	40/5/无	50/10/5	80/30/20
多种污染物协同脱除技术比例（硫资源可回收的多脱技术比例）	10（5）	30（20）	50（40）

表 5-26　目标年污染物排放量约束下工业炉窑行业所采取的控制技术（单位:%）

行业	技术	2020 年	2030 年	2050 年
工业炉窑（钢铁）	大型烧结机比例	75	85	90
	100t 及以上炼钢转炉比例	70	80	90
	静电/布袋比例	54/46	50/50	35/65
	干法/氨法/钙法脱硫技术比例	35/15/20	35/20/25	25/20/25
	SCR 技术比例	无	15	25
	多种污染物协同脱除技术比例（硫资源可回收的多脱技术比例）	5（无）	10（5）	30（20）
工业炉窑（建材水泥）	新型干法炉窑比例	80	90	100
	静电/布袋除尘技术比例	28/72	20/80	10/90
	干法/湿法脱硫技术比例	25/15	30/20	30/20
	低氮燃烧/SNCR 技术比例	30/10	55/20	70/40
	多种污染物协同脱除技术比例（硫资源可回收的多脱技术比例）	20（10）	30（20）	50（40）

以基准年排放系数下的污染物排放量为基准，计算目标年工业炉窑各行业污染物的减排量，如表 5-27 和表 5-28 所示。

表 5-27　目标年工业锅炉污染物减排量（与基准排放系数情形相比）　（单位：万 t）

参数	2020 年	2030 年	2050 年
烟尘排放	327.46	388.08	461.51
SO_2 排放	185.00	333.75	456.88
NO_x 排放	31.68	69.32	155.78

表 5-28　目标年工业炉窑污染物减排量（与基准排放系数情形相比）　（单位：万 t）

参数	行业	2020 年	2030 年	2050 年
烟尘排放	工业炉窑（钢铁）	52.90	54.07	48.77
	工业炉窑（建材水泥）	137.75	134.67	108.50
SO_2 排放	工业炉窑（钢铁）	107.66	127.15	115.12
	工业炉窑（建材水泥）	52.30	57.60	48.20
NO_x 排放	工业炉窑（钢铁）	5.70	20.36	39.00
	工业炉窑（建材水泥）	48.80	85.60	89.20

根据各污染物控制技术的应用比例、平均成本和新增污染物减排量，计算得到工业锅炉目标年各种新增污染物控制装备的运行成本测算如图5-7所示。

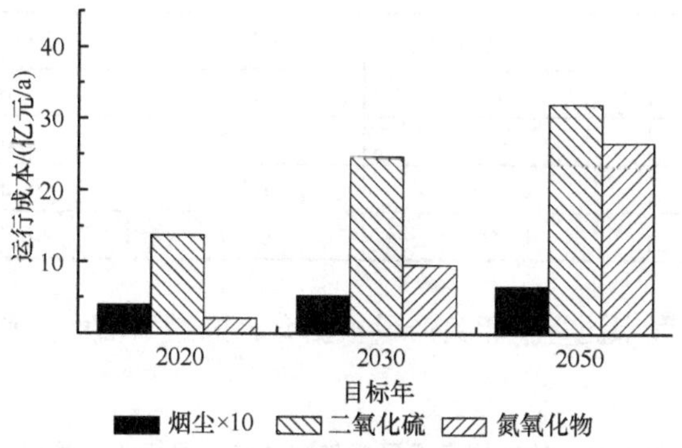

图5-7　情景2工业锅炉目标年污染物减排成本

工业炉窑（钢铁和建材水泥）目标年各种新增污染物控制装备的运行成本测算如图5-8所示。

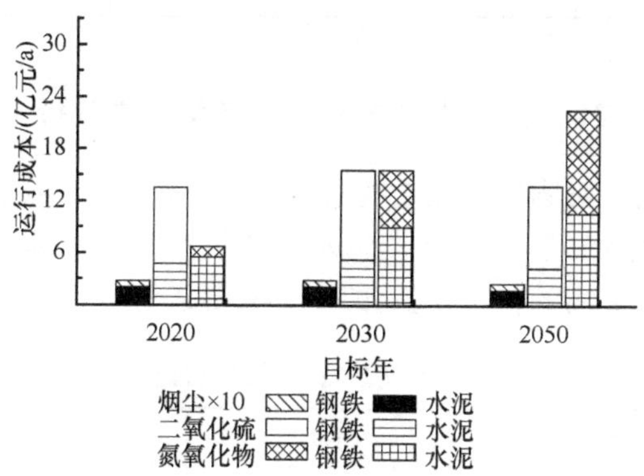

图5-8　情景2工业炉窑目标年污染物减排成本

5.5.1.2　相关能源战略研究预测的燃煤量下的排放预测及减排成本分析

根据中国工程院《中国能源中长期（2030，2050）发展战略研究》、《科学发展的2030年国家能源战略研究报告》、工业炉窑煤炭消耗比例数据，确定约束情境下目标年煤炭消费需求，见表5-29。

表5-29　科学发展情景下工业炉窑煤炭消费量预测

项目	2008年	2020年	2030年	2050年
全国煤炭需求总量/亿t	27.19	34.50	40.40	37.70
工业锅炉和炉窑占比例/%	—	20.00	18.00	15.00
工业锅炉和炉窑煤炭消耗/亿t	11.29	6.90	7.27	5.66

根据基准年工业锅炉和炉窑煤炭消耗的大致比例确定目标年工业锅炉和炉窑的煤炭消耗比例。工业炉窑中，根据钢铁行业和水泥行业产量和单位产品煤耗的相关数据，确定两者目标年的燃煤消耗比例，从而得到约束情景下工业炉窑各行业的燃煤消耗预测数

据，见表5-30。

表5-30　约束情景下目标年煤炭消耗测算　(单位：亿t)

项目	2008年（基准年）	2020年	2030年	2050年
工业锅炉	6.40	3.45	3.60	2.80
工业炉窑（钢铁）	2.41	2.00	2.30	1.80
工业炉窑（建材水泥）	2.48	1.45	1.37	1.06
总计	11.29	6.90	7.27	5.66

约束情景下钢铁和水泥行业相关产量根据允许的燃煤消耗量和相关单位产品煤耗数据测算，见表5-31。

表5-31　约束情景下目标年钢铁和水泥行业产量测算　(单位：亿t)

项目	2008年（基准年）	2020年	2030年	2050年
钢铁	5.00	4.44	5.35	4.39
水泥	13.88	12.08	12.45	10.60

(1) 现有技术、标准、政策下的排放预测及减排成本分析

本情景下目标年的污染物排放系数见表5-32和表5-33。根据约束情境下工业锅炉燃煤量、工业炉窑（钢铁）行业钢铁产量和工业炉窑（建材水泥）行业水泥产量的测算数据获得目标年各污染物的排放量，如表5-34和表5-35所示。

表5-32　工业锅炉行业污染物排放量预测　(单位：万t)

污染物	2008年	2020年	2030年	2050年
烟尘	379.96	76.66	40	12.44
SO_2	520	178.85	116.64	36.29
NO_x	188.16	81.14	74.09	41.16

表5-33　工业炉窑行业污染物排放量预测　(单位：万t)

行业	污染物	2008年	2020年	2030年	2050年
工业炉窑（钢铁）	烟尘	63.77	26.46	15.94	6.54
	SO_2	175.12	37.57	43.22	35.67
	NO_x	89	63.23	66.66	39.07
工业炉窑（建材水泥）	烟尘	160.2	38.73	28.51	19.42
	SO_2	102.02	62.15	54.9	38.96
	NO_x	161.01	70.06	57.77	36.89

以基准年排放系数下的污染物排放量为基准，计算目标年工业炉窑各行业污染物的减排量，如表5-36所示。

表 5-34 目标年工业锅炉污染物减排量（与基准排放系数情形相比） （单位：万 t）

参数	2020 年	2030 年	2050 年
烟尘排放	128.16	173.73	153.79
SO_2 排放	101.46	175.86	191.21
NO_x 排放	20.29	31.75	41.16

表 5-35 目标年工业炉窑污染物减排量（与基准排放系数情形相比） （单位：万 t）

参数	行业	2020 年	2030 年	2050 年
烟尘排放	工业炉窑（钢铁）	30.17	52.29	49.45
	工业炉窑（建材水泥）	100.69	115.18	102.92
SO_2 排放	工业炉窑（钢铁）	117.94	144.16	118.08
	工业炉窑（建材水泥）	26.64	36.60	38.96
NO_x 排放	工业炉窑（钢铁）	15.81	28.57	39.07
	工业炉窑（建材水泥）	70.06	86.65	86.07

表 5-36 工业锅炉目标年污染物排放量约束下的排放系数 （单位：kg/t）

污染物排放系数	2008 年（基准年）	2020 年	2030 年	2050 年
烟尘排放系数	5.94	2.90	2.08	1.96
SO_2 排放系数	8.13	8.13	8.13	8.13
NO_x 排放系数	2.94	2.94	2.94	2.14

根据各污染物控制技术的应用比例、平均成本和新增污染物减排量，计算得到工业锅炉目标年各种新增污染物控制装备的运行成本测算如图 5-9 所示。

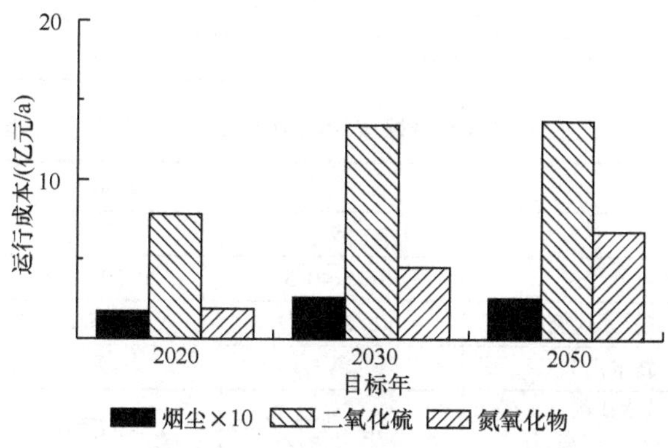

图 5-9 情景 3 工业锅炉目标年污染物减排成本

工业炉窑（钢铁和建材水泥）目标年各种新增污染物控制装备的运行成本测算如图 5-10 所示。

可以看出，在工业锅炉和工业炉窑行业燃煤消耗受约束的情况下，各种污染物减排成本相应减少。

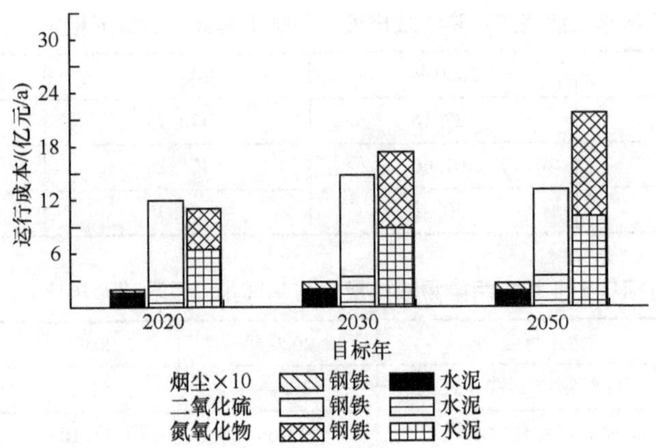

图 5-10 情景 3 工业炉窑目标年污染物减排成本

(2) 目标年污染物排放量约束下减排成本分析

根据工业锅炉行业燃煤量、工业炉窑（钢铁）行业钢铁产量和工业炉窑（建材水泥）行业水泥产量的目标年预测数据，计算得到工业锅炉和工业炉窑行业目标年污染物排放量约束下的排放系数，见表 5-36 和表 5-37。目标年污染物排放量约束下的技术支持见表 5-38 和表 5-39。

表 5-37 工业炉窑目标年污染物排放量约束下的排放系数 （单位：kg/t）

污染物排放系数	行业分类	2008 年（基准年）	2020	2030 年	2050 年
烟尘排放系数	工业炉窑（钢铁）	1.28	0.68	0.47	0.34
	工业炉窑（建材水泥）	1.15	0.58	0.40	0.28
SO_2 排放系数	工业炉窑（钢铁）	3.50	3.50	1.98	1.80
	工业炉窑（建材水泥）	0.74	0.74	0.41	0.41
NO_x 排放系数	工业炉窑（钢铁）	1.78	1.78	1.78	1.37
	工业炉窑（建材水泥）	1.16	1.16	1.16	0.75

表 5-38 工业锅炉行业目标年污染物排放量约束下的技术支持 （单位：%）

技术	2020 年	2030 年	2050 年
10 蒸吨以上锅炉比例	55	70	80
机械/湿法/静电/布袋技术比例	30/25/40/5	20/20/55/5	20/15/60/5
低硫煤/干法/湿法脱硫技术比例	10/25/25	10/25/25	10/15/15
低氮燃烧/SNCR/SCR 技术比例	无	无	30/20/5
多种污染物协同脱除技术比例（硫资源可回收的多脱技术比例）	无（无）	无（无）	20（10）

表 5-39 工业炉窑行业目标年污染物排放量约束下的技术支持 （单位：%）

行业	技术	2020 年	2030 年	2050 年
工业炉窑(钢铁)	大型烧结机比例	75	85	90
	100 吨及以上炼钢转炉比例	70	80	90
	机械/静电/布袋比例	5/65/30	无/55/45	无/40/60
	干法/氨法/钙法脱硫技术比例	13/13/13	20/40/15	20/40/10

续表

行业	技术	2020 年	2030 年	2050 年
工业炉窑(钢铁)	SCR 技术比例	无	无	15
	多种污染物协同脱除技术比例（硫资源可回收的多脱技术比例）	无（无）	无（无）	20（10）
工业炉窑（建材水泥）	新型干法炉窑比例	80	90	100
	静电/布袋除尘技术比例	45/55	30/70	15/85
	干法/湿法脱硫技术比例	无	40/30	30/20
	低氮燃烧/SNCR 技术比例	无	无	40/10
	多种污染物协同脱除技术比例（硫资源可回收的多脱技术比例）	无（无）	无（无）	20（10）

以基准年排放系数下的污染物排放量为基准，计算目标年工业炉窑各行业污染物的减排量，见表 5-40 和表 5-41。

表 5-40　目标年工业锅炉行业污染物减排量（与基准排放系数情形相比）　（单位：万 t）

参数	2020 年	2030 年	2050 年
烟尘排放	104.82	138.73	111.23
SO_2 排放	0.00	0.00	0.00
NO_x 排放	0.00	0.00	22.32

表 5-41　目标年工业炉窑行业污染物减排量（与基准排放系数情形相比）　（单位：万 t）

参数	行业	2020 年	2030 年	2050 年
烟尘排放	工业炉窑（钢铁）	26.63	43.23	40.99
	工业炉窑（建材水泥）	69.42	93.70	92.34
SO_2 排放	工业炉窑（钢铁）	0.00	81.38	74.72
	工业炉窑（建材水泥）	0.00	40.01	34.45
NO_x 排放	工业炉窑（钢铁）	0.00	0.00	18.14
	工业炉窑（建材水泥）	0.00	0.00	42.96

根据各污染物控制技术的应用比例、平均成本和新增污染物减排量，计算得到工业锅炉目标年各种新增污染物控制装备的运行成本测算如图 5-11 所示。

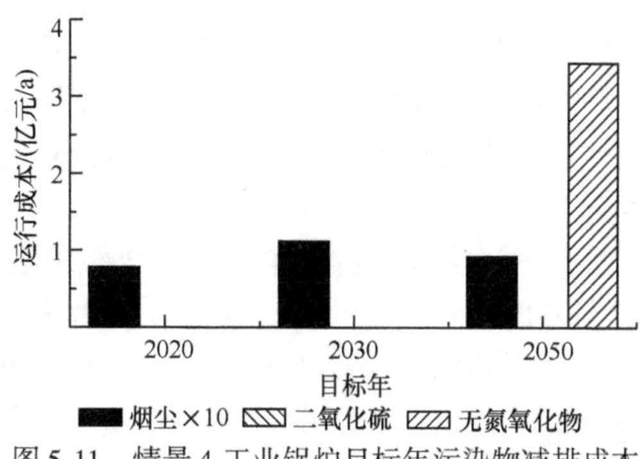

图 5-11　情景 4 工业锅炉目标年污染物减排成本

工业炉窑（钢铁和建材水泥）目标年各种新增污染物控制装备的运行成本测算如图 5-12 所示。

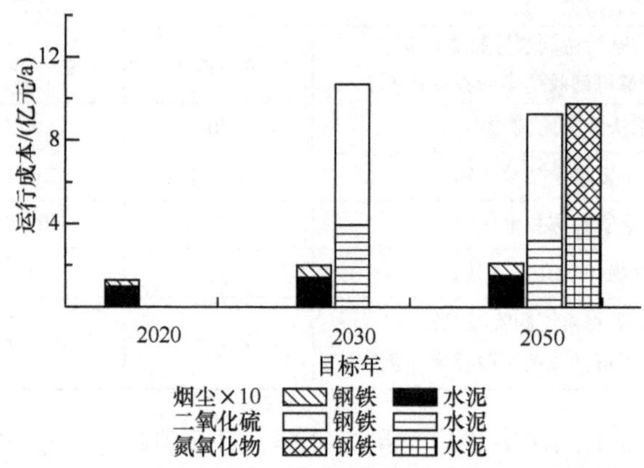

图 5-12　情景 4 工业炉窑目标年污染物减排成本

可以看出，在科学燃煤量下，工业锅炉和工业炉窑钢铁和水泥行业的污染物减排压力相对较小。由于燃煤量的大幅削减，工业锅炉行业烟尘和二氧化硫排放在各目标年仅用现有控制技术便可以达标，到 2050 年，需要发展一定比例的氮氧化物控制装备以达到排放要求。工业炉窑方面，2020 年之前，钢铁和水泥行业仅用现有控制技术便可以达标，2020 年以后，需要发展一定比例的二氧化硫控制装备，2030 年后，需要发展一定比例的氮氧化物控制装备。

5.5.2　燃煤污染控制技术路线

5.5.2.1　工业锅炉污染物控制技术路线

根据我国国情、能源战略和环境保护政策，未来相当长的时期内，煤炭仍然是我国主要能源。工业锅炉行业将以清洁能源替代、大型化和污染治理相结合为发展的主要方向，建议工业锅炉实施“清洁能源替代/规模化—污染物高效脱除—多种污染物协同控制/副产物回收利用”的污染物控制技术路线。

（1）近期：2010～2020 年

工艺方面，提高 10 蒸吨及以上大型锅炉比例至 60%，推广热电联产技术；10 蒸吨及以下锅炉全部采用清洁能源的替代技术改造，以及优先选用低硫煤、经加工的工业锅炉专用煤、固硫型煤以及秸秆生物质成型燃料等技术，提高燃烧低硫煤的比例至 30%，推广循环流化床燃烧技术。

烟尘控制方面，淘汰机械、湿法等落后除尘技术，全部采用静电和布袋除尘技术，比例各 50%；二氧化硫控制方面，烟气脱硫装置使用普及率达 75%，其中半干法和湿法脱硫技术比例至 55%，多种污染物协同技术的应用比例不小于 20%，其中硫资源可回收的多种污染物协同控制技术应用比例不小于 10%；氮氧化物控制方面，推广低氮燃烧技术，比例达 50%，SNCR 技术应用比例达 15%。

（2）中期：2021～2030 年

工艺方面，提高 10 蒸吨及以上大型锅炉比例至 70%，提高燃烧低硫煤的比例至 40%，推广热电联产技术和循环流化床燃烧技术。

烟尘控制方面，提高布袋除尘技术使用比例至 70%，适当推广除尘新技术。二氧化硫控制方面，烟气脱硫装置使用普及率达 85%，其中半干法和湿法脱硫技术比例至 65%，多种污染物协同技术的应用比例不小于 30%，其中硫资源可回收的多种污染物协同控制技术应用比例不小于 20%；氮氧化物控制方面，提高低氮燃烧技术比例至 70%，SNCR 技术应用比例达 20%。

（3）远期：2031～2050 年

工艺方面，提高 10 蒸吨及以上大型锅炉比例至 80%，提高燃烧低硫煤的比例至 50%，推广热电联产技术和循环流化床燃烧技术。

烟尘控制方面，提高布袋除尘技术使用比例至 90%，推广除尘新技术。二氧化硫控制方面，全部采用烟气脱硫装置，半干法和湿法脱硫技术比例 50%，多种污染物协同技术的应用比例不小于 50%，其中硫资源可回收的多种污染物协同控制技术应用比例不小于 40%；氮氧化物控制方面，提高低氮燃烧技术比例至 90%，SNCR 技术应用比例达 30%。

5.5.2.2　工业炉窑污染物控制技术路线

在国家政策和行业标准的推动下，未来我国工业炉窑行业逐渐向高效、清洁的生产方式转变。建议工业炉窑钢铁和建材水泥行业实施“先进工艺—污染物高效脱除—多种污染物协同控制/副产物回收利用”的污染控制技术路线。

（1）近期：2010～2020 年

工艺方面，钢铁行业大型烧结机的比例增加至 75%，100t 及以上炼钢转炉比例增加至 70%，水泥行业新型干法窑比例增加至 80%。

烟尘控制方面，钢铁行业全部采用静电和布袋除尘技术，各占 50%，水泥行业提高布袋除尘技术比例至 78%，鼓励除尘新技术应用。二氧化硫控制方面，钢铁行业烟气脱硫装置使用普及率达 100%，其中干法和湿法脱硫技术比例达 80%；鼓励多种污染物协同技术的应用，比例不小于 20%，其中硫资源可回收的多种污染物协同控制技术应用比例不小于 10%。水泥行业烟气脱硫装置使用普及率达 45%，其中干法和湿法脱硫技术比例达 25%；鼓励多种污染物协同技术的应用，比例不小于 20%，其中硫资源可回收的多种污染物协同控制技术应用比例不小于 10%。氮氧化物控制方面，钢铁行业推广 SCR 技术，比例不小于 10%。水泥行业，推广低氮燃烧技术，比例不小于 65%，SNCR 技术应用比例不小于 35%。

（2）中期：2021～2030 年

工艺方面，钢铁行业大型烧结机的比例增加至 85%，100t 及以上炼钢转炉比例增加至80%，水泥行业新型干法窑比例增加至90%。

烟尘控制方面，钢铁行业提高布袋除尘技术使用比例至80%，水泥行业提高布袋除尘技术比例至95%，鼓励除尘新技术应用。二氧化硫控制方面，钢铁行业烟气脱硫装置使用普及率达100%，其中干法和湿法脱硫技术比例达70%；多种污染物协同技术的应用比例不小于30%，其中硫资源可回收的多种污染物协同控制技术应用比例不小于20%。水泥行业烟气脱硫装置使用普及率达70%，其中干法和湿法脱硫技术比例达40%；多种污染物协同技术的应用比例不小于30%，其中硫资源可回收的多种污染物协同控制技术应用比例不小于20%。氮氧化物控制方面，钢铁行业SCR技术应用比例不小于20%。水泥行业，推广低氮燃烧技术，比例不小于70%，SNCR技术应用比例不小于40%。

（3）远期：2031～2050年

工艺方面，钢铁行业大型烧结机的比例增加至90%，100t及以上炼钢转炉比例增加至90%，水泥行业全部采用新型干法窑。

烟尘控制方面，钢铁行业提高布袋除尘技术使用比例至95%，水泥行业全部采用布袋除尘技术，鼓励除尘新技术应用。二氧化硫控制方面，钢铁行业烟气脱硫装置使用普及率达100%，其中干法和湿法脱硫技术比例不小于50%；多种污染物协同技术的应用比例不小于50%，其中硫资源可回收的多种污染物协同控制技术应用比例不小于40%。水泥行业烟气脱硫装置使用普及率达90%，其中干法和湿法脱硫技术比例不小于40%；多种污染物协同控制技术的应用比例不小于50%，其中硫资源可回收的多种污染物协同控制技术应用比例不小于40%。氮氧化物控制方面，钢铁行业SCR技术应用比例不小于30%。水泥行业，推广低氮燃烧技术，比例不小于75%，SNCR技术应用比例不小于50%。

5.5.3 政策建议

课题组提出以下政策建议。

（1）从产业规划和产业政策上加强引导，规范行业发展

工业锅炉方面，加大洗选煤和低硫煤在工业锅炉的使用，提高用煤质量水平；积极发展城市集中供热，积极推广生物质成型燃料技术，小型锅炉改为热电联产、改烧清洁替代燃料。鼓励发展循环流化床锅炉和小型煤粉锅炉技术，提高燃煤工业锅炉的能源利用效率。

工业炉窑方面，加大力度逐步淘汰落后产能，在钢铁行业逐步提高大型烧结机和100t及以上炼钢转炉的比例，在水泥行业逐步提高先进干法炉窑的比例。

（2）制定更严格的大气污染排放标准，引导产业进行先进污染物控制装备升级

要强化污染物的总量控制制度，制定更严格的工业炉窑污染物排放标准。新建、扩建、改建炉窑应根据排放标准和建设项目环境影响报告书批复要求，建设烟气污染物控制设施。要逐步淘汰机械、湿式等落后除尘装备，普及静电、布袋除尘装备，鼓励电袋复合式新除尘技术的应用；要推广干法、湿法脱硫技术，推广低氮燃烧技术，SNCR、SCR 脱硝技术，鼓励更经济高效的多种污染物协同控制技术的开发应用。

（3）加强监管和执法力度

加大行业管理的力度，制定科学的产业规划来控制行业的发展规模，通过调整、重组，形成产业布局合理、企业间分工协作有序的局面，做大做强企业。同时提高产品技术和标准水平，加强产业政策的制定和完善，引导鼓励高效节能环保的工业炉窑新产品的开发和现代制造服务业的引入，促使那些技术含量低的产品自然淘汰。

各级环境保护行政主管部门要进一步加强对工业锅炉和炉窑行业污染物排放的监测和监督，加强对企业重点排放设备监督管理，建立和完善工业炉窑行业减排统计、监测和考核体系，定期组织相关分析，开展预测预警工作。定期公告落后产能企业名单，进一步完善落后产能退出的资金补贴政策机制，加大政策执行力度。

（4）加大国家对工业锅炉和炉窑污染物控制技术的研发投入，增强创新能力

根据技术创新战略，加大在工业锅炉和炉窑研发技术的投入，鼓励工业锅炉和炉窑行业中的骨干企业建立研发中心，研制开发新产品。同时提升高校和科研院所的基础理论研究及试验测试水平，通过产业联盟的合作形式，开展共性技术和集成技术研究，加强技术攻关和成果示范和推广，增强原始创新能力，引导行业传统技术优化、关键技术的创新和核心技术的突破，形成一批拥有自主知识产权的技术、产品和标准，建立一批效果显著的系统集成技术示范。相应建议如下。

1）鼓励适合燃煤工业锅炉和工业炉窑的烟气高效脱硫脱硝脱汞协同控制技术的研发，开展联合攻关，并纳入国家科技专项计划。

2）鼓励资源回收利用技术的研发，开展联合攻关，并纳入国家科技专项技术。

第 6 章　中长期的碳捕集与封存技术发展

6.1　CO_2 捕集与封存技术研究背景

CO_2 捕集与封存（carbon dioxide capture and storage，CCS）是指将 CO_2 从工业或相关能源的源分离出来，输送到一个封存地点，并且长期与大气隔绝的过程，如图 6-1 所示（Metz et al.，2007）。CO_2 主要是从化石燃料的燃烧中排放，既包括大型燃烧设备，如用于发电的设备，也包括小型分散源，如汽车发动机，以及包括民居和商业建筑中使用的燃炉。CO_2 的排放还源于某些工业和资源的提炼过程，以及源于烧林开垦土地的过程。CCS 很可能应用于大的 CO_2 点源，如发电厂或大的工业流程。其中某些源可以为交通、工业和建筑行业提供脱碳燃料，如氢，因此将减少分散源的排放。图 6-1 显示 CCS 过程的三个主要组成部分：捕集、运输和封存。所有三个部分都存在于当今的工业生产中，尽管其中多数并非为了 CO_2 的封存。捕集步骤包括把 CO_2 从其他气体产品中分离出来。对于燃料的燃烧过程，如电厂中的燃烧过程，可以采用分离技术在燃烧后捕获 CO_2，或者在燃烧前对燃料进行脱碳。为了把捕获的 CO_2 运输到距 CO_2 源较远的合适封存地点，需要采取运输步骤。为了便于运输和封存，捕获的 CO_2 通常由捕获设备进行高浓度压缩。潜在的封存方法包括注入地下地质构造中、注入深海，或者通过工业流程将其凝固在无机碳酸盐之中。某些工业流程也可在生产产品过程中利用和存储少量被捕获的 CO_2。

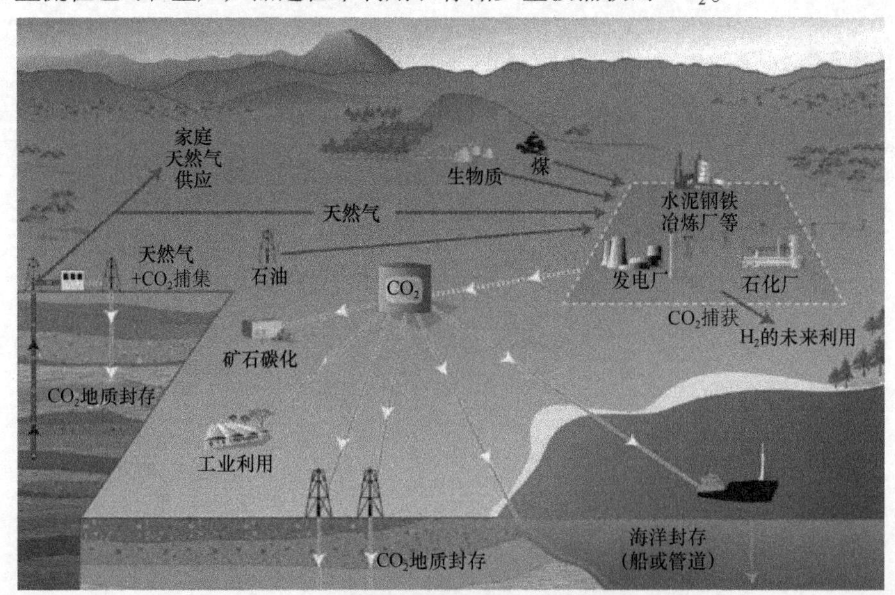

图 6-1　CO_2 捕集与封存技术（CCS）示意图

资料来源：Metz et al.，2007

6.2　CO_2 捕集技术简述

6.2.1　典型的 CO_2 捕集系统

在电力部门中进行 CO_2 捕集主要包括三个典型的技术类别，这些从电厂捕集 CO_2 的技术可以联合或整合在一起用于不同的生产过程。

燃烧后系统：从尾气中捕集 CO_2。

燃烧前系统：燃料首先制成氢气和 CO_2，然后从高压高浓度的气体中捕集 CO_2。

富氧燃烧系统：通过富氧燃烧，形成高浓度的 CO_2 尾气。

很多学者已对其流程进行了详细的介绍，本书不再赘述。

6.2.2　燃烧后 CO_2 捕集系统

在燃烧后捕集过程中，CO_2 分离需要相对清洁的尾气。捕集装置一般设计在静电除尘器、脱硫脱硝装置之后，因为 SO_2 和 NO_x 这些酸性气体会使捕集设备中的溶剂中毒，颗粒物质会影响溶剂性能并毁坏设备。CO_2 分离装置主要是对尾气中 CO_2 和 N_2 的分离，因为尾气中 CO_2 的浓度较低，从而增加了分离的成本。

基于吸收法的燃烧后捕获技术已经被证实可以商业化。胺吸收法是当前最现实的选择。燃烧后捕集技术当前主要用于生产供给食品和饮料用的 CO_2，单套装置的规模可达到600～800t CO_2/d。2008年7月16日中国首个燃煤电厂 CO_2 捕集示范工程——华能北京热电厂 CO_2 捕集示范工程正式建成投产，并成功捕集出纯度为99.99%的 CO_2，捕集后的 CO_2 用于食品加工工业。这一工程由西安热工研究院完成，全部采用国产设备。目前 CO_2 回收率大于85%，年可回收 CO_2 3000t。

6.2.3　燃烧前 CO_2 捕集系统

典型的燃烧前 CO_2 捕集系统，即将化石燃料经过一系列化学反应，生成氢气和 CO_2，然后进行分离，将 CO_2 捕集。

气化炉、转化反应、空气分离、氢气分离和氢气透平等是进行 CO_2 捕获的IGCC电厂中重要部分。对于一个燃煤的IGCC电厂，用于生产氧气的电力占整个IGCC电厂发电量的10%，用于压缩 CO_2 的能量占电力输出的8%，气化效率依赖于合成气净化技术，为75%～90%。低温的气体清洁技术是一种可用的技术，但是与未来高温的气体净化技术相比，它造成了能量损失，未达到商业应用的规模。用于转化反应的能量占4%。由于天然气的成分不同，以上的评估没有考虑汽轮机效率的差别。

6.2.4　富氧燃烧

富氧燃烧是另一个非常有前途的 CO_2 捕获方法。通过使用氧气代替空气，在燃烧中会产生相对较纯的 CO_2。氧气燃料可以用于蒸汽循环和汽轮机，但是需要空气分离设备。在汽轮机的情况下，为获得汽轮机需要的温度，需要重新设计整体过程。一种方法是循环 CO_2 以冷却汽轮机（如MATIANT循环）；另一种方法是使用蒸汽与尾气的混合气体作为工质（如 Gray 循环）。一些人指出，油甚至是煤的富氧燃烧系统效率将低于燃烧后吸附的效率，因为需要大量的氧气以及在制造氧气时消耗了大量的能量。然而这并没有考虑氧气制造方面实质改善的可能。虽然对于富氧燃烧在天然气循环和燃煤蒸汽循环方面是否存在优势还有一定的争议，但是燃烧前分离 CO_2 与吹入氧气的气化技术结合，联合使用氢气透平，对于煤燃烧的 IGCC 非常需要。

6.3 中国碳捕集、利用与封存技术的发展现状

碳捕集、利用与封存（CCUS）技术总体上仍处在研发和示范阶段。近年来，中国对 CCUS 技术的发展给予了积极的关注，在相关技术政策、研发示范、能力建设、国际合作等方面开展了一系列工作。

尽管起步较晚，中国 CCUS 技术发展在近些年来取得了长足进步，已围绕 CCUS 相关理论、关键技术和配套政策的研究开展了很多工作，建立了一批专业研究队伍，取得了一些有自主知识产权的技术成果，成功开展了工业级技术示范。

捕集方面，围绕低能耗吸收剂、不同技术路线捕集工艺等关键技术环节开展了一系列研究，已开发出可商业化应用的胺吸收剂，建成了不同燃煤电厂 CO_2 捕集万吨级/年和 10 万吨级/年规模的工业示范。

运输方面，借鉴油气管输经验，开展了低压 CO_2 运输工程应用，高压、低温和超临界 CO_2 运输研究刚起步。

利用方面，围绕 CO_2 驱油、驱煤层气、CO_2 生物转化和化工合成等不同途径开展理论和关键技术研究，已开展 CO_2 驱油工业试验，建成微藻制生物柴油中试和小规模的 CO_2 制可降解塑料生产线。

封存方面，已启动全国 CO_2 地质储存潜力评价，初步结果表明，我国 CO_2 地质储存主要空间类型为深部咸水层，潜力可观；咸水层封存处在示范研究阶段。

经过近年来的努力，中国在 CCUS 技术链各环节都已具备一定的研发基础，但是，相比国际先进水平我国整体上仍存在较大差距，尤其是在 CO_2 驱油与地质封存相关理论、CO_2 封存的监测和预警等核心技术，以及大规模 CO_2 运输与封存工程经验等方面。

6.3.1 中国政府高度重视引导 CCUS 技术发展

目前，中国有多个技术政策文件，包括《国家中长期科学和技术发展规划纲要（2006—2020 年）》《中国应对气候变化国家方案》《中国应对气候变化科技专项行动》《国家“十二五”科学和技术发展规划》等均将 CCUS 技术列为重点发展的减缓气候变化技术，积极引导 CCUS 技术的研发与示范。

(1)《国家中长期科学和技术发展规划纲要（2006—2020 年）》

国务院于 2006 年 2 月发布《国家中长期科学和技术发展规划纲要（2006—2020 年）》(以下简称《规划纲要》)。《规划纲要》共 10 个部分，分别为序言、指导方

针、发展目标和总体部署、重点领域及其优先主题、重大专项、前沿技术、基础研究、科技体制改革与国家创新体系建设、若干重要政策和措施、科技投入与科技基础条件平台、人才队伍建设。CCUS 技术被《规划纲要》列为前沿技术之一。

（2）《中国应对气候变化国家方案》

国务院于 2007 年 6 月发布《中国应对气候变化国家方案》（以下简称《国家方案》）。《国家方案》将发展 CCUS 技术列入温室气体减排的重点领域："大力开发煤液化以及煤气化、煤化工等转化技术、以煤气化为基础的多联产系统技术、二氧化碳捕获及利用、封存技术等。"

（3）《中国应对气候变化科技专项行动》

2007 年 6 月，科学技术部联合国家发展和改革委员会、外交部等 14 个部门联合发布《中国应对气候变化科技专项行动》（以下简称《专项行动》），旨在统筹协调中国气候变化的科学研究与技术开发，全面提高国家应对气候变化的科技能力。《专项行动》把发展 CCUS 技术列入控制温室气体排放的重点领域："控制温室气体排放和减缓气候变化的技术开发：二氧化碳捕集、利用与封存技术。"

（4）《国家"十二五"科学和技术发展规划》

2011 年 7 月，科学技术部会同国家发展和改革委员会、财政部、教育部、中国科学院、中国工程院、国家自然科学基金委员会、中国科学技术协会、国家国防科技工业局等有关单位，联合发布了《国家"十二五"科学和技术发展规划》，旨在深入实施中长期科技、教育、人才规划纲要，充分发挥科技进步和创新对加快转变经济发展方式的重要支撑作用。《国家"十二五"科学和技术发展规划》中两次提出加强 CCUS 技术研发，包括将 CCUS 技术作为培育和发展节能环保战略性新兴产业的重要技术之一，以及作为支撑可持续发展、有效应对气候变化的技术措施。"发展林草固碳等增汇、土地利用和农业减排温室气体、二氧化碳捕集利用与封存等技术。""积极发展更高参数的超超临界洁净煤发电技术，开发燃煤电站二氧化碳的收集、利用、封存技术及污染物控制技术，有序建设煤制燃料升级示范工程。"

（5）《中国碳捕集、利用与封存技术发展路线图》研究报告

为明确我国发展 CCUS 的定位、发展目标、研究重点和技术示范部署策略，科学技术部社会发展科技司和中国 21 世纪议程管理中心动员了来自科研机构和企业的近百位专家参与，于 2011 年 9 月完成了《中国碳捕集、利用与封存技术发展路线图》研究报告。

该路线图较系统地评估了我国 CCUS 技术发展现状，提出了我国 CCUS 技术发展的愿景和未来 20 年的技术发展目标，识别出各阶段应优先开展的研发与示范行动，并针对我国全流程 CCUS 示范部署、研发与示范技术政策和产业化政策研究等提出建议。

6.3.2 CCUS 技术研发投入持续加大

"十五"以来国家"973"计划和"863"计划等有关国家科技计划先后围绕 CCUS 减排潜力、CO_2 捕集、CO_2 生物转化利用、CO_2 驱油和地质封存相关的基础研究、技术研发与示范等方面进行了较系统的部署，涉及不同种类的 CO_2 排放源、不同的捕集技术方向、不同的 CO_2 转化和利用模式等。国家重大科技专项"大型油气田及煤层气开发"围绕 CO_2 驱油、驱煤层气技术研发与工程示范进行了部署。

经初步统计，仅"十一五"期间，相关国家科技计划和科技专项针对 CCUS 基础研究与技术开发部署项目共约 20 项，总经费超过 10 亿元，其中公共财政支持约 2 亿元。"十二五"期间，针对全流程技术示范的投入力度明显加强，仅 2011 年，相关国家科技计划和科技专项已部署项目约 10 项，总经费超过 20 亿元，其中公共财政支持超过 4 亿元。

政府支持的主要 CCUS 技术研发项目总体情况见表 6-1。

表 6-1　中国政府支持的部分 CCUS 技术研发项目

项目名称	资助来源/渠道	执行时间	主要参与单位
温室气体提高石油采收率的资源化利用及地下埋存	"十一五""973"计划	2006～2010 年	中国石油集团科学技术研究院、华中科技大学、中国科学院地质与地球物理研究所、中国石油大学（北京）等
CO_2 减排、储存与资源化利用的基础研究	"十二五""973"计划	2011～2015 年	中国石油集团科学技术研究院等
CO_2 的捕集与封存技术	"十一五""863"计划	2008～2010 年	清华大学、华东理工大学、中国科学院地质与地球物理研究所等
CO_2 驱油提高石油采收率与封存关键技术研究		2009～2011 年	中国石油集团科学技术研究院、中国石油化工集团勘探开发研究院等
新型 O_2/CO_2 循环燃烧设备研发与系统优化		2009～2011 年	华中科技大学等
CO_2 油藻-生物柴油关键技术研究		2009～2011 年	新奥集团、暨南大学等
含 CO_2 天然气藏安全开发与 CO_2 利用技术	"十一五"国家"大型油气田及煤层气开发"重大科技专项	2008～2010 年	中国石油集团科学技术研究院、中石油吉林油田分公司等
松辽盆地含 CO_2 火山岩气藏开发及利用示范工程		2008～2010 年	中石油吉林油田分公司、中国石油集团科学技术研究院等
超重力法 CO_2 捕集纯化技术及应用示范	"十一五"国家科技支撑计划（支撑计划）	2008～2010 年	中石化胜利油田分公司、北京化工大学、北京工业大学、中国石油大学（华东）等

续表

项目名称	资助来源/渠道	执行时间	主要参与单位
35MW·t富氧燃烧碳捕获关键技术、装备研发及工程示范	“十二五”支撑计划	2011～2014年	华中科技大学、东方电气集团、四川空分设备集团等
30万t煤制油工程高浓度CO_2捕集与地质封存技术开发与示范		2011～2014年	神华集团、北京低碳清洁能源研究所、中国科学院武汉岩土力学所等
高炉炼铁CO_2减排与利用关键技术开发		2011～2014年	中国金属学会、钢铁研究总院等
基于IGCC的CO_2捕集、利用与封存技术研究与示范	“十二五”“863”计划	2011～2013年	华能集团、清华大学、中国科学院热物理所等
CO_2驱油与埋存关键技术	“十二五”国家“大型油气田及煤层气开发”重大科技专项	2011～2015年	中国石油集团科学技术研究院、中石油吉林油田分公司等
松辽盆地CO_2驱油与埋存技术示范工程		2011～2015年	中石油吉林油田分公司、中国石油集团科学技术研究院等
中联煤深煤层气开发技术试验项目		2011～2015年	中联煤层气公司等

6.3.3　初步建成一批CCUS试点示范

近年来，中国企业积极开展CCUS技术研发与示范活动，在国家相关技术政策引导和各级政府及不同部门的支持配合下，已建成多个万吨以上级CO_2捕集示范装置，最大捕集能力超过10万t/a；开展了CO_2驱油与封存先导试验，最大单独项目已控制封存CO_2约16.7万t；启动了10万t/a级陆上咸水层CO_2封存示范；建成4万t规模的全流程燃煤电厂CO_2捕集与驱油示范，见表6-2。

表6-2　中国一批CCUS工业试点和示范工程的情况

项目名称	地点	规模	示范内容	现状
中国石油吉林油田CO_2 EOR研究与示范	吉林油田	封存量：约10万t/a	CCS-EOR	2007年投运
中科金龙CO_2化工利用项目	江苏泰兴	利用量：约8000t/a	酒精厂CO_2化工利用	2007年投运
华能集团北京热电厂捕集试验项目	北京高碑店	捕集量：3000t/a	燃烧后捕集	2008年投运
中海油CO_2制可降解塑料项目	海南东方市	利用量：2100t/a	天然气分离CO_2化工利用	2009年投运
华能集团上海石洞口捕集示范项目	上海石洞口	捕集量：12万t/a	燃烧后捕集	2009年投运

续表

项目名称	地点	规模	示范内容	现状
中电投重庆双槐电厂碳捕集示范项目	重庆合川	捕集量：1 万 t/a	燃烧后捕集	2010 年投运
中石化胜利油田 CO_2 捕集和驱油小型示范	胜利油田	捕集和利用量 4 万 t/a	燃烧后捕集 CCS-EOR	2010 年投运
神华集团煤制油 CO_2 捕集与封存示范	内蒙古鄂尔多斯	捕集量：10 万 t/a 封存量：约 10 万 t/a	煤液化厂捕集+咸水层	2011 年投运
新奥集团微藻固碳生物能源示范项目	内蒙古达拉特旗	拟利用量：约 2 万 t/a	煤化工烟气生物利用	一期投产；二期在建；三期筹备
华能绿色煤电 IGCC 电厂捕集、利用和封存示范	天津滨海新区	捕集量：6 万～10 万 t/a	燃烧前捕集 CCS-EOR	2011 年启动
华中科技大学 35MW·t 富氧燃烧技术研究与示范	湖北应城市	捕集量：5 万～10 万 t/a	富氧燃烧捕集+盐矿封存	2011 年项目启动

目前，还有多个企业正在开展 CCUS 项目的前期筹备，这些筹备项目的捕集量多在 50 万 t/a 以上，并将煤化工与 EOR 和地质封存相结合。部分筹备项目的具体情况见表 6-3。

表 6-3　中国 CCUS 技术部分筹建项目情况

项目名称	地点	规模	示范内容
国电集团 CO_2 捕集和利用示范工程	天津塘沽区	捕集量：2 万 t/a	燃烧后捕集
连云港清洁煤能源动力系统研究设施	江苏连云港	捕集量：50 万 t/a（一期），100 万 t/a（二期）	燃烧前捕集
中石化煤制气 CO_2 捕集和驱油封存示范工程	山东胜利油田	捕集利用量：70 万 t/a	煤制气捕集 CCS-EOR
中国石化集团胜利油田 CO_2 捕集与封存驱油示范工程	山东胜利油田	捕集利用量：50 万～100 万 t/a	燃烧后捕集 CCS-EOR
内蒙古 CO_2 地质储藏项目	内蒙古准格尔旗	拟封存量：100 万 t/a	煤化工烟气捕集+咸水层
大唐集团 100 万 t/a CO_2 捕集和利用示范工程	黑龙江大庆	捕集量：100 万 t/a	富氧燃烧+地质封存和油田驱油利用

6.3.4　CCUS 技术成为国际技术合作重点领域之一

中国积极参与碳收集领导人论坛（CSLF）、清洁能源部长级会议等多边框架合作，并组织国内研究机构和企业参与了与欧盟、美国、英国、澳大利亚、意大利、日本等国家和地区以及亚洲开发银行等国际组织开展的一系列双边和多边合作项目，包括“中美清洁能源研究中心”“中欧燃煤发电近零排放项目”等，加强了中方相关机构和企业的能力建设。

6.4　CO_2 捕集技术成本效率分析及对中国未来能源系统的影响

成本过高和额外能耗问题也是CCS技术迄今没有大规模应用的重要障碍，其中 CO_2 捕集成本占总成本的60%~80%。本节针对电力部门，重点总结并比较各种捕集技术成本，分析影响成本的重要因素，量化捕集过程中的效率损失、能源需求以及相关资源消耗。从而，结合中国未来发展趋势，分析实行 CO_2 捕集技术对中国能源和经济的影响，以及该技术在 CO_2 减排方面的重要意义。

6.4.1　电厂中进行 CO_2 捕集的经济性分析

CCS技术的总成本包括 CO_2 捕集和压缩成本、CO_2 运输成本以及封存成本。表6-4总结了应用现有商业化技术的大型新电厂的 CO_2 捕集成本（Metz et al.，2007）。该成本中包括了 CO_2 压缩成本，但不包括 CO_2 运输及封存成本。其中，天然气联合循环（NGCC）电厂的天然气原料价格为2.8~4.4 \$/GJ，煤粉炉（PC）电厂和整体煤气化联合循环（IGCC）电厂的生煤价格为1.0~1.5 \$/GJ；煤粉炉电厂均采用超临界机组；电厂的装机容量为无捕集时400~800MW，捕集后为300~700MW。由于对技术、经济以及运行的不同假设使得不同系统的成本估计是有差异的。现有的 CO_2 捕集系统使电厂单位发电量的 CO_2 排放减小85%~90%。考虑捕集后，发电成本将由31~61 \$/（MW·h）上升到43~86 \$/（MW·h）。CO_2 捕集成本为11~57 \$/t CO_2，减排成本为13~74 \$/t CO_2，见表6-4。

表6-4　应用现有商业化技术的大型新电厂 CO_2 捕集成本

参数	新NGCC电厂		新PC电厂		新IGCC电厂	
	范围	代表值	范围	代表值	范围	代表值
无捕集时排放因子/[kg CO_2/(MW·h)]	344~379	367	736~811	762	682~846	773
捕集后排放因子/[kg CO_2/(MW·h)]	40~66	52	92~145	112	65~152	108
单位发电量碳减排率/%	83~88	86	81~88	85	81~91	86
无捕集电厂投资成本/[\$/(kW)]	515~724	568	1161~1486	1286	1169~1565	1326
捕集后电厂投资成本/[\$/(kW)]	909~1261	998	1894~2578	2096	1414~2270	1825
捕集后电厂投资成本增加率/%	64~100	76	44~74	63	19~66	37
无捕集发电成本/[\$/(MW·h)]	31~50	37	43~52	46	41~61	47
捕集后发电成本/[\$/(MW·h)]	43~72	54	62~86	73	54~79	62
捕集后发电成本增加值/[\$/(MW·h)]	12~24	17	18~34	27	9~22	16
捕集后发电成本增加率/%	37~69	46	42~66	57	20~55	33
CO_2 捕集成本/[\$/tCO_2]	33~57	44	23~44	31	11~32	19
CO_2 减排成本/[\$/tCO_2]	37~74	53	29~51	41	13~37	23

CO_2 捕集系统设计的不同会造成捕集成本的差异，但是造成捕集成本差异的主要原因是对电厂设计、运行等的假设，包括电厂规模、位置、效率、燃料类型、燃料成本、年运行小时数以及投资成本等。此外，在计算发电成本时，各因素所占比例的不同也导致了最终结果的不同。

图 6-2 分别给出了在不同类型的 500MW 电厂中采用胺法吸收技术进行 CO_2 捕集的电厂投资成本、发电成本和减排成本，对于超临界煤粉炉还比较了采用富氧燃烧进行捕集的情况。MIT 的 Deutch 和 Moniz（2006）图中数据采用平准化的发电成本计算方法，通过使用贴现率将未来各个时段的支出折算成为 2005 年的现值，对各经济因素所占比例进行了统一，所得到的电厂投资成本和发电成本避免了由于电厂规模、燃料成本等因素对最终结果的影响。对于近临界 PC、超临界 PC 和超超临界 PC，采用燃烧后捕集的方法，电厂投资成本增加了 54%～74%，发电成本增加了 57%～69%，成本的增加对于效率相对较低的近临界电厂影响大于效率较高的超临界和超超临界电厂。

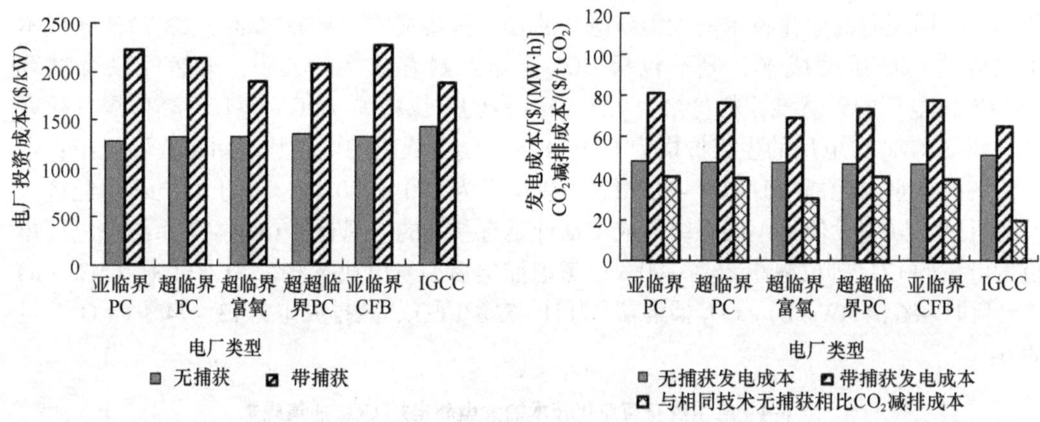

图 6-2　在不同电厂中进行捕集和不进行捕集的电厂投资成本、发电成本和减排成本对比

以上分析捕集技术成本均采用了现阶段已经商业化的捕集技术。目前，国际上众多国家相继开始研发更为高效且低成本的能量转换及捕集技术。图 6-3 给出了随着技术进步，采用不同 CO_2 捕集技术的发电成本分析。对于燃烧后捕集的煤粉电厂，开发新型的 CO_2 分离方法，并结合联合脱除技术以及副产品的销售，可使发电成本从 72.7 $/(MW · h) 降低到 59.7 $/(MW · h)；若采用超超临界富氧燃烧系统，并结合联合脱除和 ITM 技术，使发电成本降到 55.6 $/(MW · h)，比不带捕集电厂发电成本增加 11%。对于燃烧前捕集的 IGCC 系统，在目前 Selexol 法吸附的基础上，开发联合脱除和离子传输膜（ITM）技术，可使发电成本从 60.1 $/(MW · h) 降低到 54.8 $/(MW · h)；开发可选择性水煤气转换技术，并结合联合脱除和 ITM 技术，可使发电成本降到 51.3 $/(MW · h)；化学链是未来非常有希望的突破性技术，若采用化学链的方法提供氧气，并结合联合脱除技术，也可使发电成本降到 51.3 $/(MW · h)，比不带捕集的电厂成本增加了 3%。可见，随着 CO_2 分离技术、汽轮机技术、气化炉设计、制氧系统、碳捕集技术等的改进以及整个电厂的优化管理，考虑 CO_2 捕集的电厂成本将有望下降。

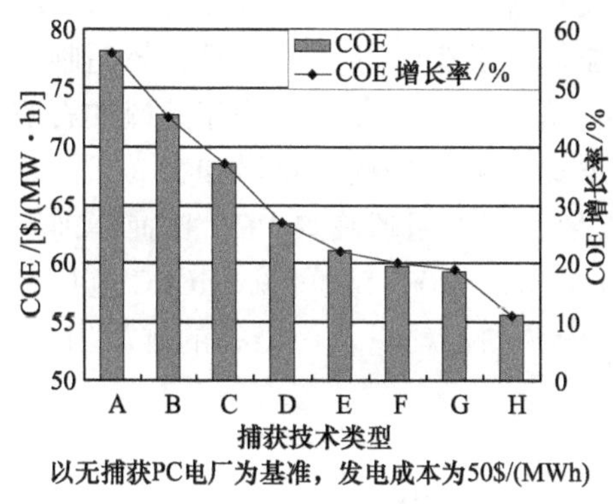

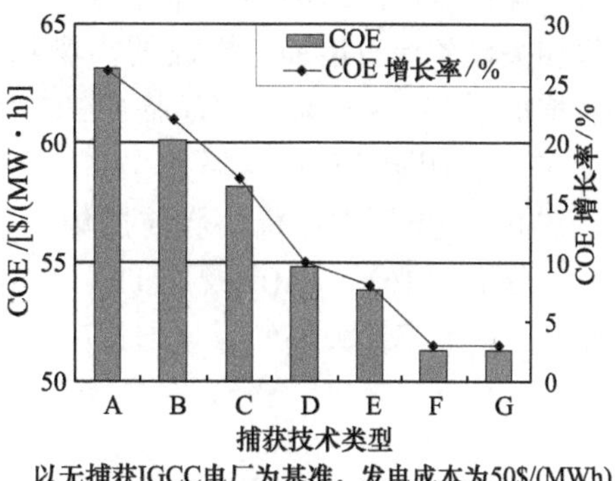

图 6-3　PC 电厂和 IGCC 电厂采用不同 CO_2 捕集技术的发电成本

IGCC 电厂：A——聚乙醇二甲醚法（Selexol 法）（2000 年）；B——先进 Selexol 法（2005 年）；C——先进 Selexol 法+H_2S/CO_2 联合脱除；D——先进 Selexol 法+ITM+H_2S/CO_2 联合脱除；E——H_2/CO_2 可选择性水煤气转换+联合脱除；F——ITM+可选择性水煤气转换+联合脱除；G——化学链+H_2S/CO_2 联合脱除；PC 电厂：A——胺洗法（2000 年）；B——先进的胺洗法（2005 年）；C——先进的胺洗法+SO_x/CO_2 联合脱除；D——氨水吸收法；E——Amine-Enhanced 固体吸收剂；F——氨水吸收法+副产品销售；G——超超临界富氧燃烧+ ITM；H——超超临界富氧燃烧+ ITM+联合脱除

6.4.2　进行 CO_2 捕集的电厂效率损失

CO_2 的捕集和压缩是 CCS 系统中成本最大的部分，这主要表现为整个电厂效率损失以及更多的能源消耗这两个方面。效率损失主要有 CO_2 回收需要的热量和动力以及压缩消耗的能量，如图 6-4 所示（Deutch and Moniz，2006）。对于亚临界、超临界和超超临界 PC，效率均降低 9.2 个百分点。IGCC 系统加入捕集技术后的效率损失主要在水煤气转换反应器、CO_2 回收和压缩上，效率降低 7.2 个百分点，小于 PC 系统效率损失。这是因为在 IGCC 系统中将 CO_2 压缩所需要的能量小于其他系统。同时，还可以通过如下方法提高 IGCC 效率，如增加燃料电池以增强电厂效率，使用高温气体净化技术以增加气化效率，应用膜分离技术分离空气以降低空分装置的耗能等。

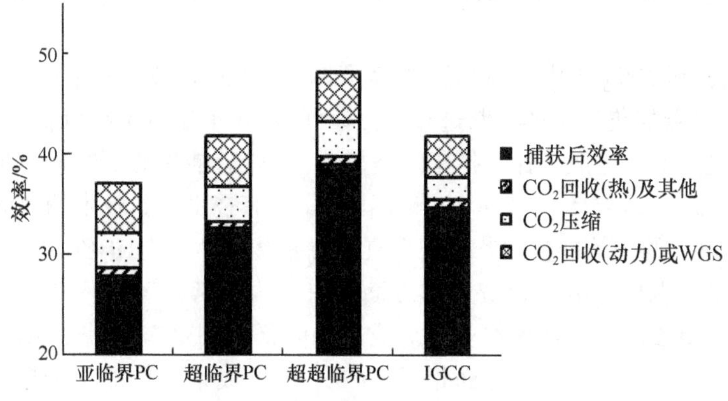

图 6-4　带有捕集技术的电厂效率损失

为了保持电厂的净输出功率不变，还需要增加给煤量（图 6-5），从而导致脱硫、脱硝等相关设备原料增加，排放的污染物增加。对于亚临界、超临界和超超临界 PC，给煤量增加了 27%～37%。以超临界 PC 为例，进行 CO_2 捕集后，用于脱硫的石灰石用量增加 33%，用于脱硝的氨增加 31%，灰分增加 31%，脱硫产物增加 33%，NO_x 增加 30%。在 IGCC 电厂中进行燃烧前捕集，给煤量略大于超超临界 PC，比捕集前增加了 23%，灰分增加 16%，NO_x 增加 11%（Rubin et al.，2007）。可见，IGCC 电厂在进行 CO_2 捕集后，效率损失、给煤量增加率、相关资源的消耗以及污染物的排放均小于 PC 电厂。

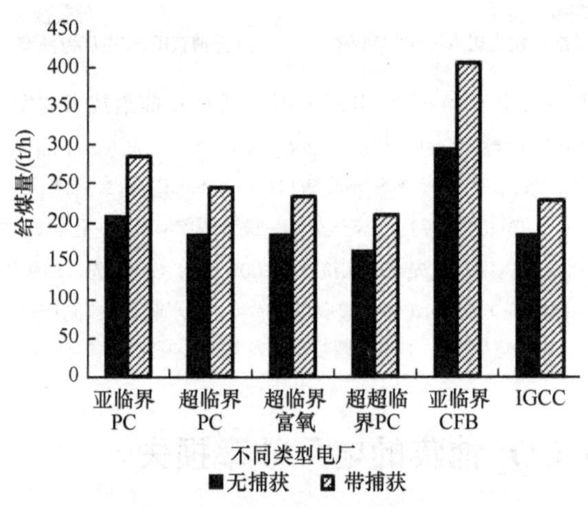

图 6-5 有无捕集技术电厂给煤量变化

6.4.3 进行 CO_2 捕集对中国未来能源系统的影响

IEA（International Energy Agency）应用能源技术展望模型分析了 CCS 技术对全球未来碳减排的潜在作用（IEA，2004）。在 50 $/t 的碳税（以 CO_2 计）情景（GLO50）下，CCS 技术将于 2015 年开始得到应用，到 2030 年、2050 年，考虑 CCS 技术的燃煤发电厂的发电量将分别占到 60%、69%。使用 IGCC 或基于 IGCC 的多联产技术将在未来 CCS 技术的发展中发挥举足轻重的作用，到 2030 年它们捕集 CO_2 的量将占据所有捕集量的一半。

根据预测，到 2050 年中国电力装机容量将达到 2500GW，其中进行 CO_2 捕集的电厂为 540GW。随着捕集技术的不断进步，假设到 2050 年新技术得到商业化应用，带有捕集的 IGCC 电厂的发电成本比无捕集时增加 3%，带有捕集的 PC 电厂的发电成本比无捕集时增加 11%。表 6-5 给出了 2050 年中国采用现有技术和新技术捕获的 IGCC 电厂和超超临界煤粉电厂的相关参数。若采用现有 CO_2 捕集技术，与 IGCC 电厂相比，带有捕获的超超临界 PC 电厂在电厂投资成本方面具有很大优势。若采用 2050 年新颖的 CO_2 捕集技术，并考虑到 IGCC 技术本土化后成本的降低，则带有捕获的 IGCC 电厂和超超临界 PC 电厂在电厂投资成本等方面相近，IGCC 电厂成本的增加小于超超临界 PC。如果带有捕集的 IGCC 电厂投资增加了 1620 亿元，相当于 61 台 500MW 无捕集 IGCC 机组投资成本；带有捕集的超超临界 PC 电厂投资增加了 5400 亿元，相当于 216 台 500MW

无捕集超超临界 PC 机组投资成本。由此可见，近期带有捕集的超超临界 PC 电厂在电力部门中捕集 CO_2 具有很大优势，IGCC 电厂投资成本和 CO_2 捕集技术成本的降低是带有捕集技术的 IGCC 电厂得以大规模应用的决定性因素，随着 IGCC 技术和捕集技术成本的降低，IGCC 将是远期电力部门捕集 CO_2 的重要类型。

表 6-5　2050 年中国应用现有及当年捕集技术的相关参数预测

项目			基本参数			2050 年中国电厂相关预测			
			电厂投资成本/(元/kW)	发电成本/(元/kW)	给煤量/(t/h)	电厂投资成本/亿元	发电成本/元	给煤量/Mt	CO_2 排放量/Mt
IGCC	现有无捕集		10 000	0.32	185	54 000	10 368	1 199	2 504
	现有捕集技术	数值	13 000	0.4	228	70 200	12 960	1 477	350
		增加值	3 000	0.08	43	16 200	2 592	278	-2 154
	2050 年无捕集		5 000	0.28	185	27 000	9 072	1 199	2 504
	2050 年捕集技术预测	数值	5 300	0.29	195	28 620	9 396	1 263	126
		增加值	300	0.01	10	1 620	324	64	-2 378
超超临界 PC	现有及 2050 年无捕集		4 000	0.25	164	21 600	8 100	1 063	2 469
	现有捕集技术	数值	6 000	0.38	209	32 400	12 312	1 354	363
		增加值	2 000	0.13	45	10 800	4 212	292	-2 106
	2050 年捕集技术预测	数值	5 000	0.28	175	27 000	9 072	1 134	126
		增加值	1 000	0.03	11	5 400	972	71	-2 342

2050 年进行捕集的电厂至少可以实现 CO_2 减排 2106Mt。若采用风力发电或核电实现该减排量，则分别需要增加 960GW 风电或 320GW 核电，增加投资成本 87 000 亿元或 32 000 亿元。2007 年发表的《可再生能源中长期发展规划》中指出，到 2020 年全国风电总装机容量达到 30GW。另有专家预测到 2050 年全国风电装机为 300 ~ 500GW。可见，在 2050 年欲增加 960GW 的风电用于实现 2154Mt 的减排量有一定难度。同样的，据预测 2020 年我国核电的装机容量约为 60GW，因此要在 2050 年达到核电 320GW 的装机容量也较为困难。另外，随着我国经济的发展，中国将不可避免地在承担温室气体减排义务方面面临更大的压力，预计到 2050 年中国将极有可能需要承担某种类型的减排义务。因此，随着捕集技术的逐步发展，与可再生能源和新能源相同，带有捕集的电厂将是实现 CO_2 减排的重要手段，是向低碳电力转变的重要选择。

6.4.4　结论

与当今人们希望为 CO_2 减排花费多少相比，目前的 CO_2 捕集技术都是高成本低效率的。在亚临界、超临界、超超临界煤粉电厂和 IGCC 四类电厂中，进行 CO_2 捕集后，超超临界煤粉电厂具有最高的效率和最低的给煤量；IGCC 电厂的投资成本、发电成本、CO_2 减排成本、效率损失以及相关资源的消耗最低。可见，超超临界煤粉电厂和 IGCC 电厂是今后 CO_2 捕集技术发展的首选电厂类型。

6.5 中国 CCUS 技术发展的愿景及目标分析

科学技术部社会发展科技司和中国 21 世纪议程管理中心组织近百位专家参与编写的《中国碳捕集、利用与封存技术发展路线图》研究报告中指出：

CCUS 总体愿景为“为应对气候变化提供技术可行和经济可承受的技术选择，促进经济社会可持续发展”。

目标为通过自主研发，大幅降低 CO_2 捕集的投资与运行成本，在满足我国可持续发展战略需求的前提下，具备开展大规模 CO_2 捕集和封存的能力和条件，为国家能源安全和应对气化变化提供技术储备。

CCUS 技术应用面临的最大挑战是能耗和成本较高，难以进行推广。而其中碳捕集占到整个 CCUS 捕集能耗的 70% 左右。燃煤电厂是我国最大的 CO_2 排放源，占我国 CO_2 排放的近 50%；燃煤电厂 CO_2 排放具有持续、稳定等特点，是 CCUS 技术应用的主要对象。几种碳捕集技术在燃煤电厂中应用，都会导致电厂供电效率降低 8～10 个百分点（供电效率降低 25%～30%），这是目前的能源和经济条件下难以接受的。

降低碳捕集能耗和成本，系统建设成本降低到对应电站投资成本的 1/4 以下，从而既保证我国经济可持续发展，又能够应对气候变化压力。这是 CCUS 技术可能推广运用成为减排温室气体重要技术的前提，也是我国 CCUS 技术发展的主要目标。

在地质封存方面，需要建立区域性基础设施，完成相关法规的修订，实现商业化封存；成本从现有水平降低 50%，开发出封存安全评价、监测、预警与补救技术体系，并通过多次实地试验验证其可靠性。

6.6 政策环境需求与建议

6.6.1 政策支撑

研发示范资金融资，需要在捕集、利用、运输、封存各环节上加大研发经费投入，保障研发资金。但由于当前 CCUS 在技术、政策、市场等多方面还存在不确定性，私人投资者面对由此带来的风险不愿意对 CCUS 进行大规模投资，因此该阶段政府主导公共资金投入将会是主要的融资渠道，同时一些国际性的金融机构，如世界银行、亚洲开发银行、一些主权基金和主权贷款，都有可能提供资金支撑，中国应积极争取各种融资资金，通过示范项目获得技术、政策和市场等方面的经验。

具体而言，可考虑以下融资渠道：政府直接投资新研发项目、对现有已建的 CCUS 工程项目追加投资和支持、设立 CCUS 专项资金、大型企业直接投资、鼓励私人资本、政府补贴、减税、奖励和 CDM 机制等。

6.6.2 政策措施

中国现有的一些 CCUS 示范项目在建设过程中都不同程度地遇到一些法规政策上的空白，这在一定程度上影响了 CCUS 研发示范的顺利进展。为顺利推进 CCUS 技术研发示范顺利进行，有必要保证以下政策措施：①制定CCUS示范项目的监管条例；②明确CCUS示范项目的责任主体；③强制新建燃煤电厂捕集预留设计；④强制CCUS研发示范设备和消耗化学品的国产化采购；⑤鼓励民间资本参与装备和消耗品制造。

6.6.3 公众宣传与培训

CCUS技术作为减缓气候变化的重要技术选择，国内一般公众，还有政府机构、工业企业、金融投资、教育科研等社会群体，对该技术还缺乏基本的了解和认识。

因此，向社会一般公众和广大机构团体公开和普及CCUS技术的相关知识，使其掌握并意识到相关利益与必要性，是中国发展CCUS技术的重要环节。因此，有必要根据不同对象，综合采取多种举措，加强CCUS技术的宣传与教育培训。

6.6.4 国际合作

积极参与CCUS的国际合作，将促进中国CCUS的发展。中国已参加一些国际CCUS合作组织，并开展了一系列深入的国际合作项目。未来，随着中国CCUS示范项目的进一步发展，可进一步加强国际合作，通过国际合作进行CCUS技术和经验的交流分享，以促进中国CCUS技术的发展。可通过如下机制加强CCUS的国际交流，如CCUS技术转移、加强同国际性基金/银行等机构的合作，积极参与国际性论坛机构，了解全球CCUS进展和开展CCUS技术交流等。

第7章 中长期煤炭利用污染控制情景及净化技术路线分析

《科学发展的2030年国家能源战略研究》《中国能源中长期（2030，2050）发展战略研究》等研究结果表明，由于能源技术的进步，我国煤炭消费量在2030年达到38亿t的峰值后，将逐渐减少，但近年来煤炭消费量增长迅速，将给污染减排带来巨大挑战。利用情景分析法分析基于污染物排放总量控制的煤炭最大消费量可为科学引导我国中长期煤炭消费提供科学依据。

7.1 主要大气污染物排放控制目标

根据我国于2012年2月29日发布的《环境空气质量标准》（GB3095—2012），如果仅考虑SO_2、NO_x和PM_{10}三项大气污染物，我国有65%的城市不能达到标准限值要求；如果加入$PM_{2.5}$和O_3的因素，不能达标的城市会进一步增加。考虑到煤炭利用过程中排放的SO_2和NO_x是形成空气中二次$PM_{2.5}$的重要污染物，从$PM_{2.5}$污染控制的角度出发，必须加大对SO_2和NO_x的控制力度。

虽然目前我国尚缺乏，定量解析从$PM_{2.5}$达标需求出发，需要对SO_2、NO_x和一次颗粒物的排放进行何种程度的控制。但是根据美国和欧洲的经验，从$PM_{2.5}$和O_3达标需求出发，对SO_2、NO_x的控制要求远比从控制城市SO_2浓度和酸雨的需求高。与美国类比的结果表明，为了全面提高我国的大气环境质量，保障人民群众的身体健康，至少需要将全国的SO_2、NO_x和一次颗粒物排放量降低到美国现在的水平。在此基础上，设定各阶段燃煤消费主要部门燃煤污染物排放主要行业总量控制目标见表7-1。此外，燃煤Hg排放在2020年和2030年的控制目标分别为229t和127t。

表7-1 我国分阶段煤炭消费主要部门污染物排放控制目标 （单位：万t）

项目	二氧化硫		氮氧化物		烟尘	
	2020年	2030年	2020年	2030年	2020年	2030年
电力行业	700	500	600	400	250	200
工业锅炉及炉窑	600	450	450	350	200	150
炼焦	15	10	15	10	15	10
合计	1315	960	1065	760	465	360

7.2 中国分阶段分部门煤炭利用污染控制情景分析

本研究主要依据《能源发展"十二五"规划》《核电中长期发展规划（2011—

2020）》《天然气发展“十二五”规划》《可再生能源发展“十二五”规划》《煤炭工业发展“十二五”规划》以及中国工程院《中国能源中长期（2030、2050）发展战略研究》的研究结果，设计了煤炭消费的基准情景（BAU）和政策能源情景（PC）两个能源情景及两个控制方案，用以分析我国2020年和2030年大气污染和温室气体排放的趋势，并对污染控制成本进行分析。

将煤炭消费划分为4个主要部分：煤电、工业锅炉和炉窑、煤化工（主要考虑炼焦的污染治理）和其他部门的消费。

7.2.1　能源消费情景

7.2.1.1　BAU能源消费情景

煤电：根据火电发展趋势及发电煤耗，确定的目标年燃煤发电煤炭消费量见表7-2。

表7-2　煤电消费量预测

项目	2010年	2020年	2030年
火电发电量/（万亿kW·h）	3.7	5.86	7.08
供电耗量/［gce/（kW·h）］	333	320	310
燃煤消费量/亿t	15.25	26.3	30.7

注：数据来源于中国电力联合会。

工业锅炉和炉窑：工业锅炉和炉窑的煤耗主要源于能源转换以外的高耗能行业产品生产的煤耗，高耗能产品产量参考中国工程院《中国能源中长期（2030，2050）发展战略研究》数据，见表7-3；根据中国统计年鉴中2003～2009年中钢铁产量与煤炭消费的数据可以得到钢铁行业吨钢煤耗的数据；根据国家统计局对水泥行业的统计数据，并考虑新型干法窑所占比例逐步升高的趋势，预测得到目标年单位水泥产品煤炭消费数据。工业锅炉及炉窑煤炭消费预测量见表7-4。

表7-3　主要高能耗产品产量

产品	2005年	2009年	2010年	2020年	2030年
钢铁/亿t	3.55	5.7	6.37	6.5	6.2
水泥/亿t	10.6	16.4	18.8	18	16
玻璃/亿重量箱	3.99	5.86	6.63	6.5	6.9
铜/万t	260	423	459	800	700
铝/万t	851	1289	1577	1800	1600
锌铅/万t	510	806	9357	820	750
纯碱/万t	1467	1945	2035	2300	2450
烧碱/万t	1264	1832	2230	2400	2500

注：2009年和2010年铅锌产量来自http：//bbs.hcbbs.com/thread-785094-1-1.html.2010年铅锌行业国内外十大有影响的事件，其他数据来自中国统计年鉴。

表 7-4　工业锅炉及炉窑 2020 年、2030 年煤炭消费测算　（单位：亿 t）

项目	2010 年	2020 年	2030 年
工业锅炉	3.64	7.21	7.77
工业炉窑（钢铁）	3.01	2.93	2.67
工业炉窑（水泥）	2.75	2.16	1.76
工业锅炉及炉窑合计	9.4	12.3	12.2

注：2010 年数据来自中国统计年鉴。

炼焦：2020 年及 2030 年焦炭产量分别为 4.0 亿 t 和 3.0 亿 t，精煤用量分别为 5.3 亿 t 和 4.0 亿 t。考虑焦化行业煤炭消费量占煤炭化工行业的比例为 60%，炼焦以外煤化工的燃煤消费量分别为 3.5 亿 t 及 2.7 亿 t；其他部门的煤炭消费量与 2009 年相同。

2020 年及 2030 年煤炭在各部门中消费量见表 7-5。

表 7-5　煤炭消费主要部门消费量及消费总量　（单位：亿 t）

项目	煤炭消费量		
	2010 年	2020 年	2030 年
电力	15.25	26.3	30.7
工业锅炉及炉窑	9.4	12.3	12.2
炼焦	4.33	5.3	4
制气等煤化工	0.12	3.5	2.7
生活等其他消费	2.1	2.1	0.92
合计	31.2	49.5	50.52

7.2.1.2　PC 能源消费情景

能源消费的 PC 情景满足 4 个约束条件，即 2020 年和 2030 年能源及煤炭总量控制、非化石能源消费比例控制、非化石能源发电装机比例和燃煤主要部门比例控制，4 个控制条件主要根据“十二五”能源相关规划确定。

（1）煤炭总量控制

根据中国工程院《中国能源中长期（2030，2050）发展战略研究》结论：煤炭科学产能要求，合理的煤炭安全产能应该控制在 35 亿 t 标煤以内；2050 年煤炭在总能耗中的比例下降至 40% 甚至 35% 以下，其战略地位应调整为重要基础能源；本研究将 2020 年和 2030 年的煤炭在总能源消费的比例分别控制在 60% 和 50% 以下。根据《煤炭工业发展“十二五”规划》：2015 年煤炭消费总量宜控制在 39 亿 t 左右。本研究将 2020 年和 2030 年的煤炭消费总量分别控制在 39 亿 t 和 35 亿 t。

（2）非化石能源消费比例控制

根据《能源发展“十二五”规划》2020 年非化石能源消费占一次能源消费的比例

在15%以上；本研究将2030年非化石能源消费占一次能源消费的比例设置为20%以上。

（3）非化石能源发电装机比例

根据《能源发展“十二五”规划》2015年非化石能源发电装机比例在30%以上；本研究将2030年非化石能源发电装机比例设置为35%以上。

（4）燃煤主要部门比例控制

根据我国煤炭利用的部门分布及发达国家的经验，确定2020年及2030年煤炭在各部门中的比例及消费量，见表7-6。

表7-6　我国分阶段煤炭消费主要部门分配比例

项目	比例/%	
	2020年	2030年
电力	60	65
工业炉窑	20	18
煤化工	15	15
其他	5	2
合计	100	100

（5）其他内容

根据《天然气发展“十二五”规划》：2015年我国天然气消费量将达2300亿m^3左右；中国石油天然气集团公司预测，到2020年，天然气消费量可能达到3500亿m^3的年消费量（中国经济导报，2012-10-27）。由此测算出2020年天然气消费量折合4.6亿tce，油气（含煤层气）消费量折合11亿tce；考虑2030年天然气消费量的增加，假设2030年油气（含煤层气）折合13tce。

根据《可再生能源发展“十二五”规划》：到2020年，全国水电总装机容量达到4.2亿kW，其中常规水电总装机容量达到3.5亿kW，抽水蓄能电站装机容量达到7000万kW；累计并网风电装机容量达到2亿kW，年发电量超过3900亿kW·h，其中海上风电装机容量达到3000万kW；太阳能发电装机容量达到5000万kW，太阳能热利用累计集热面积达到8亿m^3；规划中未给出2020年生物质发电量、沼气量、太阳灶、地热、生物质燃料量，本研究假设与2015年规划量相同。由此测算出2020年水电折合为4.8亿tce、非水可再生能源折合为2.6亿tce；假设2030年水电量与2020年接近，设为5亿tce、非水可再生能源量约为2020年的2倍，设为5亿tce。

根据《核电中长期发展规划（2011—2020）》：到2020年中国核电装机将达到在运5800万kW，在建3000万kW。由此测算出2020年核电折合1.3亿tce；假设规划设计的2020年在建3000万kW核电站到2030年全部启用，则2030年核电折合2亿tce。

根据上述内容，确定2020年及2030年一次能源结构PC情景如表7-7所示，煤炭消费主要部门分配比例及消费量如表 7-8 所示。

表 7-7　一次能源结构情景　　（单位：亿 tce）

年份	能源总量	煤	油气（含煤层气等）	核电	非水可再生能源	水电
2010	32.5	22.3	6.8	0.3	0.5	2.6
2020	48	28	11	1.3	2.6	4.8
2030	50	25	13	2	5	5

表 7-8　煤炭消费主要部门分配比例及消费量

项目	比例/%		煤炭消费量/亿 t	
	2020 年	2030 年	2020 年	2030 年
电力	60	65	23.4	22.75
工业锅炉炉窑	20	18	7.8	6.3
煤化工	15	15	5.85	5.25
其他	5	2	1.95	0.7
合计	100	100	39	35

我国 2010 年能源消费总量已达到 32.49 亿 tce，国家《能源发展“十二五”规划》明确了“十二五”期间能源消费总量控制在 41 亿 tce 的目标，根据表 7-7 的结果，本研究 PC 情景下 2020 年和 2030 年能源消费总量分别为 48 亿 tce 和 50 亿 tce，与我国经济发展水平和能源总量控制的思路一致。

7.2.2　污染控制情景

7.2.2.1　现有污染控制技术和控制措施

截至目前，我国电力行业污染物，如烟尘、二氧化硫、废水、固体废弃物等控制已经普遍采用世界上最佳可行技术；而氮氧化物最佳可行技术，即烟气脱硝装置将在“十二五”期间大规模建设。2011 年 9 月，《火电厂大气污染物排放标准》（GB13223—2011）修订颁布，该标准已经成为世界上最严格的标准，现役机组污染物排放限值要求远远严于其他国家。现阶段污染控制的最佳可用技术（湿法脱硫、SCR 脱硝、高效除尘）的去除效率见表 7-9。

表 7-9　去除装置效率　　（单位:%）

污染物	2020 年	2030 年
二氧化硫	83.0	87.0
氮氧化物	70.0	75.0
烟尘	99.8	99.9

工业锅炉及炉窑控制技术措施见表 7-10。

表7-10　工业炉窑行业2020年、2030年相关技术应用预测　（单位：%）

行业	技术	2020年	2030年
工业锅炉	10蒸吨以上锅炉比例	55	70
	湿法/静电/布袋技术比例	15/45/40	5/40/55
	低硫煤/干法/湿法脱硫技术比例	30/30/20	40/35/25
	低氮燃烧/SNCR/SCR技术比例	40/5/无	50/10/5
	多种污染物协同脱除技术比例（硫资源可回收的多脱技术比例）	10（5）	30（20）
工业炉窑（钢铁）	大型烧结机比例	75	85
	100t及以上炼钢转炉比例	70	80
	静电/布袋比例	54/46	50/50
	干法/氨法/钙法脱硫技术比例	35/15/20	35/20/25
	SCR技术比例	无	15
	多种污染物协同脱除技术比例（硫资源可回收的多脱技术比例）	5（无）	10（5）
工业炉窑（建材水泥）	新型干法炉窑比例	80	90
	静电/布袋除尘技术比例	28/72	20/80
	干法/湿法脱硫技术比例	15/10	20/20
	低氮燃烧/SNCR技术比例	30/10	55/20
	多种污染物协同脱除技术比例（硫资源可回收的多脱技术比例）	20（10）	30（20）

工业锅炉及炉窑主要污染物去除效率见表7-11。

表7-11　去除装置平均效率　（单位：%）

行业	参数	2020年	2030年
工业锅炉	除尘	90.0	95.0
	脱硫	60.0	75.0
	脱硝	20.0	30.0
钢铁	除尘	98.0	99.0
	脱硫	82.3	83.1
	脱硝	20.0	30.0
水泥	除尘	99.3	99.5
	脱硫	30.0	40.0
	脱硝	50.0	60.0

煤化工行业主要考虑焦化行业的主要污染物控制，去除装置效率参照表 7-11 中工业锅炉的主要污染物去除效率。

7.2.2.2 加严污染控制技术和控制措施

2030 年我国电力行业大气污染物去除装置去除率要求有所提高，见表 7-12。

表 7-12 去除装置效率 （单位:%）

项目	2020 年	2030 年
二氧化硫	83.0	90.0
氮氧化物	70.0	81.8
烟尘	99.8	99.9

工业锅炉及炉窑控制技术措施见表 7-13。

表 7-13 工业炉窑行业 2020 年、2030 年相关技术应用预测 （单位:%）

行业	技术	2020 年	2030 年
工业锅炉	10 蒸吨以上锅炉比例	60	70
	湿法/静电/布袋除尘技术比例	无/50/50	无/30/70
	低硫煤/干法/湿法脱硫技术比例	30/30/25	40/30/35
	低氮燃烧/SNCR/SCR 技术比例	50/15/无	70/20/10
	多种污染物协同脱除技术比例（硫资源可回收的多脱技术比例）	20（10）	30（20）
钢铁	大型烧结机比例	75	85
	100t 及以上炼钢转炉比例	70	80
	静电/布袋比例	50/50	20/80
	干法/氨法/钙法脱硫技术比例	30/15/30	30/20/30
	SCR 技术比例	10	20
	多种污染物协同脱除技术比例（硫资源可回收的多脱技术比例）	20（10）	30（20）
水泥	新型干法炉窑比例	80	90
	静电/布袋除尘技术比例	22/78	5/95
	干法/湿法脱硫技术比例	25/15	30/20
	低氮燃烧/SNCR 技术比例	65/35	70/40
	多种污染物协同脱除技术比例（硫资源可回收的多脱技术比例）	20（10）	30（20）

煤化工行业、工业锅炉及炉窑主要污染物去除效率与现有污染控制技术和控制措施相同。

7.2.3　排放量估算结果及成本分析

利用两个能源情景和两个污染控制技术和措施情景，通过正交的方法设计了 3 个方案，如表 7-14 所示。

表 7-14　情景方案的设计

项目	现有控制技术及措施	加严控制技术及措施
能源 BAU 情景	方案 1	方案 2
能源 PC 情景	方案 3	

7.2.3.1　方案 1

方案 1 中污染排放量及减排成本分析结果见表 7-15 和表 7-16。

表 7-15　方案 1 污染排放量估算结果　（单位：万 t）

项目	二氧化硫排放量		氮氧化物排放量		烟尘排放量	
	2020 年	2030 年	2020 年	2030 年	2020 年	2030 年
电力	700	650	600	550	90	80
工业炉窑	521	373	366	312	256	142
煤化工	15	10	3	2	11	9
合计	1236	1033	969	864	357	231
总量约束量	1315	960	1065	760	465	360
超出约束量	−79	73	−96	104	−108	−129

表 7-16　方案 1 污染减排成本分析　（单位：亿元）

项目	二氧化硫减排成本		氮氧化物减排成本		烟尘减排成本	
	2020 年	2030 年	2020 年	2030 年	2020 年	2030 年
电力	945	1323	756	941	213	312
工业炉窑	115	184	92	122	2	2
煤化工	3	3	3	3	140	105
小计	1063	1510	851	1065	355	419
合计年度总成本	2020 年	2269		2030 年	2994	

将表 7-15 和表 7-1 进行对比，发现方案 1 中，2030 年三部门主要污染物排放总量大于排放总量的约束量；2030 年电力行业的 SO_2 和 NO_x 的排放量超过了污染物排放量的限值；2020 年工业炉窑的烟尘排放量超过了污染物排放量的限值。

7.2.3.2　方案 2

方案 2 中污染排放量及减排成本分析结果见表 7-17 和表 7-18。

表 7-17 方案 2 污染排放量估算结果 （单位：万 t）

项目	二氧化硫排放量		氮氧化物排放量		烟尘排放量	
	2020 年	2030 年	2020 年	2030 年	2020 年	2030 年
电力	700	500	600	400	90	80
工业炉窑	521	373	366	312	250	142
煤化工	15	10	3	2	11	9
合计	1236	883	969	714	351	231
总量约束量	1315	960	1065	760	465	360
超出约束量	-79	-77	-96	-46	-114	-129

表 7-18 方案 2 污染减排成本分析 （单位：亿元）

项目	二氧化硫减排成本		氮氧化物减排成本		烟尘减排成本	
	2020 年	2030 年	2020 年	2030 年	2020 年	2030 年
电力	945	1546	756	1242	213	312
工业炉窑	115	184	92	122	2	2
煤化工	3	3	3	3	140	105
小计	1063	1733	851	1367	355	419
合计年度总成本	2020 年		2269	2030 年		3519

上述分析表明，采取加严的污染控制技术措施和管理措施，2020 年和 2030 年能满足主要污染物排放量约束条件的最大煤炭消耗量分别为 49. 5 亿 t 和 50. 5 亿 t，其燃煤主要污染物控制成本分别为 2300 亿元及 3519 亿元；Hg 排放也可以满足目标要求；而燃煤 CO_2 排放量为 110 亿 t 左右，远远超过以往研究的预测值。

7. 2. 3. 3 方案 3

方案 3 中污染排放量及减排成本分析结果见表 7-19 和表 7-20。

表 7-19 方案 3 污染排放量估算结果 （单位：亿 t）

项目	二氧化硫排放量		氮氧化物排放量		烟尘排放量	
	2020 年	2030 年	2020 年	2030 年	2020 年	2030 年
电力	624	481	535	407	80	59
工业炉窑	331	192	232	161	162	73
煤化工	10	8	2	2	8	7
合计	965	681	769	570	250	139
总量约束量	1315	960	1065	760	465	360
超出约束量	-350	-279	-296	-190	-215	-221

表7-20　方案3污染减排成本分析　　(单位：亿元)

项目	二氧化硫减排成本		氮氧化物减排成本		烟尘减排成本	
	2020年	2030年	2020年	2030年	2020年	2030年
电力	843	1487	674	437	190	230
工业炉窑	73	95	58	63	1	1
煤化工	2	2	2	3	102	82
小计	918	1584	734	503	293	313
合计年度总成本	2020年		1945	2030年		2400

上述分析表明，当2020年和2030年最大煤炭消耗量分别控制在39亿t和35亿t时，其燃煤主要污染物控制成本分别为1945亿元及2400亿元；燃煤CO_2排放量为85亿t左右，Hg排放也可以满足目标要求。

7.3　中长期煤炭利用污染控制和净化技术路线图

我国中长期煤炭利用污染控制和净化技术路线图如图7-1所示。

7.3.1　“高效清洁燃烧-污染物协同控制-废物资源化”一体化燃煤发电污染物控制技术

燃煤发电排放的主要污染物为烟尘、二氧化硫、氮氧化物、重金属及固体废弃物。利用污染控制技术控制烟尘、二氧化硫、氮氧化物、重金属的排放；利用资源化技术减少煤电的固体废弃物排放。“高效清洁燃烧-污染物协同控制-废物资源化”，体现了燃煤发电污染物过程控制与末端治理相结合、废物综合利用的技术路线。

1）技术方向。污染物过程控制技术需要发展超超临界、循环流化床、热电联产、空冷等高效火电机组；提高机组的发电效率，持续降低供电煤耗。在远期进一步发展高效火电机组，积极推进IGCC示范。污染末端控制主要是在国内外现有成熟技术的基础上增效、开发成本低和污染物综合去除效率高的多种污染物协同控制技术。固体废弃物资源化主要是以大宗粉煤灰和脱硫石膏为原材料的高附加值产品生产技术。

2）关键技术。IGCC发电技术：整体煤气化联合循环（IGCC）在我国仍处于示范阶段，其技术具有发电效率高、环保性能好等特点，如果将来二氧化碳受强制性指标限制，IGCC将作为很好地解决温室气体问题的有效途径之一。因此，我国的能源结构和可持续发展战略决定了我国更需要IGCC，而它能否被接受和认可取决于其造价的高低、运营成本、可靠性等，即进一步降低造价、提高效率并控制污染物、二氧化碳的排放是IGCC未来发展的主题。

多污染物同时控制技术：基于传统石灰石—石膏法湿法的脱硫脱硝脱汞一体化技术、氨法脱硫脱硝脱汞一体化技术、基于传统干法的脱硫脱硝脱汞一体化技术、钠法干式脱硫脱硝一体化技术；环保一体化装置和系统可以降低工程的投资和运行管理费用，并且可以发挥装置潜在能力；主要问题是氧化剂成本高，装置运行成本高，存在二次废水需要处理的问题；技术不成熟尚不能商业化，目前未有大型商业示范工程。

		2012年 — 2020年	2020年 — 2030年
燃煤发电	尘	电除尘器增效技术/布袋除尘技术/电袋除尘技术	布袋/电袋增效技术、烟尘凝聚技术、湿式电除尘技术的成熟
	二氧化硫	现有脱硫技术增效	新型脱硫技术、硫资源化技术成熟
	氮氧化物	低氮燃烧+SCR脱硝技术	新型脱硝技术试点
	汞	现有非汞污控设施对汞的协同控制	单项脱汞技术的成熟
	多污染物控制	多污染物一体化控制技术基础研究	多污染物一体化控制技术的突破
	废物资源化	大宗粉煤灰和脱硫石膏利用技术	大宗粉煤灰和脱硫石膏高附加值利用技术成熟
燃煤工业锅炉、窑炉	尘	锅炉采用湿法/静电/布袋除尘技术 窑炉采用/静电/布袋除尘技术	静电/布袋除尘技术 电袋复合、移动电极高效除尘技术
	二氧化硫	锅炉及水泥窑采用湿法、干法脱硫 烧结机采用干法、氨法和钙法脱硫	锅炉及水泥窑采用湿法、干法脱硫 烧结机采用干法、氨法和钙法脱硫
	氮氧化物	锅炉及水泥窑采用低氮燃烧、SNCR钢铁窑炉采用SCR技术	锅炉及水泥窑采用低氮燃烧、SNCR钢铁窑炉采用SCR技术
	多污染物协同控制	硫资源可回收的多脱技术成熟	硫资源可回收的多脱技术
炼焦	废水	焦化废水A-A/O-O净化技术	焦化废水深度净化技术实现近零排放
	尘	备煤、运焦皮带机转载点设除尘装置地面除尘站	备煤、运焦皮带机转载点设除尘装置地面除尘站
	硫化氢	焦炉加热用煤气的精脱硫	焦炉加热用煤气的精脱硫
	氮氧化物	低氮燃烧技术	低氮燃烧技术
	苯并芘(BaP)	焦炉大型化、干法熄焦协同控制	焦炉大型化、干法熄焦协同控制
CCUS	燃烧前捕集技术	中高温、低能耗和经济性好的变换系统和催化剂基础研究	中高温、低能耗和经济性好的变换系统的催化剂技术突破
	燃烧后捕集技术	新型的吸收剂基础研究	新型的吸收剂技术突破
	富氧燃烧捕集技术	进一步降低系统的能耗基础研究	进一步降低系统的能耗技术突破
	利用和封存技术	安全性、可监控性和可操作性基础研究	安全性、可监控性和可操作性技术突破

图 7-1　煤炭利用中的污染控制技术路线图

基础研究　技术突破　技术成熟　商业应用

3）烟尘污染控制。2012～2020年，以当前处于国际领先水平并持续改进的电除尘技术（如极配方式的改进、烟气调质、移动电极、高频电源等）为主，同时规范发展袋式除尘技术和电袋复合式除尘技术。

2021～2030年，以更高性能的电除尘技术（如绕流式、气流改向式、膜式、湿式电除尘器等）和改进的袋式除尘技术、电袋复合式除尘技术相结合为主，同时快速发展利于烟尘凝聚、超细粉尘捕集的技术。

4）SO_2污染控制。2012～2020年，以当前我国广泛应用的、持续改进的传统脱硫技术，如石灰石—石膏湿法为主，同时资源化脱硫技术（如氨法脱硫、有机胺脱硫、活性焦脱硫等）在条件合适的地区和机组上广泛应用。

2021～2030年，以高性能、高可靠性、高适用性、高经济性的脱硫技术为主，同时规范发展资源化脱硫技术，推广应用可行的新型脱硫技术及多污染物协同控制技术。

5）NO_x污染控制。2012～2020年，以高性能的低氮燃烧技术和SCR为主，同时试点应用可行的脱硫脱硝一体化技术（如湿法脱硫脱硝一体化技术、低温SCR脱硫脱硝一体化技术等）。

2021～2030年，以更高性能的低氮燃烧技术和高性能、高可靠性、高适用性、高经济性的烟气脱硝技术为主，同时规范发展脱硫脱硝一体化技术，试点应用可行的新型脱硝技术及多污染物协同控制技术。

6）Hg污染控制。2012～2020年，以现有非汞污染物控制设施（包括脱硝、除尘、脱硫设施）对汞的协同控制为主。

2021～2030年，以燃烧前和燃烧中控制汞的生成量和现有非汞污染物控制设施对汞的协同控制为主，逐步发展基于现有非汞污染物控制设施的脱汞技术和单项脱汞技术。

7）废物资源化技术。2012～2020年，以大宗粉煤灰和脱硫石膏利用为主，推广示范大掺量粉煤灰混凝土路面材料技术，高铝粉煤灰大规模生产氧化铝联产其他化工、建材产品成套技术，粉煤灰冶炼硅铝合金技术，余热余压烘干、煅烧脱硫石膏技术，利用脱硫石膏改良土壤技术等高附加值利用。

2021～2030年，以大宗粉煤灰和脱硫石膏利用高附加值利用为主，示范粉煤灰分离提取碳粉、玻璃微珠等有价组分和高附加值产品技术，超高强α石膏粉、石膏晶须、预铸式玻璃纤维增强石膏成型品、高档模具石膏粉等高附加值产品生产技术。推动废物资源化利用产业链延伸，逐步形成区域循环经济。

7.3.2　“清洁能源替代/规模化-污染物高效脱除-多种污染物协同控制/副产物回收利用”的燃煤工业锅炉的污染控制技术和“先进工艺-污染物高效脱除-多种污染物协同控制/副产物回收利用”工业窑炉污染控制技术

燃煤工业锅炉排放的污染物与电站锅炉相同；燃煤工业窑炉因冶炼、焙烧、烧结、熔化、加热的物料不同，排放的污染物种类各不相同，燃煤工业锅炉的污染物控制技术大多适用于燃煤工业窑炉排放的常规污染物的控制。

1）技术方向。燃煤工业锅炉及窑炉量大面广，且大部分单台工业锅炉及窑炉存在污染物排放量少、排放高度低、污染物末端控制装置效率低、成本高的问题，尤其是目前国内外尚未成功开发低温 SCR 脱硝装置，氮氧化物去除效率不高。所以燃煤工业锅炉及窑炉，尤其是燃煤工业锅炉的污染排放应该淘汰 10t/h 以下小型燃煤锅炉主要走清洁能源替代以及依靠大型化、提高热效率、采用先进工艺的过程控制为主的技术路线。末端控制技术应采用多种污染物协同控制而不是一体化的同时控制技术。副产物回收利用技术主要针对脱硫副产品。

2）关键技术。多种污染物协同控制技术：研发基于湿法的高效脱硫和协同脱硝脱汞技术，研发基于干法/半干法的高效脱硫和协同脱硝脱汞技术，研制在常见排烟温度下能同时脱硫脱硝的催化剂及相应技术。

低温脱硝技术：适合排烟温度为 200～300℃的低温 SCR 脱硝技术能够满足 60%～70% 的燃煤锅炉和窑炉的排烟氮氧化物排放控制的需求；适合排烟温度为 150～200℃的低温 SCR 脱硝技术能够满足大概全部的燃煤锅炉和窑炉的排烟氮氧化物排放控制的需求；但是排烟温度越低，适合的 SCR 脱硝催化剂的成本越高。

3）燃煤工业锅炉污染控制。2012～2020 年，淘汰机械、湿法等落后除尘技术，全部采用静电和布袋除尘技术、干法和湿法脱硫、低氮燃烧、SNCR 烟气脱硝技术为主，同时多种污染物协同脱除技术（硫资源可回收的多脱技术）初具规模。

2021～2030 年，以静电和袋式除尘技术为主、传统脱硫技术中更加关注湿法脱硫技术的改进及 SNCR 脱硝技术的应用；提高多种污染物协同脱除技术（硫资源可回收的多脱技术）的比例。

4）燃煤工业窑炉污染控制。2012～2020 年，钢铁行业烧结机以静电和布袋烟气除尘技术、氨法脱硫技术为主，初步采用 SCR 脱硝技术；水泥行业新型干法窑炉主要采用布袋除尘技术、干法和湿法脱硫技术、低氮燃烧技术和 SNCR 脱硝技术，适当发展适合于新型水泥干法窑炉的 SCR 脱硝技术；同时多种污染物协同脱除技术（硫资源可回收的多脱技术）初具规模。

2021～2030 年，钢铁行业烧结机以布袋除尘技术、氨法脱硫技术为主，部分采用 SCR 脱硝技术；水泥行业新型干法窑炉主要采用布袋除尘技术、干法和湿法脱硫技术、低氮燃烧技术、SNCR 脱硝技术；提高多种污染物协同脱除技术（硫资源可回收的多脱技术）的比例。

7.3.3 “大型化-资源化-清洁化”的现代炼焦污染控制技术

焦化工艺产生的污染包括大气污染、水污染、固体废弃物污染和噪声污染，其中大气污染（颗粒物）和水污染是主要环境问题。焦化生产大气污染治理技术主要针对颗粒物，吸附在颗粒物上的多环芳烃等有害污染物可随颗粒物一并脱除。可以通过干法熄焦技术及安装烟气净化装置控制气态污染物的排放，可以通过干法熄焦技术和废水深度净化技术控制焦化废水的排放。逐步建设和推广焦化生态园区，通过提高炼焦行业的总体水平解决炼焦行业的污染问题。

1）技术方向。全面实现焦炉大型化，淘汰炭化室高 4.3m 及以下的焦炉、全面实现干法熄焦、推广焦化废水 A-A/O-O 净化技术、推广焦炉加热用煤气的精脱硫和低

NO_x 的燃烧技术，推广焦化废水深度净化技术实现近零排放，实现煤焦油集中加工和深度加工。

2）关键技术。干法熄焦技术：采用干熄焦技术，可降低强黏结性的焦肥、肥煤配比，有利于保护资源、降低炼焦成本。此工艺适合新建焦炉熄焦工艺或大型焦炉湿法熄焦改造。与湿法熄焦相比，干法熄焦存在投资较高及本身能耗较高的缺点。

3）2012～2020 年，全面实现焦炉大型化，淘汰炭化室高 4.3m 及以下的焦炉、全面实现干法熄焦、推广焦化废水 A-A/O-O 净化技术、建设 1000 万 t 级焦化生态示范园区。

4）2021～2030 年，建成若干个 1000 万 t 级焦化生态园区，推广焦炉加热用煤气的精脱硫和低 NO_x 的燃烧技术，推广焦化废水深度净化技术，实现近零排放，实现煤焦油集中加工和深度加工。

7.3.4 碳捕集、利用与封存技术

目前，国内外碳捕集技术瓶颈是成本高、能耗高；碳封存技术的瓶颈则是长期性、安全性问题。因此，大幅降低 CO_2 捕集和封存的投资与运行成本，积极发展 CO_2 利用技术，在满足我国可持续发展战略需求的前提下，具备开展大规模 CO_2 捕集、利用和封存的能力和条件，为国家应对气化变化提供技术储备作为 2030 年我国碳捕集、利用与封存技术目标是比较切合实际。

1）技术方向。在综合考虑燃烧后捕集技术、燃烧前捕集技术、富氧燃烧技术的环境排放性能情况下确定合理的碳捕集技术作为我国碳捕集技术的主要技术；建立碳封存的安全评价、监测、预警与补救技术体系。

2）关键技术。燃烧后 CO_2 捕集技术：为了解决运行费用和能源消耗过高问题，进一步开发新型的吸收剂是公认的优化 CO_2 捕集工艺的重点课题。

电厂燃烧前 CO_2 捕集技术：燃烧前分离系统复杂、部分关键技术尚未成熟，开发中高温、低能耗和经济性好的变换系统和催化剂是重要的发展方向。

富氧燃烧 CO_2 捕集技术：不仅具有低成本分离回收 CO_2 的特点，而且具有较低的 NO_x 排放和高的脱硫效率，在众多 CO_2 分离回收技术中，富氧燃烧具有一定的应用前景和优势。同时，由于是新型技术，也面临着技术上的挑战，其主要是如何进一步降低系统的能耗，而主要能耗为空气分离制氧和 CO_2 压缩。由于大规模使用氧气，氧气的来源及制造成本是一个重要的问题。

碳利用技术：CO_2 驱油与封存一体化技术、CO_2 驱煤层气与封存一体化技术、CO_2 的化工利用和生物利用，以及 CO_2 与能源系统的结合等，是未来的重要发展方向。

碳封存（特别是地质封存技术）：被广泛认为是未来主要的碳减排技术之一，但要大规模发展首先要取决于其安全性，在环保上是否具有持久性、可监控性和可操作性。

3）在 2030 年应该在综合考虑燃烧后捕集技术、燃烧前捕集技术、富氧燃烧技术的环境排放性能情况下确定合理的碳捕集技术作为我国碳捕集技术的主要技术；应该发展大规模有效的 CO_2 利用技术，应该建立碳封存的安全评价、监测、预警与补救技术体系。

第 8 章 促进煤炭清洁使用的政策保障和支撑体系

要促进我国煤炭清洁利用，需要实行奖惩结合、分类指导的战略，通过强制性政策、激励性政策和自愿性政策三大类政策的相互协调和补充，使污染物排放的企业主体从被迫减排向主动减排转变。在三类政策中，强制性政策主要包括政府及其环境主管部门根据法律、法规和标准等，对生产者的生产工艺或使用产品的管制，禁止或限制某些污染物的排放以及把某些活动限制在一定的时间或空间范围，最终影响排污者的行为，如政策法规、排放标准、煤炭消费总量控制方案等；激励性政策主要包括政府及其环境主管部门通过经济手段，引导生产厂商和污染排放企业对生产工艺进行调整或对污染排放技术进行选择，从而减少污染物排放量的政策手段，如奖优罚劣政策、资源税或环境税政策、排污交易政策等；自愿性政策主要是基于公众环保意识的提高，由政府及其环境主管部门依据一定的价值取向，倡导某种特定的行为准则或者规范，并由污染排放企业主动实施的政策，如清洁能源消费政策和信息公开政策等。

这三类政策实施的前提和基础是一个有效的管理体制和长效的实施机制，只有在此基础上长期坚持实施促进我国煤炭清洁利用的行政和经济政策，才能对我国中长期煤炭清洁使用的战略和技术形成强有力的支撑。

8.1 制定并实施煤炭清洁利用的中长期综合战略

要从煤炭消费总量、消费结构、地区分布、污染控制方面统筹安排，给煤炭清洁化利用创造有利的环境。主要包括以下几点。

1）优化能源结构，降低煤炭占我国一次能源的比例。在近期大力增加天然气的供应量，发展核能；在中远期大力发展风能、太阳能、生物质能等可再生能源。力争在2030 年将煤炭占我国一次能源的比例降低至 50% 以下。

2）改善我国煤炭消费结构。促进煤炭消费向电力等大型燃煤设备转移，减少煤炭在工业和民用部门的终端消费。力争在 2020 年和 2030 年，使电力部门的煤炭消费比例增长至 60% 和 65% 。

3）控制区域煤炭消费总量，优化煤炭消费的空间分布。在北京、上海等煤炭消费强度大、工业化基本完成的区域，减少煤炭消费量；在东部其他地区控制煤炭消费的增长速度；引导增加煤炭消费量的高能耗项目向西部布局。

4）制定长远的大气污染物控制目标。从改善空气质量，保障人民群众身体健康的角度出发，力争在 2030 年把我国煤炭利用环节的 SO_2、NO_x、一次颗粒物和 Hg 排放量分别控制在 960 万 t、760 万 t、360 万 t 和 127t 以下。

8.2 完善法律法规体系

8.2.1 适时修订关键法律，落实相关责任

我国目前使用的《中华人民共和国环境保护法》（以下简称《环保法》）、《中华人民共和国大气污染防治法》（以下简称《大气法》）分别于1989年和2000年通过实施。多年来，这两部法律对于减少大气污染物排放，保护人民群众生命和财产安全，促进经济和社会可持续发展，发挥了重要作用。然而，随着我国工业化进程的加快和人民生活水平的快速提高，这两部法律已经不能完全适应当前和今后一段时期大气污染防治工作的要求，不利于实现大气污染防治工作领域的转变，也不利于我国煤炭清洁利用工作的推动，这主要体现在以下方面。

1）为了控制燃煤产生的二氧化硫和酸雨污染，我国划定了酸雨控制区和二氧化硫控制区，根据《大气法》，国家、有关省（自治区、直辖市）和电力等重点行业制定了酸雨和二氧化硫污染综合防治规划。但是近年来，一些污染严重、高耗能的企业在“两控区”内的发展得到了严格限制，但在“两控区”外的发展很快，使得“两控区”外的城市空气质量恶化，部分地区的酸雨污染加剧，同时也通过大气传输对“两控区”内空气的质量和降水酸度产生影响。因此，需要修订现行《大气法》，为加强两控区外的二氧化硫排放控制提供法律依据，以在全国范围内减轻空气污染和酸雨污染。

2）按照现行《大气法》的规定，大气污染物总量控制区内有关地方人民政府依照国务院规定的条件和程序，按照公开、公平、公正的原则，核定企业、事业单位的主要大气污染物排放总量，核发主要大气污染物排放许可证。但事实上，让地方人民政府核发主要大气污染物排放许可证不具有可操作性，需要修订《大气法》以确立统一的要求和程序。此外，现行《大气法》中缺乏对无证排污的处罚规定，也没有设置对不按许可证排污的处罚条款，不利于排污许可证制度的实施，需要修订《大气法》，规定新的立法措施予以弥补。

3）随着我国经济的高速发展以及能源消耗的急剧增加，我国京津唐、长三角、珠三角等经济发达的区域，以及其他的一些城市群已经出现了严重的区域性复合型大气污染问题，煤炭的大量集中使用在其中起到了重要作用。这些地区排放的大气污染物在区域内和区域间进行传输扩散，造成相互影响，增加了污染治理的难度。其控制需要区域协作共同解决，但现行《大气法》只提到城市空气污染的防治，未涉及城市群地区区域性大气污染问题，给解决区域性复合型大气污染问题增加难度。

4）空气质量监测和大气污染源监控是环境空气质量管理的基础和关键，我国目前大气污染不断加重的主要原因之一就是许多地方还缺乏对主要大气污染源的有效监控。现行《大气法》中针对这方面内容仅做出“国务院环境保护行政主管部门建立大气污染监测制度，组织监测网络，制定统一的监测方法”的规定，没有针对源监控做出具体规定，有必要予以立法补充。

5）近年来，我国经济快速发展，企业产值基数已大大高于以往，而《大气法》现行规定的处罚规定数额过低，对环境违法起不到应有的震慑作用。同时，处罚数额过低

会造成处罚数额低于环保设施运行成本的现象，导致一些企业宁可交罚款，也不愿运行环保设施的情况。

因此，我国需要以科学发展观为指导，立足于我国的基本国情，学习借鉴国外先进经验，对《环保法》和《大气法》进行修订，以推动大气污染防治工作，保护和改善大气环境，促进经济社会又好又快发展。修订的工作应照顾以下方面。

一是要适当扩大法律的适用范围。现行《大气法》由于受到当时社会、经济条件和公众环境意识的限制和制约，一些条款仅在一定范围内适用，但事实上，随着近年来我国社会、经济的发展以及大气污染的不断加重，一些条款的适用范围已经扩大，而另外一些条款的适用范围需要调整和扩大。例如，大气污染物总量控制制度事实上已经在全国范围内执行，而不仅仅在现行《大气法》规定的“两控区”和空气质量未达标区域执行。这些新的调整需要，《大气法》修订均要予以考虑。

二是要进一步理顺管理体制，强化环保部门大气环境监督管理职能。目前，我国大气环境监督管理职能还没有真正理顺，环保部门与其他部门的一些职责交叉严重，在许多问题的处理上难以协调一致。法律的修订应高度重视这个问题，进行大量调查研究，通过充分论证，提出修订方案，对于煤炭利用过程中的污染控制，要明确环保部门、电力部门、石化部门、质量监督部门等的职责范围。

三是要全面推进和突出重点相结合，近期目标和远期目标相结合，以增强法律的针对性和可操作性。建议修订的《大气法》针对氮氧化物、汞、二氧化碳等污染物的减排提出要求，使《大气法》覆盖的大气环境问题更加全面。此外，大气问题的解决必须突出重点，解决一些关键性的问题，为此，《大气法》的修订应着重在排污许可证、总量控制等方面进行完善，增强其针对性和可操作性。例如，在主要大气污染物排放总量控制条款中明确了国务院，省（自治区、直辖市）人民政府和市、县人民政府在大气污染物排放总量控制工作中的职责和分工，这样使主要大气污染物排放总量控制责任主体和义务更加明确，实施起来更加便利。

四是要区域污染控制和行业污染控制相结合，行政监管与市场调控相结合。当前我国大气污染问题越来越呈现出区域性污染的特征，电力、交通、冶金、化工、建材等行业成为我国大气污染的关键污染源，因此，《大气法》的修订，应本着区域污染控制和行业污染控制相结合的原则，把这项原则落实到大气污染防治的监督管理和大气污染防治措施的有关条款当中。此外，还必须重视市场机制在煤炭利用过程中污染防治方面的作用，正确处理政府行政监管和市场调控在大气环境保护方面的关系。《大气法》的修订在强化环保部门行政监督管理职能的同时，一定要与市场调控相结合，发挥市场机制的作用。

五是大气污染防治基本制度的设计要完善，实施可行，体现有效性和成本可接受性。我国目前面临日益严重的大气污染形势，更加显现出大气污染防治工作的重要性。因此，《大气法》的修订不仅要针对目前主要大气环境问题的解决，而且要着眼于制度和规范的建设。重点针对燃煤过程的污染物排放，从排污许可证，总量控制，新建、扩建、改建项目的大气污染治理及相关法律责任等方面进行深入和广泛的调查研究，进一步调整政府、排污者和公众之间的关系，明确责任和义务，切实发挥作用。

8.2.2　制定合理的排放标准体系并严格实施

在我国目前的法律框架下，排放标准是对各类企业大气污染物排放进行约束的重要法律法规文件，实施排放标准是除了总量控制指标外，对企业大气污染物排放进行约束的主要手段。

近年来，随着我国经济飞速发展，我国多个行业的技术水平都有了质的变化，而我国绝大多数行业的大气污染物排放标准并没有随之更新（表 8-1），不能反映在新的产业和技术水平之下，我国对大气污染物排放控制要求。

表 8-1　我国目前实施的主要煤利用过程大气污染物排放标准修编年份表

控制对象	标准编号	实施、修编年份
电厂锅炉	GB13223	2011
工业锅炉	GB13271	2001
炼焦工业	GB16171	1996
水泥工业	GB4915	2004
陶瓷工业	GB25464	2010
其他工业窑炉	9078	1996

目前，在我国煤炭消费量大、污染物排放集中的几个行业中，仅有电厂锅炉的排放标准在 2011 年得到了修订，与国际水平接轨。陶瓷工业能耗高、污染物排放集中，其排放标准在 2010 年得到了修订，对行业的污染控制要求得到了很大提高，但是由于其主要集中在淄博、唐山和佛山等地，此标准的实施对区域和全国的污染防治贡献有限。水泥工业的排放标准于 2004 年修订，当时我国的水泥生产以立窑为主，近年来新型干法水泥发展迅猛，2011 年新型干法水泥产量已接近全国总产量的 90%，水泥工业 2004 年的标准已不能满足我国对水泥工业污染物排放控制的要求，尤其是对 NO_x 控制的要求。其他的几个标准，包括工业锅炉、工业窑炉和炼焦工业的标准，都已经有 10 余年没有更新，远远不能应对我国日新月异的新生产工艺和日益提高的污染控制要求。

除了需要对工业锅炉、水泥、焦化、工业炉窑等方面的排放标准尽快进行修编外，更重要的是需要对整个排放标准体系进行完善。一是要实现对主要煤炭利用过程的污染物排放源进行全覆盖，尽快出台针对钢铁冶炼过程、新型煤化工等行业的排放标准；二是建立排放标准的更新体系，将不同行业排放标准的更新频率与对应行业的工艺技术发展进程以及污染物控制技术发展进程挂钩，体现排放标准的实效性。

此外，还需要制定相关政策，加强排放标准的实施。主要是要强化各级环保监察部门的监察能力和执法能力，使排放标准作为我国强制性的污染物控制法规性文件，能够落到实处。

8.3　进行区域和行业煤炭消费总量控制

煤炭消费是我国主要大气污染物排放的主要来源。不仅在行业上，我国的煤炭消费的主要行业与大气污染物排放的重点行业高度重合，而且在地域上，我国煤炭消费主要集中的东部地区，尤其是华北地区也是我国大气污染物排放量最高的地区。要有效降低这些污染物排放重点行业和地区的大气污染物排放量，除了通过推动先进污染控制技术外，还需要实行区域和行业煤炭消费总量控制的措施。除此之外，实行区域和行业煤炭消费总量控制，还可以作为推动产业转型的重要手段，推动两型社会的建设。

结合我国大气污染和煤炭消费量的地理分布特征，“三区十群”应当作为重点区域（包括京津冀地区、长三角地区、珠三角地区和辽宁中部城市群、山东半岛城市群、武汉城市群、长株潭城市群、成渝城市群、海峡西岸城市群、陕西关中城市群、山西中北部城市群、乌鲁木齐城市群），尽快推动煤炭消费控制措施。

8.3.1　以煤炭消费总量定项目，严把新建项目审批关

从煤炭的消费构成看，工业所占比例一直很高，电力、石油加工、冶炼、建材、化工等行业一直是煤炭消费大户。严格控制煤炭消费主要行业中的重点项目，以区域煤炭消费总量决定项目多少及规模，从煤炭消费终端控制总量，是控制煤炭消费总量的重要途径之一。

采取煤炭消费总量定项目的措施有4个关键点，第一要科学确定区域煤炭消费总量控制目标，需要综合考虑区域社会经济发展水平、能源消费特征、大气污染现状等因素，制定煤炭消费总量中长期控制目标；第二要建立煤炭消费总量控制目标分解体系，并同时建立确保目标落实的长效机制；第三要确定本地区煤炭消费的重点行业、重点项目，应科学分析各行业煤炭消费趋势、行业污染绩效等因素。第四要严格控制煤炭消费新建项目的审批，把煤炭消费总量指标作为项目审批的前置条件，以总量定项目，以总量定产能，控制煤炭新增量。

8.3.2　划定重点控制区域，实施煤炭消费等量替代

依据大气环境质量、污染物排放、煤炭消费强度以及大气污染物在区域内的输送规律等因素，划分重点控制区域，提出差异化的区域控制要求，制定有针对性的煤炭消费总量控制措施，降低大气污染物排放，推动区域大气环境质量改善。

对重点控制区域，提出更严格的环境准入条件，新扩改建项目实施煤炭消费等量替代措施，实现重点控制区域的煤炭零增长，促进区域大气污染减排。

8.3.3　加大热电联产，淘汰分散燃煤小锅炉

由于燃煤小锅炉热效率低、控制水平低下，以热电联产替代燃煤小锅炉能带来节约能源、改善环境、提高热质量、增加电力供应等综合效益。但是由于热电厂的产品有电力和热力两个能源品种，只有对城市或集中供热区进行充分调查研究、统筹规划，在热负荷有充分保证的条件下，确定合理的建设方案，才能取得好的综合效益。在发展热电联产的同时，需要逐步淘汰小型燃煤锅炉。一旦遍布我国的中小型燃煤锅炉被大量替代，我国的城市燃煤污染问题将得到很大程度的缓解。

8.3.4　优化产业结构布局，降低区域煤炭消费

调整产业布局，使高污染、高煤耗的产业由污染严重的东部地区向环境容量较大的

西部地区疏散，也是进行区域煤炭消费总量控制的重要方面。要统筹考虑区域环境承载能力、大气环流特征、资源禀赋，结合主体功能区划要求，加快产业布局调整。在此同时，要建立产业转移环境监管机制，加强产业转入地在承接产业转移过程中的环境监管，防止落后产能向经济欠发达地区转移。

8.3.5　优化能源结构，实施能源多元化战略

与发达国家相比，我国历年能源消费结构中一个明显的特点是煤炭占较大比例，在我国的总体能源消费中超过70%，大大超出全球平均水平（30%）。优化我国能源消费结构，加大清洁能源的利用，是降低煤炭消费总量占能源消费的比例，控制区域煤炭消费总量的重要方法。在近期内，需要大力加大我国天然气的使用量；在中远期，需要因地制宜大力发展风能、太阳能、生物质能、地热能等可再生能源。清洁能源和可再生能源的广泛应用，将很大限度地减少煤炭的消费总量。

8.4　实施积极的经济政策

使用积极的经济政策，通过推动税费体制改革、进行电价补偿、实施排污交易制度等手段，可以加强市场对污染物排放控制技术的推动和引导。通过将煤炭使用企业的外部环境成本内部化，引导企业主动寻求高效的污染物排放控制技术，从而推动相应技术的应用和发展。

8.4.1　改革大气污染减排的财税政策

目前我国关于大气污染物排放管理的财税政策主要是大气污染排污费。在实施过程中，现行的排污费政策存在一定问题。首先，污染物排放量的计量一直缺乏科学方法的支撑，导致无法在所有污染源对排放量进行准确定量估计；其次，排污费的费率和对超标排放企业的处罚力度已经远远低于大气污染物的减排成本，使得企业倾向于接受处罚而拒绝采取措施减排；最后，排污费在应用于大气污染治理的过程中，分配机制并未完全理顺。因此，需要对目前大气污染防治的税费政策进行改革，设计促进大气污染总量减排的税收优惠政策体系。系统设计包括二氧化硫、氮氧化物等主要污染物的排放税费方案，合理界定缴纳人、税费率、计量依据、征收范围等，并设计二氧化硫和氮氧化物排放量的核算方法及具体征收税费的实施办法；同时开展费改税后的环保与税务部门配合模式以及对环保部门经济保障的影响。

此外，还需要研究大气污染控制财政投入政策，研究政府财政投入的可能机制和渠道，提出中央预算内大气污染总量减排专项资金方案，设计中央预算内大气污染总量减排专项资金的框架，从国家层面上加大财政投入，推动煤炭使用过程中污染物排放控制技术的发展和应用。

8.4.2　电力部门大气污染物排放的价格政策

电力部门是我国煤炭消费量最大的部门，也是二氧化硫、氮氧化物、汞等大气污染物排放量最高的部门。由于“市场煤价”和“计划电价”的影响，电力部门大气污染

物减排的成本无法通过市场机制及时传递给下游消费者，需要在国家层面通过财税政策对电力企业就这部分成本进行补贴。目前我国已经实施了脱硫电价，但是随着氮氧化物总量控制的全面推进和颗粒物控制要求的提出，脱硫电价已经不能覆盖全部的污染物减排成本。因此，需要分析现行电价的构成要素和全过程形成机制，进行电力行业的全成本核算和资源核算；通过现场调研、资料收集，对电厂低氮燃烧技术、烟气脱硝技术和除尘技术进行经济分析，确定装机容量、脱硝效率、除尘方式、机组投运时间等参数对脱硝和除尘成本的影响，测算不同条件下的脱硝和除尘补贴电价，提出优惠电价补贴方案。

此外，还需要根据我国现有脱硫电价政策的评估结果及现场调研，提出电厂脱硫补贴改进方案；设计基于减排成本的环保综合电价政策体系框架，包括环保综合电价政策制定原则、环保综合电价包括的要素、补贴方案等。

8.4.3 实施排污交易制度

排污交易作为一种空气质量管理手段，已在全球得到应用。理论上，通过排污交易制度，可以使环境表现优于平均水平的企业得到经济奖励。因此，通过实施合理可行的排污交易制度，应该可以在以下几个方面对企业进行推动：一是促进企业寻求成本更低的污染物末端治理技术；二是促进企业积极实施污染防治策略，从前端减少污染物产生量；三是鼓励提前达到既定的减排目标；四是鼓励超额完成减排目标；五是推动全行业的污染物减排技术创新；六是推动更精确的污染物排放量测量方法的开发。

美国是到目前为止实施大气污染物排污交易制度时间最长、范围最广、成效最显著的国家。美国的排污交易制度实践经验表明，通过实施以“酸雨计划”为代表的排污交易制度，美国成功地推动了污染治理技术的进步，如某些烟气脱硫机组的脱硫效率达到了97%，远远高于“酸雨计划”初期的技术水平。在此基础上，全社会的总体减排成本得以降低，也使得政府可以要求企业在一定的成本基础上达到更高的减排目标，改善空气质量。

目前，中国正准备全面推进这一制度在环境管理中的应用，排污交易的试点工作也已经在我国的几个省（自治区、直辖市）开展了初步的试点工作。在长期看来，排污交易将作为实现二氧化硫和氮氧化物等污染物长期减排的重要经济手段。为了建立高效、透明的排污交易体系，必须要对整个排污交易的制度进行周密的设计，一是需要针对空气质量与减排目标是否合理对污染物排放总量进行初始分配，二是建立高效及可追溯的排污交易体制，三是建立准确可靠的监测体系，对每个企业的实际污染物排放量进行监控。

为了成功建立有效的排污交易体系，需要系统总结全国各地排污交易的最新进展和动态变化，重点整理和收集近10年来我国各地排污有偿取得与排污交易试点的主要做法、交易模式、交易程序、管理办法和工作方案等，通过对当前主要交易试点省份的调研，发现和总结试点过程中的主要经验和存在的问题，并吸取美国实施排污交易制度近20年来获得的经验，由电厂开始逐步向二氧化硫、氮氧化物等污染物排放集中的煤炭使用行业铺开，最终引导煤炭使用过程中污染物控制技术的全面提升。

第 9 章 结论与建议

9.1 结论

1）随着我国行业准入要求的逐渐提高、落后产能淘汰力度的强化、排放标准等污染防治政策的加严和强化，近年来我国燃煤设备的技术水平以及煤利用过程中的污染控制水平有了很大提升，电力锅炉、新型干法水泥窑等方面的设备在容量和技术水平上已经接近或达到世界先进水平，然而总体而言，我国煤炭利用过程的污染控制与世界先进水平仍存在较大差距。

2）发达国家以环境立法为动力，以先进的科学技术和制造工业为依托，政府和大型企业共同参与，构成了一个基础庞大、门类齐全、品种繁杂的大气污染控制产业体系。发达国家在燃煤设施除尘、脱硫、脱硝方面已经形成了成熟的产业链；在燃煤汞控制及硫、汞等复合污染物联合控制方面已经开始了示范工作，产业链正在逐步形成。

3）我国的大气环境污染十分严重。PM_{10} 和 $PM_{2.5}$ 污染是造成我国城市空气质量不能达标的最主要的大气污染物，我国平均 PM_{10} 和 $PM_{2.5}$ 浓度水平超过世界卫生组织指导值3～4倍，严重危害了人民群众身体健康。煤炭利用过程中大量排放的SO_2、NO_2 和一次颗粒物是造成我国严重大气污染的重要原因。从长期来看，为了改善空气质量，保障人民群众身体健康，我国需要将煤炭利用过程产生的 SO_2、NO_2 和一次颗粒物等大气污染物排放量削减60%以上；从履行国际义务的角度出发，对 CO_2 和 Hg 等大气污染物的排放也要进行大幅削减。

4）由于我国煤炭消费量远大于其他国家，为了满足空气质量、气候变化和生态保护等方面的要求，我国必须开发并应用全球最佳的燃煤污染控制技术，执行全球最严格的排放标准，对煤炭利用过程产生的污染物排放进行大幅削减，在煤炭使用的清洁化水平上达到全球领先。

5）采取污染控制技术措施和管理措施，2020 年和 2030 年能满足主要污染物排放量约束条件的最大煤炭消耗量分别为49.5 亿 t 和50.5 亿 t，其燃煤主要污染物控制成本分别为2300 亿元及3519 亿元，Hg 排放可以满足目标要求，燃煤 CO_2 排放量为 110 亿 t 左右，远远超过了以往研究的预测值。当2020 年和2030 年最大煤炭消耗量分别控制在39 亿 t 和 35 亿 t 时，其燃煤主要污染物控制成本分别为 1945 亿元及 2400 亿元，燃煤 CO_2 排放量为 85 亿 t 左右，Hg 排放也可以满足目标要求。

9.2 建议

1）制定并实施煤炭清洁利用的中长期综合战略。从煤炭消费总量、消费结构、地区分布、污染控制方面统筹安排，给煤炭清洁化利用创造有利的环境。主要包括以下几点。①优化能源结构，降低煤炭占我国一次能源的比例。在近期大力增加天然气的供应量，发展核能；在中远期大力发展风能、太阳能、生物质能等可再生能源。力争在2030年将煤炭占我国一次能源的比例降低至50%以下。②改善我国煤炭消费结构。促进煤炭消费向电力等大型燃煤设备转移，减少煤炭在工业和民用部门的终端消费。力争在2020年和2030年，使电力部门的煤炭消费比例增长至60%和65%。③控制区域煤炭消费总量，优化煤炭消费的空间分布。在北京、上海等煤炭消费强度大、工业化基本完成的区域，减少煤炭消费量；在东部其他地区控制煤炭消费的增长速度；引导增加煤炭消费量的高能耗项目向西部布局。④制定长远的大气污染物控制目标。从改善空气质量，保障人民群众身体健康的角度出发，力争在2030年把我国煤炭利用环节的SO_2、NO_x、一次颗粒物排放量分别控制在960万t、760万t和360万t以下。

2）推动重点行业煤炭清洁化技术的研发和市场化，构造成熟的产业链，主要包括以下几点。①实施“高效清洁燃烧—污染物协同控制—废物资源化”一体化的火电行业污染控制技术路线。发展超超临界、循环流化床、热电联产、空冷等高效火电机组；提高机组的发电效率，持续降低供电煤耗。在远期进一步发展高效火电机组，积极推进IGCC示范。结合低能耗、低排放的先进发电技术，全面采用成熟度高、性能优越的污染物减排技术，不断提高电力行业整体的污染物排放的控制水平。充分利用现有污染物控制技术对不同污染物的协同控制作用，通过技术创新，持续提高协同控制污染物的数量和效果；在脱硫设施的基础上，发展脱硫脱硝一体化、脱硫脱硝脱汞一体化等技术；大力发展资源化技术，在有效控制污染物排放的前提下，实现副产物的资源化；积极开发专用的多污染物协同控制技术，如低温SCR联合脱硫脱硝脱汞技术、活性焦脱硫脱硝脱汞技术等，以及超细粉尘、汞、CO_2专用控制技术。②实施“大型化—资源化—清洁化”的现代炼焦污染控制技术路线。通过焦炉大型化，带动焦化行业污染物的资源化和清洁化水平。通过淘汰中小型焦炉，逐步实现焦炉的大型化，并建设千万吨级焦化生态园区。在大型化的同时推动干熄焦等技术的应用，并推广焦炉加热用煤气的精脱硫和低氮燃烧技术，推广焦化废水深度净化技术，实现焦化工艺大气污染物的近零排放以及废气的资源化利用。③实施“清洁能源替代/规模化—污染物高效脱除—多种污染物协同控制/副产物回收利用”的燃煤工业锅炉的污染控制技术路线和“先进工艺-污染物高效脱除-多种污染物协同控制/副产物回收利用”工业窑炉污染控制技术路线。结合先进燃烧工艺的推广，实现多污染物的协同控制和副产物的回收利用。推进燃煤锅炉和工业窑炉的清洁能源替代。逐步淘汰落后工艺的工业窑炉，以及10蒸吨及以下的燃煤工业锅炉，提高大型先进炉窑的比例；发展工业炉窑污染物控制技术，推动多污染物协同控制，实现脱硫脱硝除尘及其他污染物脱除一体化；在污染物排放控制的同时提高硫等资源的回收利用率。

3）在重点区域推进煤炭总量控制和多污染物联防联控。我国煤炭消费区域分布不平衡，今后较长的一段历史时期内，应对污染负荷大，环境脆弱的“三区十群”（京津冀区域、长三角区域和珠三角区域，辽宁中部、山东半岛、武汉及其周边、长株潭、成渝、海峡西岸、陕西关中、山西中北部、新疆乌鲁木齐城市群）地区实施煤炭总量控制和多污染物联防联控。根据空气质量的目标制定各污染物总量控制的目标，进而根据多污染物总量控制倒逼燃煤总量控制。大气污染联防联控的重点污染物是二氧化硫、氮氧化物、颗粒物、挥发性有机物等，重点行业是火电、钢铁、有色、石化、水泥、化工等，重点企业是对区域空气质量影响较大的企业。应在整个区域层次上制定总体规划，对区域内的重点行业和重点企业实行比其他区域更严格的控制措施，统筹协调，确保空气质量达标。

4）促进煤炭清洁使用的政策保障和支撑体系。一是要完善法律法规体系。立足于我国的基本国情，学习借鉴国外先进经验，适时修订《环保法》和《大气法》，进一步调整政府、排污者和公众之间的关系，明确责任和义务。对工业锅炉、水泥、焦化、工业炉窑等方面的排放标准尽快进行修编，对整个排放标准体系进行完善；制定相关政策，加强排放标准的实施。二是要实施积极的经济政策。使用积极的经济政策，通过推动税费体制改革、进行电价补偿、实施排污交易制度等手段，以加强市场对污染物排放控制技术的推动和引导；将煤炭使用企业的外部环境成本内部化，引导企业主动寻求高效的污染物排放控制技术，从而推动相应技术的应用和发展。

参考文献

北京市环境保护局，北京市质量技术监督局．2007．锅炉大气污染物排放标准．北京：北京市环境保护局，北京市质量技术监督局．

北京市劳动保护科学研究所．2011．工业锅炉主要大气污染物控制技术路线研究．国家环境保护“十二五”规划研究编制课题研究报告．

岑可法，倪明江，骆仲泱，等．1998．循环流化床锅炉理论与设计运行．北京：中国电力出版社．

陈超，胡聃．2007．中国水泥生产的物质消耗和环境排放分析．安徽农业科学，35（28）：8986-8989．

程乐鸣，王勤辉，施正伦，等．2006．大型循环流化床锅炉中的传热．动力工程，26（3）：305-310．

程乐鸣，周星龙，郑成航，等．2008．大型循环流化床锅炉的发展．动力工程，28（6）：817-826．

杜鸿章，房廉清，江义等．1996．焦化污水催化湿式氧化净化技术．工业水处理，16（6）：11-13．

冯俊凯，岳光溪，吕俊复．2003．循环流化床燃烧锅炉．北京：中国电力出版社．

国家环境保护局科技标准司．1996．工业污染物产生和排放系数手册．北京：中国环境科学出版社．

国家环境保护局，国家技术监督局．1992．钢铁工业水污染物排放标准．北京：中国环境科学出版社．

国家环境保护局，国家技术监督局．1996．炼焦炉大气污染物排放标准．北京：中国环境科学出版社．

国家环境保护总局．2003．清洁生产标准——炼焦行业．北京：中国环境科学出版社．

国家环境保护总局，国家质量监督检验检疫总局．2001．锅炉大气污染物排放标准．北京：中国环境科学出版社．

国家环境保护总局，国家质量监督检验检疫总局．2003．北京：火电厂大气污染物排放标准．北京：中国环境科学出版社．

国家环境保护总局，国家质量监督检验检疫总局．2004．北京：水泥工业大气污染物排放标准．北京：中国环境科学出版社．

国家统计局工业交通统计司．2011．中国能源统计年鉴 2010．北京：中国统计出版社．

蒋文新，张巍，常启刚，等．2007．强化活性炭吸附技术深度处理焦化废水的可行性研究．环境污染与防治，29（4）：265-275．

雷宇．2008．中国人为源颗粒物及关键化学组分的排放与控制研究．北京：清华大学．

廖祖仁．1993．产品寿命周期费用评价法．北京：国防工业出版社．

刘红，刘潘．2006．多相光催化氧化处理焦化废水的研究．环境科学与技术，29（2）：103-105．

山西省环境保护厅．2010．《炼焦工业污染物排放标准》编制说明．太原：山西省环境保护厅．

上海市环境保护局和上海市质量技术监督局．2007．锅炉大气污染物排放标准．上海：上海市环境保护局和上海市质量技术监督局．

宋丹娜．2007．基于生命周期评价的铝工业环境负荷研究．长沙：中南大学．

苏达根，高德虎，叶汉民．1998．水泥窑有害气体的污染与防治．重庆环境科学，20（1）：20-23．

唐受印，汪大翚，刘先德，等．1995．高浓度酚水的湿式氧化研究．环境科学研究，8（6）：37-41．

王超，程乐鸣，周星龙，等．2011．600MW 超临界循环流化床锅炉炉膛气固流场的数值模拟．中国电机工程学报，31（14）：1-7．

王庆一．2010．2010 能源数据．北京：中国可持续能源项目．

王维兴．2010．2009 年国内外炼铁技术进展评述．炼铁技术通讯，（1）：1-7．

王燕谋．2011．中国水泥工业的强大．http：//www.dcement.com/Article/201106/98478.html．[2012-5-22]．

王永红，薛志刚，柴发合，等．2008．我国水泥工业大气污染物排放量估算．环境科学研究，21（2）：

207-212.

王云，赵永椿，张军营，等.2010. 基于全生命周期的 O_2/CO_2 循环燃烧电厂的技术-经济评价. 中国科学，41（1）：119-128.

王志轩.2003. 我国电力环保现状与发展趋势. 科技与环保，(6)：24-25.

吴声彪，肖波，史晓燕，等. 2004. 粉末活性炭法去除焦化废水中的 COD. 化工环保，24（增刊）：221-223.

徐旭常，周力行.2007. 燃烧技术手册. 北京：化学工业出版社.

严宏强，程均培，都有兴，等.2009. 中国电气工程大典，第4卷 火力发电工程. 北京：中国电力出版社.

杨建新.2002. 产品生命周期评价方法及应用. 北京：气象出版社.

姚之茂，武雪芳，王家爽，等.2008. 工业锅炉大气污染物产生与排放系数影响因子分析//中国环境科学研究院环境标位研究所. 中国环境科学学会学术年会优秀论文集. 北京：中国环境科学出版社

俞进旺，宋正华，邢国梁，等.2008. 新型干法水泥窑氮氧化物治理及控制技术.http：//www. dcement. com/Article/200811/69663. html. [2012-10-18].

云飞.2012. 中国天然气消费十年增四倍. 中国经济导报 http：//news. hexun. com/2012-10-27/147287342. heml [2013-05-08].

中国大唐集团科技工程有限公司.2009. 燃煤电站 SCR 烟气脱硝工程技术. 北京：中国电力出版社.

中国工程院.2011. 中国能源中长期（2030、2050）发展战略研究. 北京：科学出版社.

中国环境科学研究院，国电环境保护研究院.2003.《火电厂大气污染物排放标准》编制说明. 北京：中国环境科学研究院，国电环境保护研究院.

中国环境科学研究院环境标准研究所，合肥水泥研究设计院.2004.《水泥工业大气污染物排放标准》编制说明. 北京：中国环境科学研究院环境标准研究所，合肥水泥研究设计院.

中华人民共和国工业和信息化部.2008. 焦化行业准入条件（2008年修订）. 北京：中华人民共和国工业和信息化部.

中华人民共和国国家发展和改革委员会.2004. 关于燃煤电站项目规划和建设有关要求的通知. 中国发展和改革委员会2004［864］号文件. 北京：中华人民共和国国家发展和改革委员会.

中华人民共和国国家发展和改革委员会. 2005. 产业结构调整指导目录（2005年本）：北京：中华人民共和国国家发展和改革委员会.

中华人民共和国国家统计局.2009. 中国统计年鉴2008. 北京：中国统计出版社.

中华人民共和国国家统计局.2011. 中国统计年鉴2010. 北京：中国统计出版社.

周鸿锦.2011. 十一五水泥行业成绩斐然. 中国水泥，(3)：22.

周建国，周春静，赵毅.2010. 基于生命周期评价的选择性催化还原脱硝技术还原剂的选择研究. 环境污染与防治，32（3）：102-108.

周亮亮，刘朝.2011. 洁净燃煤发电技术全生命周期评价. 中国电机工程学报，31（2）：7-12.

CEA. 2010. Power Scenario at a Glance. Central Electricity Authority, Planning Wing, Integrated Resource Planning Division, Sewa Bhawan, R. K. Puram, New Delhi April, 2010. http：//en. wikipedia. org/wiki/Portal [2011-08-28].

Cheng L M, Zhou X L, Huang C, et al. 2012. Heat transfer of suspended surface in a CFB with 6 cyclones and a pant-leg. Naples, Italy：The 21st International Conference on Fluidized Bed Combustion.

Cheng L M, Zhou X L, Wang C, et al. 2011. Gas-solids hydrodynamics in a CFB with 6 cyclones and a pant-leg. Oregon, USA：The 10th International Conference on Circulating Fluidized Beds and Fluidization Technology.

Deutch J , Moniz E. 2006. The Future of Coal. Cambridge , MA：MIT Laboratory for Energy and the Environment.

European-Commission. 2009. Integrated pollution prevention and control：draft reference document on best available tecniques in the cement, lime and magnesium oxide manufacturing industries. http://www.wbcsd.org/DocRoot/mka1EKor6mqLVb9w903o/WBCSD-IEA_ CementRoadmap.pdf.［2009-12-31］.

Huang B, Xu S S, Gao S W, et al. 2010. Industrial test and techno-economic analysis of CO_2 capture in Huaneng Beijing coal-fired power station. Applied Energy, 87: 3347-3354.

International Energy Agency (IEA). 2004. Prospects for CO_2 capture and storage. Paris: IEA.

Ito S, Yokoyama T, Asakura K. 2006. Emissions of mercury and other trace elements from coal-fired power plants in Japan. Sci Total Environ, 368 (1): 397-402.

James B. 2010. Cost and Performance Baseline for Fossil Energy Plants, Volume 1: Bituminous Coal and Natural Gas to Electricity. DOE/NETL-2010/1397. Pittsburgh National Energy Technology Laboratory.

Jared C. 2008. Pulverized Coal Oxyfuel Combustion, Volume 1: Bituminous Coal to Electricity Final Report. DOE/NETL- 2007/1291. Pittsburgh National Energy Technology Laboratory.

Lei Y, Zhang Q, Nielsen C P, et al. 2011. An inventory of primary air pollutants and CO_2 emissions from cement production in China, 1990-2020. Atmospheric Environment, 45 (1): 147-154.

Li C C, Chang J E, Wen T C. 1995. Indirect oxidation effect in electrochemical oxidation treatment of landfill leachate. Water Research, 29 (2): 671- 678.

Liang Z Y, Ma X Q, Lin H, et al. 2011. The energy consumption and environmental iMPacts of SCR technology in China. Applied Energy, 88: 1120-1129.

Metz B, Davidson O, Bosch P, et al. 2007. Summary for policymakers//IPCC. Climate Change 2007: Mitigation. Contribution of Working Group III to the Fourth Assessment Report of the Intergovernmental Panel on Climate Change. Cambridge: Cambridge University Press.

National Bureau of Statistics of China. 2009. China Statistical Yearbook 2008. Beijing: China Statistics Press (in Chinese).

OSPAR Convention. 1992. The Convention for the Protection of the Marine Environment of the North-East Atlantic. http://policy.mofcom.gov.cn/english/flaw! fetch.action? libcode = flaw&id = D95BFFD1-5E0E-4791-8AE0-8BB0363A3079&293［2013-07-13］.

Rubin E S, Chao C, Rao A B. 2007. Cost and performance of fossil fuel power plants with CO_2 capture and storage. Energy Policy, 35: 4444-4454.

Sloss L. 2008. Economics of mercury control. Lendon: Clean Coal Center.

Sun W L, Qu Y Z, Yu Q, et al. 2008. Adsorption of organic pollutants from coking and papermaking wastewaters by bottom ash. Journal of Hazardous Materials, 154 (1/2/3): 595-601.

Vazqurz I, Rodriguez-Iglesias J, Maranon E, et al. 2007. Removal of residual phenols from coke wastewater by adsorption. Journal of Hazardous Materials, 147 (1/2): 395-400.

WBCSD. 2009. Cement technology roadmap 2009, carbon emissions reductions up to 2050. http://www.wbcsd.org/DocRoot/mka1EKor6mqLVb9w903o/WBCSD-IEA_ CementRoadmap. pdf［2012-04-20］.

World Health Organization. 2005. WHO Air Quality Guidelines. Global Update 2005. EUR/05/5046029. Geneva: WHO.

Wu Y, Wang S X, Streets D G, et al. 2006. Trends in anthropogenic mercury emissions in China from 1995 to 2003. Environmental Science & Technology, 40: 5312-5318.

Zhao Y, Wang S X, Nielsen C P, et al. 2010. Establishment of a database of emission factors for atmosphevic pollutants from Chinese coal-fired power plants. Atmospheric Environment, 44: 1515-1523.

Zhou X L, Cheng L M, Wang Q H, et al. 2012. Non-uniform distribution of gas-solid flow through six parallel cyclones in a CFB system: an experimental study. Particuology, 10: 170-175.